U0366263

国家出版基金项目
NATIONAL PUBLICATION FOUNDATION

中国传统建筑解析与传承

江西卷

Jiangxi Volume

THE INTERPRETATION AND INHERITANCE OF TRADITIONAL CHINESE ARCHITECTURE

中华人民共和国住房和城乡建设部 编

Ministry of Housing and Urban-Rural Development of the People's Republic of China

中国建筑工业出版社

图书在版编目(CIP)数据

中国传统建筑解析与传承 江西卷／中华人民共和国住房和城乡建设部编. —北京：中国建筑工业出版社，2017.9
ISBN 978-7-112-21213-2

Ⅰ. ①中… Ⅱ. ①中… Ⅲ. ①古建筑-建筑艺术-江西 Ⅳ. ①TU-092.2

中国版本图书馆CIP数据核字（2017）第223727号

责任编辑：张 华 李东禧 唐 旭 吴 绫 吴 佳
责任设计：陈 旭
责任校对：李欣慰 关 健

中国传统建筑解析与传承 江西卷
中华人民共和国住房和城乡建设部 编
*
中国建筑工业出版社出版、发行（北京海淀三里河路9号）
各地新华书店、建筑书店经销
北京锋尚制版有限公司制版
北京富诚彩色印刷有限公司印刷
*
开本：880×1230毫米 1/16 印张：13¾ 字数：400千字
2017年10月第一版 2019年3月第二次印刷
定价：138.00元
ISBN 978-7-112-21213-2
（30858）

总　序

Foreword

几年前我去法国里昂地区，看到有大片很久以前甚至四百年前建造的夯土建筑，也就是干打垒房子，至今仍在使用。20世纪80年代，当地建设保障房小区时，要求一律建造夯土建筑，他们采用了现代夯土技术。西安科技大学的两位老师将这种技术引入国内，在甘肃、河北等多地建了示范房。现代夯土技术的改进点在于科学配比土与石子、使用模板和电动器具夯筑，传承了夯土建筑的优点，如造价低、节能保温，弥补了缺陷，抗震性增强，也美观，颇受农民的好评。我对这个事例很感兴趣并悟出一个道理，做好传承关键要具备两种精神：一是执着，坚信许多传统能够传承、值得传承。法国将传统干打垒房子当作好东西，努力传承，而我国虽然是生土建筑数量最多的国家，但今天各地却都视其为贫穷落后的标志，力图尽快消灭；二是创新，要下力气研究传统的优点及缺点，并用现代技术克服其缺点，赋予其现代功能，使传统文明成果在今天焕发新的生命力。这两方面的功夫我们都不够。

文明古国的中国，在实现现代化的进程中，只有十分自信、满腔热情地传承了优秀传统文化，才能受到全世界的尊重。建筑是一个民族生存智慧、工程技术、审美理念、社会伦理等文明成果最集中、最丰富的载体，其传承及体现是一个国家和民族富强与贫弱的标志。改变今天建筑缺失传统文化的局面，我们需要重新认识我国传统建筑文化，把握其精髓和发展脉络，挖掘和丰富其完整价值，探索传统与现代融合的理念和方法。2012年，住房和城乡建设部村镇建设司组织了首次传统民居全国普查，编纂了《中国传统民居类型全集》，其详细、准确、系统地展示了我国传统民居的地域性。在此基础上，2014年又启动了“传统建筑解析与传承”调查研究，这是第一次国家层面组织的该领域的大型调查研究，颇具价值：

价值一，它是至今对我国传统建筑文化最全面、最系统的阐释。第一，本次调查研究地域覆盖广，历史挖掘深，建筑类型多。31个省（市、区）开展了调查研究，每个省的研究也都覆盖了全域；一些省对传统建筑文化的追溯年代突破了记录；建筑类型不仅涵盖了官式建筑、庙宇、祠堂等，更涵盖了各类代表性民居。第二，更加注重从自然、人文、技术、经济几条主线解析传统建筑文化，而不是拘泥于建筑本身；不但阐释了传统建筑的物质形体，而且阐释了传统建筑文化的产生机制。第三，研究体例和解析维度保持了基本一致，各省都通过聚落格局、建筑群体与单体、细部与装饰、风格与装修对传统建筑进行解析。通过解析，大大丰富和提升了对我国传统建筑文化精髓的认识，如：中国传统建筑与自然相适应，和谐共生，敬天惜物；与生存实际相适应，容纳生产生活；与社会伦理相适应，井然有序；与发展相适应，灵活易变，是模块化的鼻祖。第四，内在形式统一，体现了中华文明的持久性和一致性；木结构等技术高度成熟，体现了中华民族的智慧；丰富的地区差异，体现了中华文化的多样性。一些研究基础较差的省，第一次对传统建筑有了全面认识；一些研究基础较好的省，又深化了认识。可以说，这次全面调查研究是对中国传统建筑文化的一次重新认识。

价值二，也是更重要的价值，它是就如何传承传统建筑文化、如何实现传统与现代融合这一难题，至今所进行的广泛深入的探索。第一，提出了更为本质、更具指导意义的传承理论和原则，如建筑文化的三大传承主线：自然、人文、技术；“形”的传承、“神”的传承、“神形兼备”的传承；适应性传承、创新性传承、可持续性传承等理论；坚持挖掘地域文化与建筑的关联性，坚持寻找并传承其最有价值和生命力的要素，坚持与时代发展相接轨等原则。第二，提出了更具操作性的传承方法和要点，如建筑肌理、应对自然环境、空间变异、建造方式、建筑材料、符号特征六方面的传承方法。第三，收集、展示、分析了近代以来大量的现代建筑探索传承的案例，既包括比较成功的，也包括比较失败的，具有很好的参考意义。同时也提出了应防止的误区。

价值三，唤起了对传统建筑文化的空前热情。通过这次研究，各地建设部门更加重视传统建筑文化的传承工作了，这将有利于扭转当前我国城乡建设缺乏传统文化的局面。在学术界，不仅老专家倾力投入，新参与的专家学者也越来越多，而且十分积极。过去研究传统建筑的专家学者与从事设计的建筑师交流不多，通过这次研究，两个群体融合到了一起，不仅有利于传承的研究，更有利于传承的实践。有的老专家说，等了几十年，终于等到国家组织这项工作了。

探索传统建筑文化与现代建筑的融合是难度极大的挑战，永远在路上。虽然本次调查研究存在着许多不足和局限，但第一次组织全国专业力量努力探索的成果，惠及当今，流芳百年，意义非凡，不仅具有中国意义，也具有世界意义。在此，谨向为成就这一大业，辛勤无私付出并作出卓越贡献的所有专家学者、建筑师和技术人员、各地建设部门领导和职工，表示衷心的感谢和崇高的敬意。此外，我还深深感受到，组织实施全国范围的、具有历史意义的调查研究，是其他组织和个人难以做到的，是中央部委必须承担的重要职责，今后还要多做。

住房和城乡建设部总经济师 赵晖

2016年9月

编委会

Editorial Committee

江西卷编写组：

组织人员：熊春华、丁宜华
编写人员：姚　赯、廖　琴、蔡　晴、马　凯、李久君、李岳川、肖　芬、肖　君、许世文、吴　琼、吴　靖
调研人员：兰昌剑、戴晋卿、袁立婷、赵晗聿、翁之韵、项琛春、廖思怡、何　昱

北京卷编写组：

组织人员：李节严、侯晓明、李　慧、车　飞
编写人员：朱小地、韩慧卿、李艾桦、王　南、钱　毅、马　泷、杨　滔、吴　懿、侯　晟、王　恒、王佳怡、钟曼琳、田燕国、卢清新、李海霞
调研人员：刘江峰、陈　凯、闫　峥、刘　强、段晓婷、孟昳然、李沫含、黄　蓉

天津卷编写组：

组织人员：吴冬粤、杨瑞凡、纪志强、张晓萌
编写人员：朱　阳、王　蔚、刘婷婷、王　伟、刘铧文
调研人员：张　猛、冯科锐、王浩然、单长江、陈孝忠、郑　涛、朱　磊、刘　畅

河北卷编写组：

组织人员：封　刚、吴永强、席建林、马　锐
编写人员：舒　平、吴　鹏、魏广龙、刁建新、刘　歆、解　丹、杨彩虹、连海涛

山西卷编写组：

组织人员：张海星、郭　创、赵俊伟
编写人员：王金平、薛林平、韩卫成、冯高磊、杜艳哲、孔维刚、郭华瞻、潘　曦、王　鑫、石　玉、胡　盼、刘进红、王建华、张　钰、高　明、武晓宇、韩丽君

内蒙古卷编写组：

组织人员：杨宝峰、陈　彪、崔　茂
编写人员：张鹏举、彭致禧、贺　龙、韩　瑛、额尔德木图、齐卓彦、白丽燕、高　旭、杜　娟

辽宁卷编写组：

组织人员：任韶红、胡成泽、刘绍伟、孙辉东
编写人员：朴玉顺、郝建军、陈伯超、杨　晔、周静海、黄　欢、王蕾蕾、王　达、宋欣然、刘思铎、原砚龙、高赛玉、梁玉坤、张凤婕、吴　琦、邢　飞、刘　盈、楚家麟
调研人员：王严力、纪文喆、姚　琦、庞一鹤、赵兵兵、邵　明、吕海平、王颖蕊、孟　飘

吉林卷编写组：

组织人员：袁忠凯、安　宏、肖楚宇、陈清华
编写人员：王　亮、李天骄、李雷立、宋义坤、张　萌、李之吉、张俊峰、孙守东
调研人员：郑宝祥、王　薇、赵　艺、吴翠灵、李亮亮、孙宇轩、李洪毅、崔晶瑶、王铃溪、高小淇、李　宾、李泽锋、梅　郊、刘秋辰

黑龙江卷编写组：

组织人员：徐东锋、王海明、王　芳
编写人员：周立军、付本臣、徐洪澎、李同予、

殷　青、董健菲、吴健梅、刘　洋、刘远孝、王兆明、马本和、王健伟、卜　冲、郭丽萍

调研人员：张　明、王　艳、张　博、王　钊、晏　迪、徐贝尔

上海卷编写组：

组织人员：王训国、孙　珊、侯斌超、魏珏欣、马秀英

编写人员：华霞虹、王海松、周鸣浩、寇志荣、宾慧中、宿新宝、林　磊、彭　怒、吕亚范、卓刚峰、宋　雷、吴爱民、刘　刊、白文峰、喻明璐、罗超君、朱　杭

调研人员：章　竞、蔡　青、杜超瑜、吴　皎、胡　楠、王子潇、刘嘉纬、吕欣欣、林　陈、李玮玉、侯　炬、姜鸿博、赵　曜、闵　欣、苏　萍、申　童、梁　可、严一凯、王鹏凯、谢　屾、江　璐、林叶红

江苏卷编写组：

组织人员：赵庆红、韩秀金、张　蔚、俞　锋

编写人员：龚　恺、朱光亚、薛　力、胡　石、张　彤、王兴平、陈晓扬、吴锦绣陈　宇、沈　旸、曾　琼、凌　洁、寿　焘、雍振华、汪永平、张明皓、晁　阳

浙江卷编写组：

组织人员：江胜利、何青峰

编写人员：王　竹、于文波、沈　黎、朱　炜、浦欣成、裘　知、张玉瑜、陈　惟、贺　勇、杜浩渊、王焯瑶、张泽浩、李秋瑜、钟温歆

安徽卷编写组：

组织人员：宋直刚、邹桂武、郭佑芹、吴胜亮

编写人员：李　早、曹海婴、叶茂盛、喻　晓、杨　燊、徐　震、曹　昊、高岩琰、郑志元

调研人员：陈骏祎、孙　霞、王达仁、周虹宇、毛心彤、朱　慧、汪　强、朱高栎、陈薇薇、贾宇枝子、崔巍懿

福建卷编写组：

组织人员：蒋金明、苏友佺、金纯真、许为一

编写人员：戴志坚、王绍森、陈　琦、胡　璟、戴　玢、赵亚敏、谢　骁、镡旭璐、祖　武、刘　佳、贾婧文、王海荣、吴　帆

山东卷编写组：

组织人员：杨建武、尹枝俏、张　林、宫晓芳

编写人员：刘　甦、张润武、赵学义、仝　晖、郝曙光、邓庆坦、许丛宝、姜　波、高宜生、赵　斌、张　巍、傅志前、左长安、刘建军、谷建辉、宁　荞、慕启鹏、刘明超、王冬梅、王悦涛、姚　丽、孔繁生、韦　丽、吕方正、王建波、解焕新、李　伟、孔令华、王艳玲、贾　蕊

河南卷编写组：

组织人员：马耀辉、李桂亭、韩文超

编写人员：郑东军、李　丽、唐　丽、韦　峰、黄　华、黄黎明、陈兴义、毕　昕、陈伟莹、赵　凯、渠　韬、许继清、任　斌、李红建、王文正、郑丹枫、王晓丰、郭兆儒、史学民、王　璐、毕小芳、张　萍、庄昭奎、叶　蓬、王　坤、刘利轩、娄　芳、王东东、白一贺

湖北卷编写组：

组织人员：万应荣、付建国、王志勇

编写人员：肖　伟、王　祥、李新翠、韩　冰、张　丽、梁　爽、韩梦涛、张阳菊、张万春、李　扬

湖南卷编写组：

组织人员：宁艳芳、黄　立、吴立玖

编写人员：何韶瑶、唐成君、章　为、张梦淼、姜兴华、罗学农、黄力为、张艺婕、吴晶晶、刘艳莉、刘　姿、熊申午、陆　薇、党　航、陈　宇、江　嫚、吴　添、周万能

调研人员：李　夺、欧阳铎、刘湘云、付玉昆、赵磊兵、黄　慧、李　丹、唐娇致、石凯弟、鲁　娜、王　俊、章恒伟、张　衡、张晓晗、石伟佳、曹宇驰、肖文静、臧澄澄、赵　亮、符文婷、黄逸帆、易嘉昕、张天浩、谭　琳

广东卷编写组：

组织人员：梁志华、肖送文、苏智云、廖志坚、秦　莹

编写人员：陆　琦、冼剑雄、潘　莹、徐怡芳、何　菁、王国光、陈思翰、冒亚龙、向　科、赵紫伶、卓晓岚、孙培真

调研人员：方　兴、张成欣、梁　林、林　琳、陈家欢、邹　齐、王　妍、张秋艳

广西卷编写组：

组织人员：彭新唐、刘　哲

编写人员：雷　翔、全峰梅、徐洪涛、何晓丽、杨　斌、梁志敏、尚秋铭、黄晓晓、孙永萍、杨玉迪、陆如兰

调研人员：许建和、刘　莎、李　昕、蔡　响、谢常喜、李　梓、覃茜茜、李　艺、李城臻

海南卷编写组：

组织人员：霍巨燃、陈孝京、陈东海、林亚芒、陈娟如

编写人员：吴小平、唐秀飞、贾成义、黄天其、刘　筱、吴　蓉、王振宇、陈晓菲、刘凌波、陈文斌、费立荣、李贤颖、陈志江、何慧慧、郑小雪、程　畅

重庆卷编写组：

组织人员：冯　赵、吴　鑫、揭付军

编写人员：龙　彬、陈　蔚、胡　斌、徐千里、舒　莺、刘晶晶、张　菁、吴晓言、石　恺

四川卷编写组：

组织人员：蒋　勇、李南希、鲁朝汉、吕　蔚

编写人员：陈　颖、高　静、熊　唱、李　路、朱　伟、庄　红、郑　斌、张　莉、何　龙、周晓宇、周　佳

调研人员：唐　剑、彭麟麒、陈延申、严　潇、黎峰六、孙　笑、彭　一、韩东升、聂　倩

贵州卷编写组：

组织人员：余咏梅、王　文、陈清鋆、赵玉奇

编写人员：罗德启、余压芳、陈时芳、叶其颂、吴茜婷、代富红、吴小静、杜　佳、杨钧月、曾　增

调研人员：钟伦超、王志鹏、刘云飞、李星星、胡　彪、王　曦、王　艳、张　全、杨　涵、吴汝刚、王　莹、高　蛤

云南卷编写组：

组织人员：汪　巡、沈　键、王　瑞

编写人员：翟　辉、杨大禹、吴志宏、张欣雁、刘肇宁、杨　健、唐黎洲、张　伟

调研人员：张剑文、李天依、栾涵潇、穆　童、
王祎婷、吴雨桐、石文博、张三多、
阿桂莲、任道怡、姚启凡、罗　翔、
顾晓洁

西藏卷编写组：

组织人员：李新昌、姜月霞、付　聪
编写人员：王世东、木雅·曲吉建才、拉巴次仁、
丹　达、毛中华、蒙乃庆、格桑顿珠、
旺　久、加　雷
调研人员：群　英、丹增康卓、益西康卓、
次旺郎杰、土旦拉加

陕西卷编写组：

组织人员：王宏宇、李　君、薛　钢
编写人员：周庆华、李立敏、赵元超、李志民、
孙西京、王　军（博）、刘　煜、
吴国源、祁嘉华、刘　辉、武　联、
吕　成、陈　洋、雷会霞、任云英、
倪　欣、鱼晓惠、陈　新、白　宁、
尤　涛、师晓静、雷耀丽、刘　怡、
李　静、张钰曌、刘京华、毕景龙、
黄　姗、周　岚、石　媛、李　涛、
黄　磊、时　洋、张　涛、庞　佳、
王怡琼、白　钰、王建成、吴左宾、
李　晨、杨彦龙、林高瑞、朱瑜葱、
李　凌、陈斯亮、张定青、党纤纤、
张　颖、王美子、范小烨、曹惠源、
张丽娜、陆　龙、石　燕、魏　锋、
张　斌
调研人员：陈志强、丁琳玲、陈雪婷、杨钦芳、
张豫东、刘玉成、图努拉、郭　萌、
张雪珂、于仲晖、周方乐、何　娇、
宋宏春、肖求波、方　帅、陈建宇、
余　茜、姬瑞河、张海岳、武秀峰、
孙亚萍、魏　栋、干　金、米庆志、
陈治金、贾　柯、刘培丹、陈若曦、
陈　锐、刘　博、王丽娜、吕咪咪、
卢　鹏、孙志青、吕鑫源、李珍玉、
周　菲、杨程博、张演宇、杨　光、
邸　鑫、王　镭、李梦珂、张珊珊、
惠禹森、李　强、姚雨墨

甘肃卷编写组：

组织人员：蔡林峥、任春峰、贺建强
编写人员：刘奔腾、张　涵、安玉源、叶明晖、
冯　柯、王国荣、刘　起、孟岭超、
范文玲、李玉芳、杨谦君、李沁鞠、
梁雪冬、张　睿、章海峰
调研人员：马延东、慕　剑、陈　谦、孟祥武、
张小娟、王雅梅、郭兴华、闫幼锋、
赵春晓、周　琪、师宏儒、闫海龙、
王雪浪、唐晓军、周　涛、姚　朋

青海卷编写组：

组织人员：杨敏政、陈　锋、马黎光
编写人员：李立敏、王　青、马扎·索南周扎、
晁元良、李　群、王亚峰
调研人员：张　容、刘　悦、魏　璇、王晓彤、
柯章亮、张　浩

宁夏卷编写组：

组织人员：杨　普、杨文平、徐海波
编写人员：陈宙颖、李晓玲、马冬梅、陈李立、
李志辉、杜建录、杨占武、董　茜、
王晓燕、马小凤、田晓敏、朱启光、
龙　倩、武文娇、杨　慧、周永惠、
李巧玲
调研人员：林卫公、杨自明、张　豪、宋志皓、
王璐莹、王秋玉、唐玲玲、李娟玲

新疆卷编写组：

组织人员：马天宇、高　峰、邓　旭
编写人员：陈震东、范　欣、季　铭

主编单位：

中华人民共和国住房和城乡建设部

参编单位：

北京卷： 北京市规划委员会
北京市勘察设计和测绘地理信息管理办公室
北京市建筑设计研究院有限公司
清华大学
北方工业大学

天津卷： 天津市城乡建设委员会
天津大学建筑设计规划研究总院
天津大学

河北卷： 河北省住房和城乡建设厅
河北工业大学
河北工程大学
河北省村镇建设促进中心

山西卷： 山西省住房和城乡建设厅
北京交通大学
太原理工大学
山西省建筑设计研究院

内蒙古卷： 内蒙古自治区住房和城乡建设厅
内蒙古工业大学

辽宁卷： 辽宁省住房和城乡建设厅
沈阳建筑大学
辽宁省建筑设计研究院

吉林卷： 吉林省住房和城乡建设厅
吉林建筑大学
吉林建筑大学设计研究院
吉林省建苑设计集团有限公司

黑龙江卷： 黑龙江省住房和城乡建设厅
哈尔滨工业大学
齐齐哈尔大学
哈尔滨市建筑设计院
哈尔滨方舟工程设计咨询有限公司
黑龙江国光建筑装饰设计研究院有限公司
哈尔滨唯美源装饰设计有限公司

上海卷： 上海市规划和国土资源管理局
上海市建筑学会
华东建筑设计研究总院
同济大学
上海大学
上海市城市建设档案馆

江苏卷： 江苏省住房和城乡建设厅
东南大学

浙江卷： 浙江省住房和城乡建设厅
浙江大学
浙江工业大学

安徽卷： 安徽省住房和城乡建设厅
合肥工业大学

福建卷：福建省住房和城乡建设厅
厦门大学

江西卷：江西省住房和城乡建设厅
南昌大学
江西省建筑设计研究总院
南昌大学设计研究院

山东卷：山东省住房和城乡建设厅
山东建筑大学
山东建大建筑规划设计研究院
山东省小城镇建设研究会
山东大学
烟台大学
青岛理工大学
山东省城乡规划设计研究院

河南卷：河南省住房和城乡建设厅
郑州大学
河南大学
河南理工大学
郑州大学综合设计研究院有限公司
河南省城乡规划设计研究总院有限公司
河南大建建筑设计有限公司
郑州市建筑设计院有限公司

湖北卷：湖北省住房和城乡建设厅
中信建筑设计研究总院有限公司

湖南卷：湖南省住房和城乡建设厅
湖南大学
湖南大学设计研究院有限公司
湖南省建筑设计院

广东卷：广东省住房和城乡建设厅
华南理工大学
广州瀚华建筑设计有限公司
北京建工建筑设计研究院

广西卷：广西壮族自治区住房和城乡建设厅
华蓝设计（集团）有限公司

海南卷：海南省住房和城乡建设厅
海南华都城市设计有限公司
华中科技大学
武汉大学
重庆大学
海南省建筑设计院
海南雅克设计有限公司
海口市城市规划设计研究院
海南三寰城镇规划建筑设计有限公司

重庆卷：重庆市城乡建设委员会
重庆大学
重庆市设计院

四川卷：四川省住房和城乡建设厅
西南交通大学
四川省建筑设计研究院

贵州卷：贵州省住房和城乡建设厅
贵州省建筑设计研究院
贵州大学

云南卷：云南省住房和城乡建设厅
昆明理工大学

西藏卷： 西藏自治区住房和城乡建设厅
西藏自治区建筑勘察设计院
西藏自治区藏式建筑研究所

陕西卷： 陕西省住房和城乡建设厅
西安建大城市规划设计研究院
西安建筑科技大学建筑学院
长安大学建筑学院
西安交通大学人居环境与建筑工程学院
西北工业大学力学与土木建筑学院
中国建筑西北设计研究院有限公司
中联西北工程设计研究院有限公司
陕西建工集团有限公司建筑设计院

甘肃卷： 甘肃省住房和城乡建设厅
兰州理工大学
西北民族大学
甘肃省建筑设计研究院

青海卷： 青海省住房和城乡建设厅
西安建筑科技大学
青海省建筑勘察设计研究院有限公司
青海明轮藏传建筑文化研究会

宁夏卷： 宁夏回族自治区住房和城乡建设厅
宁夏大学
宁夏建筑设计研究院有限公司
宁夏三益上筑建筑设计院有限公司

新疆卷： 新疆维吾尔自治区住房和城乡建设厅
新疆建筑设计研究院
新疆佳联城建规划设计研究院

目　录

Contents

上篇：江西传统建筑解析

第二章　江西传统建筑特征

第三章　赣中地区传统建筑研究

前　言

Preface

江西位于淮河以南的中国东南部地区的中央位置，东有浙闽，西为湖广，南窥岭海，北拒江淮。这一地理区域自成单元，四面环山，为江西与周围地区的自然边界和分水岭；几乎所有河流均为内流，早在古代就成为串联江西各地以及周边地区并连接与中原核心地区的交通系统。唐玄宗开元二十一年（公元733年）设立江南西道，管辖从安徽南部一直到湖南西部的广大地域，“江西”之名由此而来，并从此成为中华文明的中心区域之一。宋代以后，江西农业、手工业和商业均极为发达，雄厚的经济基础培养出一代又一代杰出人物，全面覆盖思想、政治、经济、文化、宗教、科技等领域，建立了许多不朽的成就，深刻影响了中国历史的发展过程，是中华文明极其宝贵的财富。

在这些因素的共同作用下，江西逐渐形成了多元化的文化面貌，并影响到江西各地的聚落和建筑特征。江西的4座国家历史文化名城、10个中国历史文化名镇、23个中国历史文化名村、125个中国传统村落和128处全国重点文物保护单位，保存了大量传统建筑，具有千姿百态的建筑风貌。这些丰富的建筑风貌，是在特定的自然环境和文化特性影响下，在持续地发展使用这些传统材料的建造技艺的过程中逐渐形成的。本书将此种面貌称为“百川并流”，意指其内涵丰富，种类多样，虽然许多特征具有广泛的普遍性，但没有一种风格能够覆盖全省所有地区，从而以多样性成为其最显著的特征。

清代之后，江西逐渐衰落，特别是进入近代以后，海贸兴起，江西传统交通线的地位一落千丈，传统经济体系逐渐解体，不仅失去了经济文化中心的地位，而且与东南沿海地区之间的差距日益加大。第二次鸦片战争以后，西方资本、技术和各种建筑风格逐渐影响到江西各地，使江西近代城乡建筑面貌增添了一定的西方元素，但均不成气候，没有产生具有普遍意义的本质性影响。

改革开放以来，江西的建筑活动再次进入高潮。直至最近，江西建筑师主要忙于追赶国内国际先进设计理念、方法和建造技术，对本地的地方建造传统认识不够充分，缺乏高质量的研究成果。对江西传统建筑的系统研究，迄今仅有《江西民居》、《江西古建筑》等寥寥数种。由于研究基础不够深厚，建筑实践中对江西地方建筑特征的提炼和呼应亦较为稀少。虽然仍有许多建筑师在设计中试图以某种方式传承地方建筑传统，特别是近年来出现了更多的卓有成效的探索和精湛的设计作品，但总体而言，曾经丰富多彩的江西地方建筑传统特征的当代传承较为单薄，和周边省份特别是经济发达地区存在明显差距。

在这样的背景之下，本书的写作既担负着重要的历史使命，又面对着尴尬的现实情形，是一项十分艰巨的任务。

本书拟通过对江西传统建筑特征的全面解析，提炼出若干种具有某种普遍意义的地方传统特征，探索形成这些特征的根本原因和机制，并通过现代建筑实践中的案例分析，尝试建立在现代继续传承这些特征的技术策略，主要包括：对自然环境的解读；对传统文化的提炼；以及对传统技艺的创新。

本书由绪论（第一章）、上篇（第二至第六章）、下篇（第七至第十章）和结语（第十一章）组成。

第一章绪论概述江西自然环境的基本特征、主要的历史发展脉络、最核心的文化特性和江西各地的一些显著差异。

第二章试图对目前所知的江西传统建筑遗存的基本情况进行概括：城市、村镇等历史聚落；衙署、学校、寺庙宫观塔幢和祠堂等公共建筑；居住建筑；以及它们的一些具有一定普遍性的特征。

第三至第六章分赣中、赣东北、赣南和赣西四个片区，详述各地传统聚落和建筑状况及其特征。

第七章概述近代以来江西建筑活动中对传承地方建筑传统的尝试和思考，特别是改革开放以来对传统的重新阐释和演绎。

第八至第十章通过案例分析，分别研究传统文化和人文精神、传统材料工艺和技术以及对自然环境特征的适应在现代建筑中的传承设计手法和技术策略。

第十一章结语将回顾和总结本书的研究成果，并为今后江西建筑设计实践中的地方建筑传统特征传承提出建议。

如前所述，本书是在既没有坚实的研究基础又缺乏丰富的实践案例的情形下急就而成，尽管所有作者均竭尽全力，也得到了江西全省各级建设行政部门以及省内外许多设计机构的倾情支持，但分析和研究必然存在许多谬误和不足，各种建筑案例的选取也必然存在许多遗漏。无论如何，本书作者深信，这是一次重要的尝试，希望能为今后的研究工作和建筑实践提供有益的参考。

第一章　绪论

江西省简称赣，位于长江中下游地区，北濒长江，南倚南岭，东连瓯越，西接湖广。面积约16.69万平方公里，约等于两个捷克共和国；人口约4565.63万人（2015年），略多于西班牙王国。人类在江西活动的历史可追溯到数万年前，距今约1万年的万年县大源仙人洞、吊桶环遗址，是人类最早的栽培稻和制陶遗址之一。自唐宋以来，文化昌盛，经济繁荣，古建筑遗存类型丰富，数量众多，地域特征鲜明，艺术价值显著，是中国南方文化遗产的重要组成部分。至清末以后，江西聚落与建筑一方面在现代化过程中逐渐放弃了传统技艺，另一方面经济发展相对缓慢，直至20世纪90年代才进入建设高峰期，导致地方传统建筑风格和元素未能得到及时的继承。尽管如此，直至今日，仍保存大量传统风格和元素，可以作为新时代建筑发展的参照与依据。

第一节 自然概况

一、地形

江西全境几乎全为山地包围。东北有黄山余脉，为赣皖界山；其南又有怀玉山，为赣浙界山。东有武夷山脉为赣闽界山，南有南岭山脉为赣粤界山，西有罗霄山脉为赣湘界山，西北还有幕阜山，为赣鄂界山。仅北部鄱阳湖与长江连通处地势较平，为唯一的开口。山地和丘陵地形面积占省域总面积接近80%，山地最高海拔多在1000米以上，其中多有海内名山，如庐山、井冈山、三清山、龙虎山、武功山等；但大部分为低山丘陵，适合人居环境发展。

二、水系

江西的山地中孕育出丰沛的水系。武夷山发育出的贡水、罗霄山发育出的章水在赣州汇合成赣江，自南而北，几乎贯穿整个江西省，直至南昌附近入鄱阳湖，为江西最大河流。武夷山西麓发育出的抚河，亦自南而北贯穿江西东部，在南昌附近与赣江汇合。怀玉山发育出的信江，自东向西经过江西东北部。幕阜山发育出的修河，自西向东经过江西西北部。黄山余脉中发育出的昌江和乐安河在鄱阳汇合成饶河。赣、抚、信、修、饶五水，合称江西五大水系，全部汇入鄱阳湖，并经鄱阳湖注入长江。

五大水系的共同特点是支流极其发达。赣江上游流域面积超过10平方公里的河流多达2073条，抚河有382条，信江320条，修河305条，饶河293条，共计3373条，足称“百川并流”。这些河流在山地中形成一系列分散的河谷盆地，最终在江西中北部腹地形成冲积盆地鄱阳湖平原，它们成为江西人民生长繁衍的摇篮。

江西的水系同时也构成江西历史上的交通体系。赣江北接长江，南过南岭山脉与广东的珠江水系连接，构成历史上极其重要的南北交通线。其余各条河流，多与周边诸省的主要水系有着便捷的联系。饶河、信江上游与新安江水系连接，通安徽、浙江一带；信江的一条重要支流铅山河与闽江水系连接，通福建；抚河上游与闽江、九龙江水系连接，亦通福建；修河上游与湖北东部的陆水河上游连接；赣江的一条重要支流袁河与湖南东北的浏阳河水系连接。这样，江西的水系构成了一个堪称四通八达的交通网，使江西成为与周围诸省之间交通运输来往的必经之途（图1-1-1）。

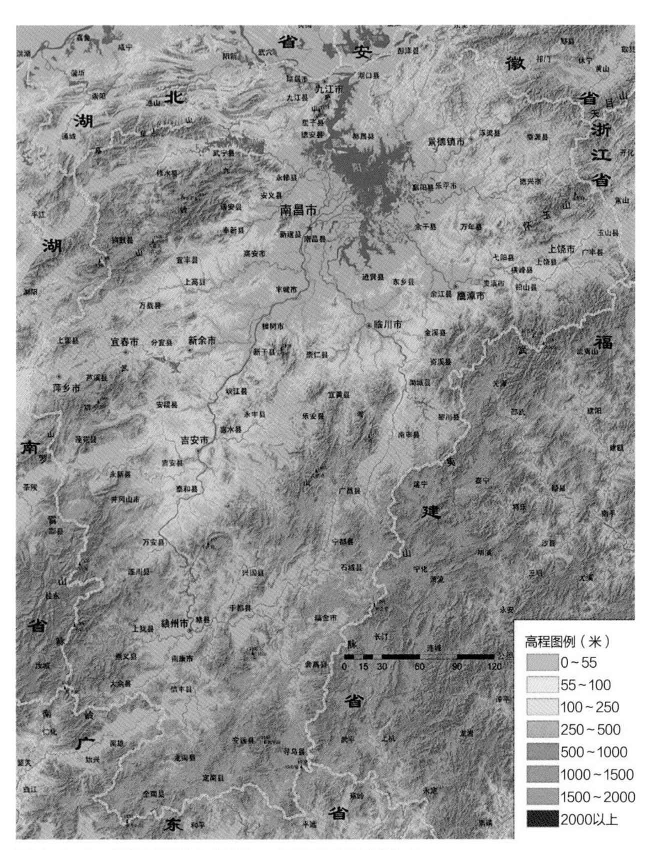

图1-1-1 江西地形（来源：《江西古建筑》）

三、气候

江西地处亚热带湿润季风气候区，全境全部属于夏热冬冷地区。复杂的地形地貌分布，使江西气候呈现出明显的南北差异和地方差异，南部更具备亚热带气候特征，北部更接近大陆性气候特征。春季阴冷多雨。夏季晴旱酷热。秋季风和日丽，秋高气爽。冬季北部寒冷，南部气温明显高于北部。日照充足，雨量充沛，是全国的多雨省区之一，但降水分布不均匀。赣东北的怀玉山区、赣东沿武夷山一线、赣西沿罗霄山一线均为多雨区，年降水量可达1900毫米以上。赣北的鄱阳湖周边、赣中的吉安周边和赣南的赣州周边则是少雨区，年降水量少于1400毫米。降水集中在春夏，6月达到峰值，各地降水量均超过200毫米，多雨区甚至超过300毫米，极易发生洪涝灾害。秋冬则降水逐渐稀少，到12月，各地降水量均回落至50毫米以下。

第二节 历史沿革

一、先秦至魏晋时期

江西古属百越，又称干越，先秦以前处于中原文明边缘。秦始皇统一全国，在江西境内设有7个县，基本沿鄱阳湖、赣江布点，以保护赣江交通线的安全。西汉初在江西设立豫章郡，又在秦代县治的基础上增设至18县，标志着中原政权对江西的统治与开发正式开始。三国时期，北方移民开始大量进入江西。东晋南渡，又有大批北方移民在江西定居。

二、隋唐时期

从魏晋南北朝至隋唐，江西的经济文化经历了重大发展。至唐代，江西形成8州38县的行政区划，基本奠定沿袭至今的格局。8州即洪州（今南昌市）、江州（今九江市）、饶州（今鄱阳县）、信州（今上饶市）、抚州（今抚州市）、袁州（今宜春市）、吉州（今吉安市）、虔州（今赣州市）。

三、宋元时期

在两宋特别是南宋时期，江西的经济和文化都达到顶峰，环鄱阳湖地带及赣江流域富庶号称天下之首，出现了一大批重要的历史人物，在全国具有举足轻重的地位。宋代在江西共设立13军州，除继承唐代8州建置外，并分洪州设筠州（今高安市）、分江州设南康军（今星子县）、分洪州、袁州、吉州设临江军（今樟树市）、分抚州设建昌军（今南城县）、分虔州设南安军（今大余县）。又大量增设县治，使江西县数增至68县。但江西东北部的饶州、信州和南康军这一时期均划归江南东路管辖（图1-2-1）。

四、明清时期

在南宋亡国之际，江西重新进入一个兵火连绵的时期，历经整个元代而不息，直至明初。历时近两百年的战乱，使江西全境的人口锐减，对江西经济文化的破坏几乎是毁灭性的。

明清江西出现了几乎是持续的大规模移民潮。赣东北、赣西北和赣南的山地均吸引了来自安徽、浙江、福建、广东和湖北的大量移民，改变了江西原有的人口构成。由于大批移民进入山区，明代以后，江西山地得到普遍开发，经济文化继续发展，但速度逐渐减缓，至清代开始停滞，近代以后进一步衰落。宋代的13军州，至明代改为13府，一直沿袭至民国建立。明代江西县级行政区增至78个，清代再增至81个，新增的部分几乎全部在山区。

五、近现代时期

江西在19世纪50至60年代曾是湘军和太平天国反复争夺的地区，聚落、建筑和人口均遭到严重损失。第二次鸦片战争后，江西北部濒长江的九江被辟为沿江三处通商口岸（镇江、九江、汉口）之一，成为江西对外贸易的门户。1898年，萍乡煤矿大量开采，成为清末洋务运动的重要节点。1903年，萍乡至湖南醴陵的铁路通车，以方便煤炭外运。1905年，这条铁路延伸至株洲。1907年开工建造南昌至九江的南浔铁路。

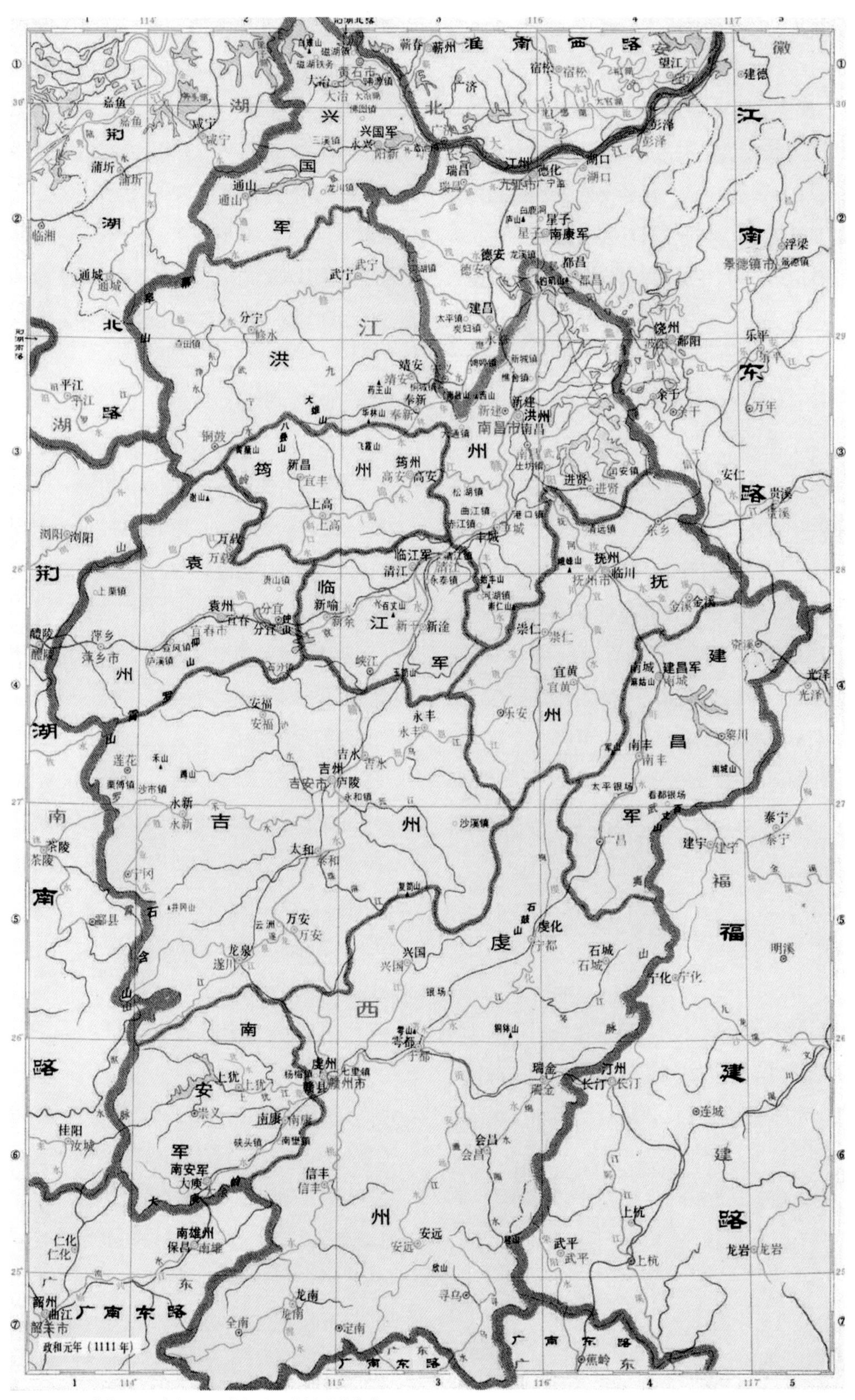

图1-2-1 宋代江西（来源：《中国历史地图集》）

1911年10月10日，辛亥革命在湖北武昌爆发，立即影响到毗邻的江西。从10月23日起，江西爆发了一系列反清起义。10月31日，起义军控制省会南昌，成立江西军政府，宣布独立，是继湖北、湖南、陕西之后的第四个革命省份。1926年，国民革命军发动北伐，在江西境内进行了多次战斗。1927年，第二次国内革命战争爆发，中国共产党领导人民群众先后在江西建立了大片革命根据地。其中著名的有井冈山革命根据地（包括宁冈、永新、莲花三县和吉安、安福、遂川与湖南酃县的一部分）、湘赣革命根据地（江西境内包括永新、宁冈、莲花、安福、遂川、吉安、萍乡、新余、宜春、峡江、分宜、上犹、崇文、万安、信丰、大余等16县）、赣东北革命根据地（包括弋阳、横峰、贵溪、德兴、余江、万年、上饶、铅山等县，后发展为闽、浙、赣革命根据地）以及湘、鄂、赣革命根据地（江西境内包括铜鼓、修水、万载、宜丰等县）等。在赣南和闽西地区则形成了中央革命根据地（江西境内包括瑞金、安远、信丰、广昌、石城、黎川、宁都、兴国、于都、会昌、寻乌等11县），中华苏维埃共和国临时中央政府设在瑞金，故瑞金有红都之称。

民国时期，婺源从安徽划入江西，使江西县级行政区增加至82个。

第三节　文化特性

由于历史的原因，江西具有非常深厚而多样化的古代文化积累，和江西丰富多样的水系一样可称为百川并流。综合而论，可以分为儒学传统、宗教传统、族居传统和工商业传统四个方面。

一、儒学传统

传说孔子的弟子澹台灭明在春秋时期在江西讲学多年，从而将儒学传入江西。晋代以后，随着江西经济的发展，儒学传统日益兴旺，历代名臣辈出。东晋时如鄱阳人陶侃、唐代如兴国人钟绍京、北宋如临川人王安石、南宋如吉安人文天祥、明代如泰和人杨士奇、清代如修水人陈宝箴等均为国家重臣，甚至为官数十年，又常以文学艺术著称。

江西见证了儒学思想的多次重要变革。北宋时，湖南人周敦颐长期在江西从政为官，后在庐山北麓建立濂溪书院，隐居讲学，由此开创了宋明理学，在中国思想史上影响极其深远。至南宋，婺源人朱熹、金溪人陆九渊一起成为周敦颐哲学思想的主要继承人，并分别发展出理学和心学两大思想传统。明代，浙江人王守仁长期在江西生活和任职，继承和发展了陆九渊的思想，从此称陆王心学。

二、宗教传统

江西自东晋开始成为江南佛教活动的中心之一。山西僧人慧远在4世纪末移居庐山，创建东林寺并做住持多年，开创汉传佛教重要流派之一的净土宗。唐代中期，四川僧人马祖道一在临川、赣县和南昌先后说法共达43年，对佛教禅宗的发展有重要影响，禅宗临济宗、沩仰宗均出自其门下。浙江僧人良价在唐代后期移居宜丰洞山，说法10年，其弟子本寂此后移居宜黄曹山，又说法20年，由此开创禅宗曹洞宗。北宋前期，宜春僧人方会在10世纪初移居萍乡杨岐山，由此开创禅宗杨岐宗。北宋后期，玉山僧人慧南在11世纪中期移居修水黄龙山，由此开创禅宗黄龙宗。

道教正一派发源于江西龙虎山，至迟从宋代开始已成为道教主流之一，元代更获得朝廷封赐，声名显赫，在民间尤有影响。除此以外，晋代以后，江西还逐渐形成了另一个极具地方特征的道教崇拜传统。其宫观统一称“万寿宫”，不但在江西各地均有建置，而且随着江西人的流动影响到全国各地甚至海外，万寿宫通常与江西会馆合并建造，成为江西人的象征。

三、族居传统

自东汉以来，江西一直是全国重要的粮食产区，农业经济发达。另一方面，江西由于交通便利，又一直广泛接受来自外省的移民。至五代，已经形成了基于农耕生产的族居传统。著名的江州义门陈氏，其家族人口至北宋中期接近4000人，仍聚族而居，被称为是江西族居传统的代表。这种传统一直保持到近代，各地的乡村聚落，基本上都以一个或几个大族为主，构成其人口的主体。

四、工商业传统

江西由于交通便利，资源丰富，工商业传统也十分深远。五代起，吉安县永和镇的吉州窑成为南方著名瓷窑，远销海外。至宋代，浮梁县景德镇逐渐成为全国瓷业中心。明代江西全境工商业非常发达，形成了四大工商业名镇：以瓷业为主的景德镇、以大米交易为主的吴城镇、以药材集散为主的樟树镇、以造纸业为主的铅山县河口镇。江西商帮是中国古代商帮中最早成形的商帮，史称“江右商帮”，主要活动于两湖、云、贵、川等地，在北方也有相当势力。尽管在江右商帮中，既没有出现像徽商那样坐拥巨资，堪与王侯相比的富商巨贾，也没有形成像晋商那样经营着垄断行业，也不能如浙商那样成为中国近代资本的源头，但江右商帮以其人数之众、操业之广、渗透力之强为世人瞩目，对明清社会经济产生了相当影响。据明代地理学家王士性在《广志绎》中记载，在湖广有“无江西商人不成市”的说法；在云贵川“非江右商贾侨居之，则不成其地”。与此同时，也有大批外省商人活跃于江西，主要来自于周边的安徽、浙江、福建、广东四省。他们在江西各地城镇建造会馆，甚至就此定居。

第四节 地区差异

上述自然和文化特性，在江西省全境均具有普遍意义。但江西省幅员辽阔，与周围诸省来往密切，自然条件、文化传统在各地均有复杂的变化，形成具有可识别性的地区差异，与各地的文化背景紧密结合，形成了丰富多彩的多元化面貌，是“百川并流”的文化体现。

一、赣中地区

赣中地区是江西地方文化传统的核心地区。这一地区以今天的赣江中游吉泰盆地和抚河中下游平原为中心，约当汉晋庐陵郡、临川郡，唐宋吉州、抚州，明清吉安府、抚州府辖地，今天则为吉安市和抚州市的核心区域。这里由于地处赣江和抚河两条主要河流的中下游，地势相对平坦，土地肥沃，交通便利，利于农桑，长期以来都是江西历史上主要的粮食产区，自唐代起即形成发达的工商业，同时也是各路宗教领袖传道化缘的福地。庐陵文化、临川文化并称赣文化两大支柱，各有特征，不过均以崇儒重文、耕读传家为其核心价值。

吉安位于赣江中游，以吉泰盆地为中心，秦代设庐陵县，东汉末年设庐陵郡，是江西开发较早的地区之一。吉安科举文化发达，号称“三千进士冠华夏”，宋代即已出现欧阳修、周必大、杨万里、文天祥等身兼著名文学家和著名政治家双重身份的伟大人物，明清两代全国诸府进士数量列第一，诸如“一门九进士”、“父子探花状元”、“叔侄榜眼探花”、“隔河两宰相，五里三状元”、“九子十知州”、“十里九布政”、“百步两尚书”之类的美谈，几乎遍及全境。

抚州位于抚河中游，与吉安隔雩山山脉相望，东汉设临汝县，三国设临川郡。唐初已以文名重天下，王勃《滕王阁序》称“光照临川之笔”。至宋代进入黄金时代，号称“才子之乡”，晏殊、晏几道、王安石、曾巩等人同样均身兼著名文学家和著名政治家双重身份。金溪陆氏陆九渊、陆九韶兄弟则成为中国思想史上的关键人物。明代以后，仍有汤显祖、李绂等著名文学家出世。

基于儒学传统的耕读文化因此成为赣中地区的主要特征，它影响范围广阔，以吉安和抚州为核心，分别沿赣江和抚河向北伸展，在南昌交汇，并沿鄱阳湖西岸继续向北延伸至长江沿岸的九江。这里是中原文化最早进入江西的区域，直至明清，一直是江西省经济最为繁荣、文化最为昌盛的区域。作为受外部影响相对较小的地区，具有最纯粹的江西地方特色。

在儒学传统影响下，赣中地区的聚落和建筑对空间秩序的追求特别强烈，聚落和建筑的外部形象简朴，具有高度的一致性，有时甚至出现整齐划一的兵营式布局，由大量尺度样式几乎雷同的建筑组成整个聚落。聚落内部则十分突出正堂的核心地位，并以此为中心组织整个聚落的空间体系。与此同时，赣中地区特别是沿赣江和抚河及其支流构成的水道周边地区，也是传统工商业十分发达的区域。江西明清四大名镇中的樟树镇、吴城镇均位于这一地区，在沿水道分布的许多小镇中，也发展出大量有活力的商业街道。

赣中地区由于夏季长时间受副热带高压控制，炎热无风，建筑中重视遮阳和隔热超过自然通风。故在赣江中游吉泰盆地一带出现无天井的中小型住宅，天井退化成纯装饰性的天花藻井。在抚河中下游地区，则普遍在天井井口下加装可开合的遮阳帘。

由于开发较早，赣中地区木材资源相对紧缺，清代中期以后即大量使用砖墙承檩，又时常在室内山墙上以灰浆堆塑假木结构，甚至直接在墙壁上绘制梁枋，亦为这一地区特有的特征。

二、赣东北地区

赣东北通常指鄱阳湖东岸，今天景德镇和上饶两市市域，约汉晋鄱阳郡，唐宋饶州、信州，明清饶州府、广信府辖地。这里地形变化复杂，西部临鄱阳湖，平整开阔，水道纵横，战国楚国即设有番县，西汉改名番阳县，东汉再改名鄱阳县，东汉末年设鄱阳郡，是江西开发最早的地区之一；东部自北向南分别为黄山、怀玉山和武夷山占据，层峦叠嶂，是江西开发较晚的地区，信州是江西最晚设置的州郡一级建置。

饶州北与唐代歙州、宋代徽州、明清徽州府相邻，信州东北与唐宋衢州、明清衢州府相邻，东南与唐宋建州、明清建宁府相邻。这一带历史行政区划变化复杂，饶州、信州在宋元时期一直属于江南东路管辖，明代才将饶州府、广信府正式划归江西，民国时期，婺源又从安徽划入。人口构成在历史上也有重要变动。明代前期，有大批浙江破产农民进入赣东北山区；清代前期，又有大批皖南、浙南、闽北移民迁入。

复杂多变的自然环境赋予赣东北地区丰富的自然资源，山区中发育的河流构筑起四通八达的交通网络，加上与浙江、福建毗邻的区位优势，使这一地区具有特别发达的工商业传统。景德镇的瓷业、铅山的纸业、浮梁和铅山的茶业均为江西历史上的重要产业，对全国乃至全世界均有重要影响。

在产业、移民和商人的共同作用下，赣东北形成了复杂的建筑特征。皖南的徽州民居和浙江中南部的东阳帮建筑技艺在这里均有明显影响，是江西传统建筑最为华丽的部分。

三、赣南地区

赣南一词今天通常指赣州市域，约晋代南康郡，唐宋虔州，明清赣州府及清代辖地。这里以丘陵山地为主，地形变化剧烈，东部的武夷山、西部的罗霄山在此与南岭交会，虽然仍有发达的水系，但分散在大量小尺度河谷盆地之中，没有开阔的平地用于生产和建设，交通亦不能完全依靠水路，必须翻山越岭，即使在今天仍不够便利。这一带同时又是江西纬度最低的区域，已经靠近北回归线，较江西其他地区更为温暖，更接近典型亚热带气候。

由于赣南地扼南岭，是赣江与珠江的分水岭，秦代即设有南壄县，以扼守赣江——珠江交通线的关键节点。东面有石城一清流、瑞金一汀州等通道进入福建，东南与广东宋元梅州、清代嘉应州相连。现属广东省梅州市的平远县，明嘉靖四十一年（1562年）建县时属赣州府管辖，嘉靖四十三年（1564年）才改隶广东潮州府，清雍正十一年（1733年）

改隶嘉应州。同时，作为中国南方关键军事要点之一，是兵家必争之地，每逢战乱，必遭兵火，导致经济文化发展相对缓慢。

不利于经济发展的复杂地形和连接江西、福建、广东三省的战略地位，使这一地区的发展呈现出矛盾的局面：交通要道上的城市开发极早，甚至可追溯到秦汉；交通要道以外的区域则开发迟缓，部分远离要道的地方时常盗匪丛生。直至明清，这一地区一直在大量接受外来移民，明代前期，有大批闽南、粤东北破产农民进入；清代前期，又有大批闽南、粤东客家移民进入。这些移民数量巨大，大大改变了赣南原有的人口构成，并造成当地族群关系紧张。

在开发赣南地区的过程中，家族的力量对于建立秩序、发展经济具有重要意义，使得族居传统在赣南地区具有特殊的影响力。客家民居的影响在赣南相当显著，发展出一种聚族而居的大型居住建筑形式——围屋，这与福建土楼、广东围龙屋一起成为客家民居的代表。跟随移民的脚步，在赣南地区形成的地方特征甚至还分别沿武夷山和罗霄山向北推进，影响到赣中地区的边缘。

四、赣西地区

赣西地区大体包括今天新余市、萍乡市、宜春市大部和九江市西部，约当汉代豫章郡西部及晋代安成郡，唐宋袁州、筠州，明清袁州府、瑞州府辖地，以及唐宋洪州、明清南昌府的西部。这里也有大面积的丘陵山地，东北—西南走向的幕阜山、九岭山和武功山将这一地区分割成三个主要区域，九岭山与武功山之间的袁河流域；九岭山东南的锦江流域、以及幕阜山和九岭山之间的修河流域。袁河、锦江和修河成为沟通江西与湖南、湖北的通道。战国时吴国即在修河下游靠近鄱阳湖西岸一带设有艾县，西汉初在袁河上游设宜春县，锦江下游设建成县，修河下游设海昏县。西晋以宜春为中心设立安成郡，唐初改安成郡为袁州，改建成县为高安县，以其为中心设立筠州。

这一地区的重要特点在于保存了较丰富的宗教和民间祭祀传统。佛教禅宗与赣西地区关系极为密切。马祖道一墓塔至今仍在靖安宝峰寺，其塔亭为全国重点文物保护单位。其著名弟子、福建僧人怀海在奉新百丈山修禅30年，制定禅宗僧人修行生活仪轨《禅门规式》，俗称《百丈清规》，此后成为汉传佛教寺院建设和生活的基本准则。其著名弟子、另一位福建僧人希运在宜丰黄檗山修禅，其弟子山东僧人义玄开创禅宗临济宗。怀海的另一位著名弟子、又一位福建僧人灵佑在湖南长沙西面的沩山修禅，其弟子湖南僧人慧寂在宜春仰山修禅，从而开创禅宗沩仰宗。禅宗曹洞宗创始人浙江僧人良价在宜丰洞山修禅，从而开创禅宗曹洞宗。禅宗杨歧宗、黄龙宗，其祖庭亦全在赣西。此外，赣西又保留许多植根民间的祭祀活动，并与道教传承融合。始建于东晋的萍乡天符宫，最初以平息疫病而建立。一千多年后始建于明末的萍乡张康真人殿，亦与民间医生有关。萍乡一带还有强大的傩舞传统，各地又大量建造傩庙，号称“五里一将军、十里一傩神”，至今仍保留若干处遗存。

作为江西与湖南、湖北之间的重要通道，赣西在明清两代也经历了大规模的移民运动。元末明初，朱元璋发动“江西填湖广”，组织人多地少的江西人迁往湖南、湖北。从明朝永乐年间到明朝后期，江西等省移民仍在源源不断地迁进两湖，虽然不似洪武年间猛烈，但因时间长，总量也十分可观。这些移民主要是为了在经济上寻求发展，以为两湖荒地可随意圈占开垦、税赋轻，因此决定西迁。在此期间，还有大批闽南移民进入赣西北山区。清代前期，又有大批湖北和赣南客家移民进入赣西北。从湖南醴陵至江西萍乡的湘赣驿道是最重要的移民通道之一。

赣西地区的文化特征因此具有更多的多样性。西部毗邻湖南、湖北的区域与湖南、湖北在文化上具有高度的一致性。东南部临近赣中地区的区域则更接近江西主流特征。

本章小结

上述不同地区出现的差异化，是在江西复杂的自然环境和丰富的历史进程中经过多年积累逐渐形成的。这些地区性的文化差异既是客观存在，同时又难以定义清晰的边界，地区间既各有个性，又相互影响，相互交错，进一步体现了“百川并流”的文化多样性。本书第二章将概述江西传统建筑如何在“百川并流”的自然和文化背景中形成同样“百川并流”的建筑特征，第三至第六章将分地区对各地传统建筑特征进行详细阐述，第七至第九章则将继续基于江西的自然环境、文化特性和当代材料、构造技术的应用，分析传统建筑特征在当代建筑中的传承与发展。

上篇：江西传统建筑解析

第二章　江西传统建筑特征

江西具有丰富的历史聚落和建筑遗存。截至2016年底，共有景德镇市、南昌市、赣州市和瑞金市4个国家历史文化名城，浮梁县瑶里镇等10个中国历史文化名镇，乐安县牛田镇流坑村等23个中国历史文化名村，进贤县温圳镇杨溪村委李家村等125个中国传统村落，“八一”起义指挥部旧址等128处全国重点文物保护单位。在这些历史聚落和文物保护单位中保存了大量传统建筑。

江西现存传统建筑的年代大多数较为晚近，完整的唐宋建筑遗存仅有若干座石塔和砖塔，而以清代建筑数量最多。江西森林资源丰富，尽管自古以来一直被大量采伐，至今仍有6.5万平方公里天然林，占全省总面积的39%。江西又有丰富的黏土和石材资源，陶器生产历史近万年，汉代墓葬已大量使用黏土砖。木、土、砖、石因此成为江西最主要的传统建筑材料。江西各地在特定的自然环境和文化特性影响下，持续地发展使用这些传统材料的建造技艺，在江西各地形成了丰富多彩、“百川并流”的建筑特征。

第一节　聚落

一、概述

江西聚落发展历史悠久，现已发现自新石器时代以来的大量史前聚落遗址。这些遗址主要沿鄱阳湖—赣江一线分布，亦见于抚河、修河、饶河等主要河流及其支流沿岸。如樟树筑卫城遗址，位于离赣江仅数公里的土岗上，有夯土城垣环绕，东西宽410米，南北长360米，城垣最高处达20余米，面积达14.7公顷，年代自新石器时代直至战国时期，是全国现存最完整、江西最古老的土城。经过多次变迁，除少部分山区外，现有的省域范围、行政区划和聚落体系在明代基本奠定。

明代设江西布政使司，辖南昌、瑞州、饶州、南康、九江、广信、抚州、建昌、吉安、袁州、临江、赣州、南安13府，下辖78县，地域大致等同今天的江西省。清代基本承袭明代区划，仅作过若干次局部调整。清乾隆八年（1743年）在吉安府增设莲花厅。清乾隆十九年（1754年）升赣州府宁都县为直隶州，辖瑞金、石城二县。清乾隆三十八年（1773年）改赣州府定南县为定南厅。清光绪二十九年（1903年）在赣州府增设虔南厅。清宣统二年（1910年）在南昌府增设铜鼓厅。如此，至清末，江西行政区划为13府1直隶州80厅州县。据此，聚落等级可大略划分为府城、州城、县城，县以下还有镇、村。

河流是传统社会主要的交通方式，纵贯江西南北的赣江是长江的第七大支流，它发源于江西南部的大庾岭，由南而北，经过南昌注入鄱阳湖，由鄱阳湖泄入长江。赣江是江西的最大河流，也是江西南北交通的主干道。赣江西侧支流袁水、锦江和修河形成了江西西部横向交通体系；抚河、信江与昌江和乐安河在鄱阳汇合成的饶河形成了江西东部横向交通体系。这些河流在山地中形成了一系列分散的河谷平原，构筑起了古代江西的聚落布局体系。

沿赣江由南而北分布着以南安府、赣州府、吉安府、临江府、南昌府为核心的聚落群。其左侧支流袁水流域分布着以袁州府为核心的聚落群；锦江流域分布着以瑞州府为核心的聚落群；西北部的修河流域分布着以宁州为核心的聚落群。其右侧支流抚河流域分布着以建昌府、抚州府为核心的聚落群；信江流域分布着以广信府为核心的聚落群；饶河流域分布着以饶州府为核心的聚落群；鄱阳湖入长江处分布着以九江府为核心的聚落群，此即为古代江西聚落的空间布局。吉安府、抚州府一起构成赣中地区的核心；饶州府、广信府构成赣东北地区的核心；南安府、赣州府构成赣南地区的核心；袁州府、瑞州府构成赣西地区的核心。

二、城市

至清末，江西有南昌等13座府城，其中南昌府城同时兼作南昌县、新建县县城，其余12座府城也分别兼作所在首县县城，另外尚有宁都直隶州城。县城则有丰城等61座，县级的义宁州城，以及莲花等4所厅署治所。总计80座县级及以上城市，构成江西的城市体系。这些城市，在近现代期间均发生巨大变化，早已非复旧观。

南昌府即汉代豫章郡城，从那时起一直是江西地方行政中心，至明清成为江西省城。作为省治，城市最重要的功能是行政和军事功能，其次其地处交通要道，也有一定的商业贸易功能。清代巡抚成为全省最高行政长官，下设承宣布政使司和提刑按察使司，分管民政、财政与司法监察，另设提学使司管理全省学务。因此南昌府城内最重要的建筑即为省级行政机关：巡抚部院署、布政司署、按察司署、提督学政署及开科取士的贡院。此外城墙高筑，城壕深挖，军事上重要的城门设瓮城，城东城门外有校场，防御体系完备。

府城皆以行政、军事功能为主，兼具商业、手工业等其他功能，因其位置不同其各功能的重要性各不相同。主要府级行政机构有府署、府学及试院，通常分布在城中重要位置，某些重要城市还设有更高级的行政机构：分巡道署、分守岭北道署、布政分司署等，如赣州府。

府级军事机构因其在军事上的重要性而有所分别，例如军事重地赣州府设有总镇府、坐营参将署、中营游击署、左营游击署、后营都司署、城守营都司署、教场等军事机构及设施。袁州府设有协镇副总兵署、都司署、千总署、大小教场等军事机构及设施。而宁都州城则设参将署、守备署等军事机构。

府城通常还兼作首县附郭县城，使府城中还有一套县级机构，如县衙、县学、县城隍等。

综上所述，府城中大部分为统治机构占据，其余部分为民居、学校、寺庙和少量商业。城均设城墙及城门若干，城内道路由城门出发形成连接城内各区块的体系。部分府城有较完善的城内排水体系，如南昌、赣州。

县城为县治所在地，其主要功能也是行政、军事功能。县城均设城墙，城内主要行政机构为县署、县学，湖口县城还设有关署和税厂；主要祭祀机构城内为文昌宫、关帝庙，城外为社稷坛、先农坛；军事机构因地而异，如南丰县城设有防守署、龙池巡检署、校场等机构，而湖口县城则有长江水师总镇廨、湖口镇巡检司廨、游击署廨等。

祭祀体系是传统社会统治的重要手段，府城常设的坛庙城内有府城隍、文庙、武庙等；秉承周制郊祭传统，保留原始自然崇拜特征的祭祀则位于城墙之外，如社稷坛、先农坛、厉坛等，但也有例外，如建昌府社稷坛位于城内。

所有府县城市选址均临重要河流，部分城市位于河流的交汇处。城墙围合和城内空间亦结合自然山水，自由布置，绝少有方正形态。如南昌府城系结合城外的赣江沙洲和城内水系、地势建成，城内外均河道纵横，湖泊池塘星罗棋布，民谚称为“七门九洲十八坡，三湖九津通赣鄱”，基本上是根据地形逐渐生长出来的城市形态。赣州府城则建在章贡二水交汇成为赣江的位置，因此平面轮廓呈三角形，城内宋代形成的街道系统大部分保存至今，宋代根据城内外地形和水文情况修筑的福寿沟，至今仍是赣州市最有效的城市排水系统。

三、村镇

除了上述以统治为主要功能的城市，人们临河而居，因河成市，一些地方地处交通要道，逐渐由“墟”发展为

图2-1-1　吴城镇图（来源：《康熙新建县志》）

“市”，再逐渐形成繁荣的商业和手工业市镇。明清时期，由于梅关和赣江是联系广东和长江流域最繁忙的南北交通线路，也带动了沿线江西城市的繁荣。同时，由于明代江西填湖广和湖广填四川的政策大批江西人向人口密度较低的湖南、湖北、云南、贵州、四川等省移民，从事商业或农业等。在此期间产生了著名的“江右”商帮，也形成明清江西四大名镇：赣东北有饶河流域的饶州府浮梁县景德镇（今景德镇市）和信江岸边的广信府铅山县河口镇（今上饶市铅山县河口镇）；赣中有赣江岸边的临江府清江县樟树镇（今宜春市樟树市）和南昌府新建县吴城镇（今九江市永修县吴城镇，如图2-1-1所示）。景德镇自明代起即为全国四大名镇之一。赣西和赣南虽然相对薄弱，亦在交通要道上形成了袁州府萍乡县芦溪镇（今萍乡市芦溪县芦溪镇）、南安府南康县唐江镇（今赣州市南康区唐江镇）等著名的通衢大市。

这些城镇不仅商业繁荣，也培育了发达的手工业，如景德镇的瓷器业、樟树镇的药材业、河口镇的制纸业。其聚落无城墙设置边界，布局自由，形态均沿河道展开，建筑类型以住宅、商铺、会馆、作坊为主，常见作坊、住宅结合式、商铺、住宅结合式的建筑。

清代的城郊及乡村聚落称为坊都，通常若干自然村为一都。乡村聚落的布局多因地制宜，无固定模式，其形态特征往往决定于其所处环境。一般而言，乡村聚落在选址上多临

河而居，但也有水系穿过聚落，一村两岸沿河而居的聚落，如浮梁县瑶里镇。聚落格局多背山面水，向阳而建，但也有居于盆地中央的高安贾家村和四面环山的宁都东龙村。

乡村聚落大多为聚族而居而形成的定居点，大型宗祠和庙宇为其主要公共建筑，它们多位于村镇边缘或中心地带，具有庇护和统率全族子孙的意义，而较小的宗祠和房祠等公共建筑，多依房派支系，散置聚落内部。地理位置较好、规模较大的乡村聚落也会有墟、市。

逐水而居的乡村聚落在布局上讲究风水，但自然地理状况千差万别，都完全符合风水理论的极少，因此产生了经营“水口”，以提升聚落优势或改善聚落不足的做法。改造措施主要是“障空补缺”、“引水补基”。即在地理缺陷处培土增高、筑堤、筑水口坝、建造桥梁、亭阁、庙宇、文峰塔、广植树木为补其缺。即使符合风水理论，也仍需要搭建桥、台、楼阁、塔等建、构筑物，以锁钥的气势，扼住关口。这样形成的“水口”空间往往是乡村聚落最重要的开放空间。

第二节　公共建筑

一、衙署

江西各级传统衙署绝大部分均已不存，现存较完整者仅浮梁县衙一处，位于赣东北饶河北支昌江岸边的浮梁县浮梁镇旧城村。浮梁县早期曾多次搬迁县治，唐元和十一年（公元816年）迁至今址，从此历经1100年不变，直至民国5年（1916年）迁往景德镇。现存的浮梁古县衙建于清末，占地约6.5公顷。现保留中轴线上的头门、仪门、大堂、二堂及三堂，基本保持了县衙主体风貌。

头门主体为三开间马头墙硬山顶建筑，两旁设八字砖照壁，后设门房。主体前后设通廊，以砖墙分隔。明间中央开一门，入内为宏大前院，两厢为诸赋税公事房，系近年重建。仪门位于前院端部中央，亦为三开间马头墙硬山顶建筑，前后通廊，以板壁分隔，三开间均开门。

图2-2-1　浮梁县衙（来源：姚赯 摄）

入仪门，为另一宏大庭院，两厢为六房司吏公事房，亦系近年重建。端部即为县衙大堂，为五开间带前廊马头墙硬山顶建筑，中央三开间打通为厅堂，明间有匾，称“亲民堂”。结构体系为抬梁穿斗混合木结构，明间二贴为抬梁，边贴为穿斗，与赣东北地区一般大祠堂做法颇为近似，斗栱均为丁头栱或撑栱，毫无官式建筑特征。

大堂后为一狭长天井，中植花木，有穿廊通向二堂，系一座明三暗五开间建筑，中央三开间亦打通为厅堂，亦有匾，称“琴治堂”。二堂后为一更为狭长的天井，系知县居住部分，天井中亦设有穿廊通往三堂，实仅明间一开间而已（图2-2-1）。

二、学校

中国古代的学校体系总体可分为官学与私学两部分。官学传统称为学校，由各级政府兴办；私学则起初名称驳杂，宋代以后主要称为书院。

江西地方官学的建立，最早可追溯到西晋建立的豫章郡学和鄱阳郡学，均在鄱阳湖周边，但早已不存。县学则始于唐高祖武德年间（公元618~626年）创建的萍乡县学，当时萍乡县还是一个位于江西紧邻湖南西北边陲的小县，县治刚刚从芦溪搬迁至今天的萍乡市区。之后经过多次迁建，至明嘉靖三年（1524年）迁至今址萍乡市文庙巷，此后又经过数次重修，现存建筑面貌形成于清同治十年（1871年）。

萍乡县学原由三路建筑组成，东路为文庙、祭孔子，为所有官学的普遍设置。西两路为学校的教学管理和生活设施。现仅存东路文庙的大成门、大成殿和殿前东西两庑，以及西一路的明伦堂和训导署，其余均已不存。

建筑具备浓厚的地方色彩。大成门面阔五间，明间及两次间为大门，设楼，覆以歇山顶，两次间中又加入不落地的柱，使楼层变为五开间。东稍间为名宦祠，西稍间为乡贤祠。门内为庭院，两侧设廊庑，庭中设月台，上为大成殿。外观面阔五间，实际为五开间加周围廊，但南北外廊减柱又移柱，使外廊亦为五开间，导致柱网梁架组织颇为复杂。明间廊柱为透雕盘龙石柱，其余廊柱均为抹角方石柱。重檐歇山顶，穿斗式梁架，下檐为挑梁出挑，梁头插纱帽翅插栱。上檐为四跳如意斗栱，整个建筑的装饰十分复杂（图2-2-2）。

除官办学校之外，江西民间私学亦极为发达。如庐山白鹿洞书院，常被认为是中国最著名的由私人创办的书院。文教建筑的兴盛，是江西古建筑的一个重要特点。

白鹿洞书院位于庐山五老峰南麓，其地得名于中唐闻人白鹿先生李渤。南唐曾在此建“庐山国学”，后又曾为私人书院，不久即衰败。南宋淳熙六年（1179年），朱熹知南康军，重建了书院，制定了学规，邀集了多位著名学者前来讲学，使之成为南宋著名书院之一。明正统三年（1438年），南康知府翟溥福又对其进行了大规模重建，奠定了直至今日的书院格局。此后直至晚近，续有修葺。

现存的白鹿洞书院由不对称的五路四合院组成，西端一路现有朱子祠等建筑，东端一路原为号舍，均已非原有格局。中间三路则基本保持着晚清时期的面貌。西路是书院主轴线，前有棂星门，为一座五开间石牌坊，门后为一形制少见的长方形泮池。池后为礼圣门，五开间硬山顶。门内为一广庭，两侧有廊庑，中为礼圣殿，面阔五间，进深六间，实际为三开间加周围廊，重檐歇山顶。中路前为一座八字头门，门内有一座三开间二层重檐歇山顶的御书阁，阁后亦有庭院，庭后为五开间的明伦堂，原为书院讲堂，已经过近代改造。东路前亦有一座八字头门，门内有宗儒祠，祠后又有一组小型三合院，称文会堂。此外，周围尚有漱石、独对亭、枕流桥等名胜遗迹（图2-2-3）。

图2-2-2 萍乡县学文庙大成殿（来源：姚赯 摄）

图2-2-3 白鹿洞书院外景（来源：姚赯 摄）

三、宗教建筑

江西宗教历史悠久，佛教、道教均颇有建树，但完整保存至今的寺院宫观数量非常少。历代著名佛寺或已被毁，或已非旧观。仅位于赣西地区的杨岐宗祖庭上栗普通寺的清末格局基本保存至今。

普通寺位于萍乡市上栗县，唐天宝十二年（公元753年），禅宗七祖神会弟子乘广来此建寺，当时名广利寺。乘广圆寂后，马祖道一门下弟子甄叔继任住持。北宋天圣年间（1023~1031年），禅宗临济宗门下僧人方会入寺住持，由此开创禅宗杨岐宗。庆历年间（1041~1048年）更名普通寺，延续至今。寺院倚山而建，山腰有简朴的单开间大门一座，主体建筑则分两路布置在台地上。东路为主体，系一座三间两进建筑，前有宽阔门廊，内部为工字殿身做法，前进为弥陀殿，后进为大雄宝殿，两进间以宽阔穿堂连接，穿堂两侧设小天井。西路体量稍小，顺应地形与东路轴线略成角度。建筑亦为三间两进，以一个横长天井为中心，前为祖师堂，后为观音殿。结构均为山墙承檩，除祖师堂外均设楼。乘广、甄叔的墓塔分在寺东、西两侧山坡（图2-2-4）。

道教宫观中，位于赣东北信江支流泸溪河流域的龙虎山，为道教正一派发源地，其宗教建筑基本无存，仅天师府中尚存部分历史原构。

天师府是历代道教正一派首领张天师的起居之所。府第于明代迁至今址，坐落在龙虎山上清镇（原属广信府贵溪县）中央。泸溪河穿镇而过，府门正对河岸，为近年重建。门内为一大庭院，原有仪门及各种殿堂设施，均早已毁去，

图2-2-4　上栗杨岐普通寺（来源：姚赯 摄）

近年新建了其中部分，并非旧日法式。院后设中门，门内又有一大庭院，正面为大堂，亦为近年重建。大堂后为天师私宅部分，名“三省堂”，清同治六年（1857年）重建，为天师府的主体，也是整个天师府内仅有的完整历史遗构。平面呈长方形，沿轴线布置前、中、后三厅。前厅面阔五间，进深六间，中部凸出阔三间深一间的抱厦。厅后有高屏风墙，墙中开一门，以穿廊与前厅连接。穿廊两侧各设一小天井，类似工字殿身做法。入门为中厅，是内宅起居空间，围绕一个天井布置三明两暗的中厅和后厅，两侧设廊连接，上设楼层。除前厅明间及抱厦有穿斗抬梁式屋架外，其余均为穿斗式木结构（图2-2-5）。

图2-2-5　上清天师府三省堂（来源：姚赯 摄）

祭祀许逊的万寿宫，是江西道教宫观最繁盛且最具特征的部分，遍及全省各地城市乡镇，近现代亦大部毁去，仅赣中地区的抚州市区保留一处清代府城万寿宫，另有数处乡镇万寿宫。

抚州玉隆万寿宫位于抚州旧城东面关厢地区，是热闹的商业场所。清光绪八年至光绪十二年（1882~1886年），抚州府所辖六县商人集资建造万寿宫，作为六县商人来抚州经商的聚会场所。建筑坐西朝东，前有雕刻精美的石砌门坊，为大门，中部铭刻光绪十二年增建万寿宫记。建筑内部共三进，前进内设前厅和戏台，均用石柱，均有多层木雕藻井。两侧厢房为二层走马廊。中进为大殿，为面阔三间的硬山顶建筑，全用石柱，明间设斗八藻井一座，次间为平棋天花。祠后有后堂，两侧的厢房与后堂相连形成一个天井。檐下均设曲颈轩顶（图2-2-6）。

图2-2-6　抚州万寿宫（来源：姚赯 摄）

佛塔是江西宗教建筑中保留较为丰富的类型。现存至少三座唐塔，均为石构墓塔。位于赣南地区的赣县宝华寺大宝光塔是其中的精品。唐开元年间，马祖道一曾至该寺说法，其弟子智藏此后为住持，于元和十二年（公元817年）圆寂，建墓塔曰“大宝光”。唐武宗年间（公元841~846年）毁。至咸通十五年（公元864年），在原塔旧址上重建，宋代曾重修。塔平面正方形，全用大理石雕成。塔基为三层须弥座，每层束腰均有精致浮雕。塔身中辟塔室，正面开门，门两侧浮雕金刚，门两肩浮雕飞天。四角用八角倚柱，柱头施五铺作单抄单下昂斗栱，补间铺作一朵。柱下用覆莲柱础，柱子有明显的侧脚、生起，并略有卷杀。无普柏枋。塔顶为四坡顶，屋面平缓，四角略起翘，用方椽、莲花瓦当。塔刹由方座、束腰、八边形伞盖、宝珠等组成（图2-2-7）。

江西宋塔遗存数量甚多，均为砖砌体结构的仿木楼阁式塔，自北至南均有分布，以赣南为多。大余嘉祐寺塔是赣南现存宋塔之一，位于大余县城南安镇，故名，建于北宋嘉祐元年（1056年）。塔为五层六边仿木结构楼阁式砖塔，青砖砌筑，各层各面均辟有券门，有出檐，砌阑额、斗栱、倚柱、驼峰等仿木构件，顶层塔檐有滴水勾头，翼角略起翘。内部为空筒式结构，塔身中空，沿塔壁楼梯可登至顶层。屋顶为倒钟形六面攒尖，顶部安覆盆，上置宝葫芦顶（图2-2-8）。

图2-2-7　赣县大宝光塔（来源：姚赯 摄）

图2-2-8　大余嘉祐寺塔（来源：姚赯 摄）

四、民间祭祀建筑

在聚族而居的聚落中，宗族成为十分重要的甚至是唯一的社会组织方式，对宗族共同祖先的崇拜是维系宗族组织的重要手段。因此，江西传统建筑中的祠堂成为一种非常重要的建筑类型，其之大之壮丽，通常非聚落中其他建筑可比。

位于赣东北紧邻浙江的广丰县东阳乡祝氏宗祠，始建于明成化年间（1465~1487年），明清之际被毁。从清雍正六年（1728年）至咸丰九年（1859年），历时130年完成重建，是江西宗祠的代表作之一。外部简洁，仅可见一道长度超过40米的高墙，中设简朴门楼。入内为前厅，由厅两端进入宽阔前院，在厅背设一华丽的三开间两重檐抱厦戏台，面对享堂。享堂为五间九架敞厅，明间两檐柱高出两侧屋面，在明间额枋上又立一对瓜柱并再次升高，与两侧屋面一起组成一座三滴水牌楼式屋顶，突出明间地位。明、次间均为抬梁穿斗式构架，仅稍间边贴用穿斗。两厢为两层廊庑，二楼可供女眷观戏。享堂后为一横长庭院，中对寝堂，结构与享堂类似，区别为在次间与稍间之间加中柱。两厢分设报功堂、崇德堂。整座建筑梁柱用料硕大，梁柱檩间大量使用花斗、雀替和花栱连接。重点部位雕刻华丽，但整体面貌仍朴素庄重（图2-2-9）。

除祖先崇拜外，江西还有相当数量的地方祠祀，例如特别具有江西地方特征的傩神崇拜等。

南丰县位于赣中地区的抚河上游，是江西傩文化中心之一。上甘傩神殿的历史传说始于唐代，明永乐年间至宣德年间（1403~1435年）迁建至今址。现存建筑由傩神殿、戏台和雨棚三部分组成，傩神殿在西端，戏台在东端，相向而立，两者之间以雨棚连接，即为傩戏演出时观演场所，可容纳千余观众看戏，外有围墙围合。傩神殿外有一座八字木结构大门，入内为披檐，设有一横向小天井。天井后为神殿主体，三开间前后槽，硬山顶，抬梁式木构架，用料粗壮有力，具清代中后期风格。装饰丰富，前廊设鹅颈轩，明间金柱间设双层藻井。后廊设神位，正中为木雕清源妙道真君坐像，两边分立千里眼、顺风耳。东侧塑土地，西边立“演傩先师”牌位。神坛上有小阁楼，存放装傩面具的圣箱和道具（图2-2-10）。

图2-2-9　广丰祝氏宗祠（来源：姚赯 摄）

图2-2-10　南丰上甘傩神殿（来源：姚赯 摄）

图2-2-11　乐平车溪敦本堂戏台（来源：姚赯 摄）

在江西的民间祭祀活动中，戏剧表演是一个重要的环节。戏台因此成为民间祭祀建筑中的重要元素，至今仍保留大量遗存，在赣东北一带，特别是乐平市，保存尤为丰富。

乐平敦本堂戏台，实为朱氏宗祠的一部分，始建于清乾隆十一年（1746年），咸丰十一年（1861年）被毁，同治十三年（1874年）修复。戏台位于祠堂前院，仅向庭院开口，为单面祠堂台。三间四柱，但明间两檐柱向次间方向移柱，使明间特大，在大阑额上立一对瓜柱支撑上檐屋面，与下檐屋面均为歇山顶，又高出两侧屋面，整体形成重檐三滴水五楼式屋顶。檐下全用如意斗栱出挑。台内只有一对中柱，前金柱位为垂莲柱。后金柱间设板壁，开有六个门通后台。装饰极尽华丽，包括梁、枋、撑栱、斗栱、垂莲柱在内的几乎所有柱上木构件都大量施以雕刻，是江西木雕艺术的精品（图2-2-11）。

第三节　居住建筑

一、天井式住宅

明清以降，江西的族居传统主要以聚落为单位，聚落内部实际由大量中小型住宅组成，大型住宅数量不多。以天井为中心的中小型住宅因而成为江西传统居住建筑的主体，遍布全省各地。

江西一般城乡住宅以天井式住宅为主。天井是被一座建筑内四面或三面不同房间所包围，从高空鸟瞰，恰似向天敞开的一个井口。它成为建筑内部空间的一个关键部分。江西一些地方把天井称为“明堂”，民间流传的风水书《理气图说》称：“天井为屋内之明堂，主于消纳”。其功能因此包括排水、通风、采光和纳入日照。此种建筑空间形式的形成，与江西的夏热冬冷气候、河谷平原地形和充足的降水密不可分，是一种充分适应环境的空间布局。虽然天井式住宅在中国长江以南地区广泛存在，但江西迄今留存的天井式住宅类型最为丰富完整 。

以天井为空间组合的中心，形成以“进”为单位的住宅格局。每一进通常以一个“一明两暗”三开间的组合为主体，即所谓“一堂二内”式布局。正对天井的明间为厅堂，是面对天井的开敞空间，作为家庭的日常起居空间、餐厅，也经常设置神位，用于祭祖。由于其重要性，通常是装饰的重点，甚至结构方式都与住宅其余部分不同，采用某种与抬梁式混合的结构。明间两侧的次间是主要的住房。面对天井的厢房的形式功能则均多样，有时完全开敞成为厢廊甚至厢厅，有时封闭成为住房，有时则成为通向户外或侧路的通道。入口一侧或为围墙照壁，或为向天井开敞的门厅门廊，或仅明间向天井开敞，次间封闭成为用房 。此种形制来源久远，最终形成于明代。《明会典》明文规定：“庶民所居房舍，不过三间五架。”三间即三开间，五架即明间只能设置五根檩条承托椽瓦，是面阔进深都受到严格限制的小型房屋。虽然至明代中后期，此种禁制在民间逐渐松弛，但“一堂二内”的布局延续下来，只是进深方向经常被一再扩大，整个屋面的檩数远远超过五檩，甚至有以板壁分隔成前后堂，一座屋面的总檩数超过20的大进深布置。

景德镇祥集弄11号住宅建于明嘉靖年间（1522~1566年），是江西现存明代住宅的杰出代表。建筑坐南朝北，平面形状基本为矩形。内部以一个天井为中心，布置门厅和上下堂。门厅在天井的侧面，下堂在端头，上堂在整个建筑的中心位置。上堂后壁增加两根甬柱，柱间设板壁，两侧设门通向板壁后的后堂，后堂又面对一个半天井，以精致磨砖照壁收头。两厢均设楼。上堂明间阑额与后壁甬柱间设两缝抬梁式构架，其余均为穿斗式结构，所有梁柱均用料壮硕，梁柱尺度接近，穿梁均为月梁。明间所有露明构架均铺望砖，次间及厢房铺望板。上、下堂前缘均设轩廊。装饰集中在重点部位，包括柱础、木结构的挑梁、雀替等，大部分为植物纹样，其余均为素面。门窗隔扇图案朴素，主要为步步锦或方格。各明间地面铺方砖，次间、厢房则全为木地板。虽然尺度有限，空间简明，但用料讲究，做工精良（图2-3-1）。

图2-3-1 景德镇祥集弄11号住宅（来源：姚赯 摄）

二、高位采光住宅

在赣江中游的吉泰盆地一带，发展出一种形式独特的中小型传统住宅。它们普遍规模不大，外部封闭，但内部没有江西其他地方常见的内天井，而是通过天门、天眼或天窗等高位开口解决通风采光，使其成为江西各地民居中极具特色的一种住宅形式。

其主体建筑平面通常近似方形，三开间，中央开门，无天井。门内为此种民居特有的前廊，为高位采光口所在，有天门、天眼和天窗三种常见做法。

所谓“天门”就是在厅堂前外墙上方的屋面开出一个裂隙口，在大门关闭时，它就成为室内厅堂唯一的采光通风口。天门的构造十分简单，只是在靠外墙处断开几根椽子，把瓦面垫高少许，即可构成一条裂缝，可视为老虎窗的雏形。只是为了防止雨水飘入室内，裂隙高度受到限制。有些住宅，为使两边住房也获得同样效果，干脆就在屋面做成通长裂隙的天门。天门因在高处，位于空气的负压区，虽然尺度有限，仍具备有效的通风采光功能（图2-3-2、图2-3-3）。

图2-3-2　吉安县横江镇公塘村某宅正厅天门外景（来源：姚赯 摄）

天眼的做法，是在入口上方屋面对天直接敞开一个口子，听起来有些像天井。但为了避免雨水从口子直接进入室内，在天眼的下面做了一段元宝斗形状的内天沟，用以盛接雨水，并通过外墙上的两个水口排出屋外。一些住宅还把水口做成兽头等纹样进行装饰。至近代之后，天眼上加盖玻璃明瓦，成为明瓦天窗，但内天沟形式仍然保留（图2-3-4）。

第三种高位采光方式是直接在大门上方的外墙开出高约60厘米的方形或横长方形的高窗洞，使厅堂有更好的采光通风效果。窗洞中通常设木或铁窗栅。当地亦称“风窗”。因不设可启闭的窗扇，某些地方在冬季还加以临时遮挡，以防冷风灌进室内。

前廊实际上对应的是传统的内天井，虽然在地面上不再设天井，但仍然在室内保留了天井界面的遗痕，是建筑内部的装饰重点。其明间顶棚普遍做覆斗式藻井，雕饰华丽，常用描金彩绘。前廊两厢或做隔扇门，或开敞，以飞罩与明间分隔。隔扇和飞罩均精工细作，图案繁复。前廊后的明间为正堂，实际位于整个主体建筑的中央，空间尺度在整个建筑中最大，向前廊开敞。正堂后为后堂。正堂两侧为卧室。除前廊外，其余部分均设阁楼。

图2-3-3　天门构造（来源：《江西民居》）

其主体结构为穿斗式木结构和山墙承檩结合。明间为穿斗式木结构，做法简朴，天花及阁楼以下明栿部分通常都是简单的梁柱连接，仅做简单雀替。阁楼以上草架部分更为简明。两厢靠山墙一侧普遍为山墙承檩。

外墙全为砖墙，较封闭。无前后院时仅在外门两侧各开一个石雕花窗，尺度很小。有前后院时窗洞尺度适当加大。墙体做1米左右高勒脚，为眠砖实砌，转角处常以条石立砌加固。勒脚以上均为空斗墙，普遍为一眠一斗，偶尔在3米以下做二眠一斗。内墙以板壁为主，至少在前廊、正堂周围全为板壁。

围绕此主体建筑可以做进一步发展，常见的手法包括增加前后院，并依托前后院增加其他附属建筑。另一种做法是在侧面增加跨院，作为花厅、书斋等用途。故基本形制虽简单，但变化却颇为复杂。此外，也可以作为一种标准化单元进行大规模组合，由此同样可以组成大型建筑群体，甚至组成一个聚落。

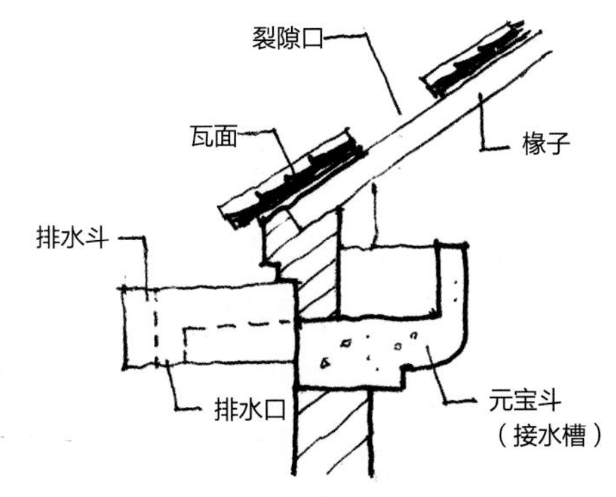

图2-3-4　天眼构造（来源：《江西民居》）

图2-3-5 吉水县金滩镇燕坊村州司马第前廊（来源：姚赯 摄）

图2-3-6 吉水县金滩镇燕坊村州司马第天眼内景（来源：姚赯 摄）

一座典型的高位采光住宅如吉水县金滩镇燕坊村州司马第，建筑年代约在清道光年间（1821~1850年），占地面积约530平方米，是村中大型住宅之一。现为江西省文物保护单位。此宅以一座三间三进主宅为中心，西侧设跨院，为书房，东侧设附房，与主宅间形成狭长庭院。主宅前进为门厅，外开八字门斗，上设曲颈轩式门罩，罩下砖墙上嵌石板门额，书“州司马”三字。前进后设一横向庭院。中进为正厅，尺度甚小，有楼，无天井，为解决厅堂采光通风需求，在厅堂前外墙上方的屋面开口，即为“天眼”。在天井位置设两层覆斗式藻井，周围饰以剔地起突植物纹样，描金，非常华丽，两厢设隔扇门窗（图2-3-5、图2-3-6）。

三、明清闽广移民居住建筑

在赣南和赣西山区，由于明清闽粤移民的迁徙，有许多聚族而居的大型住宅，称“围屋”或“大屋”。和闽南的土楼、粤北的围龙屋一样，围屋或大屋都是一种特殊建造方式而非属于某一特定族群，建造者既有明清闽广移民，也有宋代甚至更早定居的土著居民。以前的研究将围屋限定在赣南山区，但现在发现，类似的建造方式也出现在赣南北部低丘地带、赣中西部山区甚至赣西北，最北的实例已进入修河流域。

江西围屋很少完全依托山地建造，而通常是选择盆地中地势稍高、靠近河流而无水灾之虞的基地，甚至将围屋建在耕地中央，形成所谓“田心围”。在保存围屋数量最多的龙南县，有多座著名的“田心围”，分布各地，由各个不同家族建造，如关西徐氏田心围、武当叶氏田心围等。建筑、聚落与农业耕作环境紧密结合。

各地围屋选址均注重选择山环水绕、向阳避风、临水近路的场地作为屋址，在组织围屋形体、空间轴线特别是入口轴线时特别注意与周边自然山水建立对应关系，围屋及其周边普遍种植风水树、风水林，使围屋与自然环境充分和谐。建筑与山川、林木、田野一起构成典型的人与自然相互作用形成的文化景观，成为江西古建筑遗产中一个特色显著的部分，为江西的居住建筑增添了浓墨重彩的一笔。

图2-3-7　分宜邓家围龙屋（来源：姚赯 摄）

分宜邓家围龙屋，属于清乾隆年间（1736~1796年）从广东嘉应州（今广东省梅州市）辗转迁徙而来的邓氏家族，始建于清嘉庆十年（1805年），首先建成三进主宅，取名三立堂。此后为防盗，在主宅周围又建造了一圈围屋，至嘉庆二十四年（1819年）完工。平面布局沿东南一西北轴线发展，主入口在东南侧，为一座砖砌三滴水牌楼式门楼，门内又设有一处门厅，当地称“槽门”，之后是一个宽阔庭院，称“晒场”。主宅在其北端，为一座七开间三进天井式大宅，前厅称“茶厅”，厅后设前天井，天井之后为大厅，是整座围屋内唯一的三开间敞厅，明间做两榀抬梁穿斗式木构架，周围俱设板壁，后设屏门。其后隔后天井为后厅，当地称“上厅”，内设家祠。外圈围屋与主宅间形成狭长天井，对主宅形成完整围合，屋脊高度自后向前逐渐降低，虽高差不大，仍具有某种“五凤楼”形式。晒场周围的围屋高度约一层半，设阁楼。主宅周围三面的围屋高度均为两层，设走马廊兜通。围屋与主宅间形成狭长天井（图2-3-7）。

第四节　传统建筑典型特征

自然环境和文化特性为江西传统建筑的发展奠定了基本的需求，通过木、砖、土、石四种主要传统材料的使用，形成了江西传统建筑的若干典型特征。这些特征既是受自然环境、文化特性和传统材料与技艺因素的综合影响，同时又分别反映出不同的渊源。

一、自然环境要素影响下产生的特征

（一）山水环境的解读与利用

江西地形变化复杂，降水充沛，易发生水灾及地质灾害。故自古以来，凡建立聚落或建筑，其选址非常重要。由于地形、地质、水文等科学理论和方法未能建立，对聚落建筑选址的判断只能凭借个人经验，因此兴盛起堪舆风水之学。

传说唐末窦州（今广东省信宜市）人杨筠松，于唐僖宗在位期间（公元873~888年）入朝为官，“掌灵台地理事”，很可能就是与堪舆有关的职务。公元881年黄巢攻入长安，杨筠松出逃，辗转至赣州一带活动，将其掌握的堪舆知识整理成《撼龙经》、《疑龙经》等著作，并传授给曾文辿、刘江东等弟子，遂使堪舆之学从此广为流传。其风水术主要基于对地形、水系等自然环境要素的解读，因此称为形势派风水。选址讲究“山环水抱”，具体包括“觅龙”（寻找适当的山势，选择开阔地形）、“察砂”（观察土壤情况）、“点穴”（确定适当位置）、“观水”（考察水文情况，避免受洪涝影响）、“取向”（综合日照、主导风向等因素选取适当的建筑朝向）等手段，经过对各种自然环境要素的勘察，选择最有利的选址。至明代以后，这种法术影响到江西全境各个阶层，以至于如《光绪龙南县志》这样的官修方志都在地理志中专门有一章“形势”，论述全县和县治所在地的风水。

由于地形特征以及对其解读方法的影响，江西尽管水系十分发达，但没有形成长江三角洲“枕水而居”的聚落和建筑形态，而是选择了“临水而居”的方式。临水而居与枕水而居，其本质是产生于不同的水文地质特征，如以低山、丘陵为主的地貌和以平原、低洼为主的地貌；如落差大、水流急的山溪和水量大、流速相对平缓的水网河道等。为满足雨水和污水的排放，避免内涝和改善水环境，这些聚落都要依托地势建设一个完善的排水沟渠体系，将雨水和污水排入周边的较大天然水体。

位于平原地区的聚落实际上难以获得赣南山区的山环水抱地形，但仍然必须对其选址作出适当的风水解释，甚至进行相关营造。一些周围没有显著山水形势可供依靠的聚落，不得不在更大尺度的环境中进行观察，所依托的山水与聚落的实际距离可达数十公里。为进一步明晰聚落周边环境的风水解释，还需要进行“填空补缺”，在聚落周边或堆叠假山，或开凿池塘，以使其具有更佳的风水形势。

（二）气候环境的响应

江西夏热冬冷，降水频繁，形成了夏季湿热、冬春湿冷的气候，仅秋季较为宜人。最寒冷的冬季大部分地区均可能降雪，最炎热的夏季全境月平均气温均可能超过30摄氏度。为此，江西先民在长期的建设过程中逐渐形成了以天井为中心的建筑格局，作为对气候环境的响应。

现存江西传统建筑的基本格局，无论何种类型，几乎全以天井为其中心。住宅、寺观、祠祀甚至衙署，均围绕一个或者多个天井布置正堂、厢廊甚至倒厅，形成顶部采光、三面开敞甚至四面开敞的核心空间，作为建筑的主体。天井既是建筑内部采光通风的窗口，同时又是承接屋面雨水的井口，所有天井均以石板铺砌，有完全下凹成为水池状的水形天井和仅稍微下凹周边做一圈明沟的土形天井两种。无论何种天井，均在底部做排水口，地下铺暗管，通入聚落内的排水沟渠。即使天降暴雨，天井之中亦无积水之虞。

在炎热的夏季，由天井射入的阳光可能造成室温过高。为此，需对天井进光口的尺度加以控制，故大部分地区的天井形态均十分狭长。通过对天井周边檐口高度的控制，在赣北部分地区形成了具有一定遮阳效果的天井设计。在抚河中下游地区，则普遍在天井井口下加装可开合的遮阳帘（图2-4-1）。在赣中吉泰盆地的中心区域，则形成了屋顶完全封闭，天井位置演变为天花藻井，以彻底避免阳光射入，即前文所述的高位采光住宅。

赣南和赣西的围屋在外部以若干组狭长的院落层层包围又相互连通，从而形成尺度巨大的建筑形体，但在内部常以一组天井式院落为其中心。

图2-4-1　金溪竹桥余荣华宅天井遮阳帘（来源：姚赯 摄）

二、文化特性影响下产生的特征

（一）简朴封闭的外观

由于儒学传统的影响，江西主流社会风气一直提倡方正内敛，不事奢华。江西传统建筑外部形象通常十分简单，以大面积墙体包围，除屋顶露出外，其余木构架基本均被隐藏。有时，甚至屋顶也被部分隐藏。因此，墙身成为建筑外部造型的主要部分，顶部轮廓线则为山墙、屋脊和檐口。建筑高度均为一至二层为主，除楼阁和塔外很少有超过二层的建筑。由此组成的城市街道和乡村聚落，形成了朴素而统一的外部形象，是江西全省地方建筑的主流。

（二）以正堂为核心的空间秩序

同样受到儒学传统的影响，江西传统建筑具有显著的对秩序的追求。建筑平面形状通常较规则，基本以矩形平面布局为主，即使由于极不规则的用地形状导致建筑外轮廓变化复杂，内部仍基于一组或若干组矩形平面布局。在一组矩形平面空间中，其核心为堂屋，通常为一开间或三开间，正对天井，堂屋两侧次间为正房，天井两侧为厢房。一个天井周围只有一处堂屋，对单天井建筑而言即为正堂，对轴线串联的多天井建筑而言则按轴线顺序分为上堂、下堂或者上堂、

图2-4-2　景德镇“清园”华七公大宅正堂（来源：姚赯 摄）

中堂和下堂，对于多条平行轴线的大型建筑而言，则通过控制建筑体量、尺度甚至装饰陈设，分别赋予各条轴线上的各处堂屋以不同等级地位。如此，通过堂屋和天井的结合形成秩序化的空间体系（图2-4-2）。

（三）有活力的商业街道

江西自唐代以后工商业发达，除府县城市以外，在各地形成大量集镇，均以商业街道为其核心。这些街道的形成均经过长时间的生长发育，并没有什么一以贯之的规划，更无法达成严格的几何形态控制。少数街道可能和水道结合，一侧为街道，一侧为水道。

街道的功能丰富，包括人流、车流、沿线的商业服务业、娱乐业、沿线举行的各种仪式庆典等。组成街道的建筑

图2-4-3　吉安渼陂村陂头街（来源：姚赯 摄）

除商业店铺之外，也包括住宅以及祠堂、庙宇等公共建筑，并串联各种功能不同的场地和设施，包括广场、码头、骑楼、栏杆、牌坊、里门、过街楼、路亭等。其空间断面的尺度远小于今天的城市道路，高度与宽度之比却较大，南方乡土历史聚落中的街巷高宽比更大，甚至可以达到3：1以上，从而形成幽深绵延的空间感。与此同时，其宽度又时常变化，其两侧的界面未必完全连续。构成这些界面的建筑功能各异，年代有差，风格、材料、技术流派各不相同，从而形成具有多样性的面貌（图2-4-3）。

丰富的活动、空间变化和界面变化叠加在一起，形成有活力的商业街道，是传统城市空间的精华。

（四）自由形态的作坊

江西现存的传统作坊大致可分为三种类型：前店后坊型、独立型、手工工场型，与江西传统手工业的经营模式相适应。

前店后坊型是以家庭为基础的产销一体的经营方式，体现了家庭传统手工业的规模小、专业化程度不高的特点，如大部分乡镇的豆腐坊、米粉铺、铁匠铺等都是这种类型。建筑形象和布局均与一般住宅店铺雷同，没有十分显著的特征。

独立型多为以家族、村落为服务对象的加工型经营模式。最常见的是乡村碾坊、油坊等。这类作坊专业化程度较高，建筑形制与一般建筑非常不同，一般不具备基于天井和正堂的核心空间，而是根据工艺要求自由组合和布局，结构体系也相应根据需要灵活组织。但在建筑外部则大体仍保持简朴封闭的形象。

在少数特别发达的传统行业中，形成了手工工场型的专业作坊，可视为工厂制车间的雏形。其中最典型的是景德镇的陶瓷生产作坊，基于其持续上千年的瓷业传统，作坊建筑已形成较大规模，并开始定型化。景德镇大型陶瓷作坊分坯房和窑房两大部分。坯房实为原料制备和成型车间，每一组坯房由三或四座向内院敞开的建筑围合组成。面南称为正间，是制坯的主要工场。面北相对正间称“傲间”，是储存和粗加工原料之处。厢房供制备瓷泥。中间围合形成的内院称“晒架塘”，是晾晒瓷坯的场地。而窑房则是热加工车间，是以窑炉为核心的大型建筑。由于建筑体量大，木构架采用9尺×9尺的方形柱网，并利用天然曲木架设起拱梁架，是十分独特的结构体系，外部形象亦与一般建筑完全不同（图2-4-4）。

（五）聚族而居的围屋和大屋

赣南和赣西山区明清闽粤移民建造的大型居住建筑，赣南一般称围屋，赣西则常称为大屋。实际上围屋尺度差异甚大，最小的龙南里仁冯湾村吴屋围（俗称“猫柜围”）面积仅有250平方米，仍具备相当完整的围屋特征。但大部分围屋体量显著超过一般建筑，最大的围屋实际上几乎等于一个真正的聚落，占地面积可达数公顷，如龙南里仁栗园围。建筑面积最大的围屋是龙南关西新围，面积达到1.15万平方米。少数围屋具

图2-4-4　景德镇柴窑（来源：姚赯 摄）

有特别高大的形象。如龙南燕翼围檐口高约12米，长边长约45米（图2-4-5）；龙南关西新围檐口高约9米，长边长约92米；安远东生围檐口高约7.2米，长边长约90米。

虽然建造围屋、聚族而居的最初动因是基于防卫，但只有赣南山区建造的围屋防卫性特别突出，墙体特别厚重，转角处常建炮楼，顶层外侧设走马廊，外墙不开窗而开射击孔。走出赣南山区之后，这些防御设施即逐渐退化乃至消失。尽管如此，这些围屋和大屋仍以其与众不同的规模体量成为赣南和赣西传统建筑中浓墨重彩的一笔。

（六）丰富内涵的装饰

江西传统建筑外部朴素，装饰集中在重点部位，包括主入口、檐下和内檐门窗隔扇等。其装饰纹饰明显趋向具象性和象征性，纯粹的抽象几何图案如方格、菱花、钩片、席纹等亦大量出现，但多作为背景与某种寓意性纹饰结合，较少单独出现。主要形式包括两种：吉祥图案和戏剧场景。

吉祥图案通过强调重复某种寓意形成的吉祥符号，表达平安、吉祥、福禄寿喜等美好愿望。其装饰纹样包括植物图案如松、竹、梅、兰、菊、莲等；动物图案如龙凤、狮子、仙鹤、喜鹊、猴子、蝙蝠等；自然图案如云纹、水纹、山纹、山水纹等；文字图案如十字纹、万字纹、寿字纹、福字纹等。在此基础上组合形成岁寒三友（松、竹、梅）、四君子（梅、兰、竹、菊）、五福纹（福、禄、寿、喜、财），以及鲤鱼跳龙门、喜上眉梢、五福捧寿、鹤鹿同春、福禄寿喜、双喜临门、儿孙满堂等更复杂的吉祥图案。这些图案既用于结构构件的装饰，也大量用于填充门窗隔扇。

图2-4-5　龙南燕翼围一角（来源：姚赯 摄）

图2-4-6　景德镇“明间”苦菜公住宅栏板雕刻（来源：姚赯 摄）

戏剧场景主要借历史故事、八仙过海、白蛇传说、戏剧人物等具有美好寓意典故的纹样进行雕刻。其场景构成复杂，内容包含人物、车马、风景、建筑等，主要用于填充重要建筑的阑额开光，也用于栏杆的栏板和隔扇的绦环板（图2-4-6）。

三、传统材料与技艺影响下产生的特征

（一）结构技术特征

江西历来盛产木材，木结构是传统建筑最主要的结构形式。无论是官方或民间，均大量使用穿斗和抬梁穿斗（或称插梁）混合结构。一般而言，三开间以上大厅，明间用抬梁穿斗，次间边贴用穿斗；单开间厅堂及其他位置均仅用穿斗，甚至山墙承檩。许多地方的厅堂在仅有单明间时将开间放大，在阑额上搭梁，另一端与后壁甬柱连接，再做抬梁穿斗。纯粹的抬梁式结构亦有，但数量较少。穿斗式构架常将部分柱子缩短直接架在穿梁上，每两步架才有一根穿柱落地，称两穿一落地，偶尔也有三穿一落地（图2-4-7）。

梁柱的连接以直接榫接为主，多用雀替和丁头栱加固，偶用斗栱。梁上承柱时也用平盘斗，有时极为花哨。不落地的穿柱与穿梁连接以鹰嘴为多，也有用平盘斗或垂莲柱。

出挑构件形式多样，既有直接以梁头硬挑，也有用挑梁、丁头栱或撑栱软挑。硬挑也常用丁头栱或撑栱协助支撑。经常形成形式复杂具高度装饰性的做法。

江西古代砌体结构较为简单。拱券结构主要用于地下墓室，地面拱券仅见于桥梁、城门洞口等少数场合。一般民用建筑不但完全不使用拱券结构，采用拱券门窗洞口均极为晚近，系受到西方建筑的影响。

石材资源在江西颇为丰富。江西盛产红砂岩，当地通称红石，属湖相沉积岩，较松软，易于开采和加工，在江西大量用于建筑。江西又盛产石灰岩，当地通称青石，亦为沉积岩，各地亦大量使用。但除牌坊桥梁外，纯粹的石结构建筑极少，常见的做法是用于做石柱或者加固墙体。

江西传统建筑大量使用清水墙体，除赣东北邻近徽州的地方常用白粉墙之外，其他地方仅做局部粉刷。墙体材料以砖墙为主，大部分是青砖，砌筑方式通常都是空斗墙为主，有一眠一斗、二眠一斗、一眠三斗、全斗式等多种。在勒脚和转角处则采用眠砌以加强墙体，或加入石板、条石。砌筑工艺往往非常精致，形成了浑厚致密的质感（图2-4-8）。少数地区由于材料工艺的变化，有近似于红砖的地方砖材，形成了和青砖不同的色彩质感，但仍然使用类似于青砖的砌筑工艺。

图2-4-7　铅山石塘某宅正堂梁架（来源：姚赯 摄）

图2-4-8　金溪竹桥余荣华宅外墙（来源：姚赯 摄）

赣南、赣西的部分山区大量使用土墙，包括土筑墙和土坯墙两种，土坯墙往往加泥浆粉刷，效果与土筑墙近似。其质感与砖墙完全不同，更为粗犷浑厚。

除上述两种基本墙体材料外，江西古建筑大量使用石材加固墙体，或制作门窗洞口。具体的材料运用和砌筑方式则千变万化，既有毛石墙、乱石墙，也有经过打磨的石料墙，还有卵石墙体。石料则通常就地取材，红石、青石均在其产地周边被大量利用。

夯土结构在江西各地亦广泛使用，除用作建筑基础外，也大量用于承重墙体，甚至用于建造桥梁和塔。此种结构建造费事，表面质量差，但若精工细作，的确具有优良的耐久性，是追求坚固永久的一种最廉价的方式。

（二）装饰工艺特征

江西除桥梁、王陵和僧人墓塔之外，少见完全的石结构建筑物，但建筑中常在局部大量使用石构件，并作为精雕细琢的重点装饰对象。外部石雕集中在主入口，以石材仿木构件做门罩或门楼，饰以线刻、浅浮雕、高浮雕甚至局部透雕，效果华丽，工艺精湛。此外外墙如需开窗，亦常见石板透雕花窗，基于简单的矩形形状，按木隔扇槅心做法进行透雕和浅浮雕，甚至连木构件接缝也一丝不苟地雕出。室内则常见雕刻复杂细致的石柱础（图2-4-9）。

砖雕在江西也大量使用于主入口的门楼，以砖仿石构件，同样能做到高浮雕甚至透雕（图2-4-10）。此外又大量用于照壁，有建在建筑外部，面对大门者，有建在建筑内部，面对庭院或天井者。式样均仿牌坊，进行四柱三间划分。做法亦仿石雕，常用浅浮雕的方砖对缝拼成画面。砖雕花窗则主要依靠各种预制构件拼装而成，构件本身一般并不复杂，但图案则非常丰富。

江西瓦作相对简单，主要包括脊饰、瓦当（勾头）滴水，偶尔也能见到瓦饰花窗。脊饰最常见做法为正脊两端做鸱尾，部分建筑在正脊中央做宝瓶，配以瓦片堆叠形成的透空图案。吻兽极罕见。筒瓦屋面均做瓦当滴水，图案常见浮雕龙凤图案，瓦当饰龙，滴水饰凤。小青瓦屋面勾头滴水较

图2-4-9 宜黄棠阴八府君祠柱础（来源：姚赯 摄）

图2-4-10 广昌驿前“奎壁联辉”门楼砖雕（来源：姚赯 摄）

少见，常用双喜、福字、寿字、万字、莲花等图案。

木雕在江西传统建筑中使用最为普遍。传统木结构梁架既是主要的承重结构体系，同时也经常成为装饰的重点部位，使木材的结构性能和装饰性能同时充分发挥，材料、结构和装饰浑然一体。

明代和大部分地区的清代木结构梁架本身相对简洁，梁身仅饰简单线刻，如金溪曾家某宅穿斗梁架几乎满铺剔地起突浅浮雕，已属少见。大部分梁架将装饰集中在梁柱连接的节点部位，包括雀替、插枋、丁头栱等，以及蜀柱、垂莲柱或不落地的穿柱与梁连接的部位，常设驼峰、平盘斗等。外檐檐下也是装饰重点，挑梁、丁头栱、撑栱等出挑构件的形式均非常多样，并饰以各种图案。清代以后，特别是在赣东北地区，梁身的雕饰也日益复杂，常在明间额枋中部开光，雕巨大的戏剧人物场景。

江西一般民居中少用天花，多为彻上露明造，但重要建筑如宗祠的大厅明间等部位往往采用非常复杂的藻井天花。特别是在赣中吉泰盆地一带，天井发生退化，其采光通风功能由天门、天眼或天窗取代，但天井的空间位置仍然保留，在原应设天井开口的部位通常都做天花藻井。其形式以覆斗式最为常见，但八边形和圆形藻井也很多。由于藻井只有在特别重要的部位才出现，往往做成双层藻井，上下层间以曲颈轩连接。通常都以多种手段进行综合装饰，包括构件、雕饰和彩绘。除藻井外，偶尔也能见到非常精致的普通平天花装饰，如瑞金密溪某祠门厅天花，使用菱花图案进行基本划分，在每个菱花中精雕各种图案，包括动物、戏剧场景等，各有寓意，极为复杂（图2-4-11）。

江西传统建筑均以天井为中心，除面对天井的正厅通常为敞口厅外，其余各面，特别是两厢和正厅两侧的正房，均大量使用隔扇装饰。制作异常精美，大量使用六樘隔扇，八扇、四扇甚至两扇的也有。隔扇门形式以五抹、六抹为主，隔扇窗则以四抹、五抹为主（图2-4-12）。

清代中期以前，隔扇尚较简朴。裙板完全无装饰或仅起简单线脚，绦环板雕刻以线刻或浮雕简单图案为主，每扇隔扇仅一块绦环板有雕饰。格心则以素方格、菱格、席纹等简单纹样为主，雕饰甚少。至乾隆以后，虽然衙署、官厅甚至部分祠堂仍保持简朴传统，但一般建筑中隔扇雕饰日益复杂。隔扇上部的绦环板常雕各种吉庆图案，中部的绦环板则

图2-4-11 瑞金密溪某祠门厅天花（来源：姚赯 摄）

图2-4-12　高安贾家洪兴堂厢房隔扇（来源：姚赯 摄）

雕戏剧人物场景。格心则在纹样的基础上加入各种图案，甚至做双层套雕。

本章小结

上述十种建筑特征，是江西“百川并流”的自然环境和文化特性的最终体现。虽然大部分特征见于全省各地，但在各地的具体应用中，又基于当地环境条件、文化传统和材料供应的不同，产生种种变体，从而使得江西地方传统建筑与其自然环境和文化特性一样，真正呈现出“百川并流”的面貌。

第三章　赣中地区传统建筑研究

赣中地区历史悠久，文化灿烂，以庐陵和临川两大文化为代表，形成了独具特色的赣鄱文化，对周近地区均产生了深厚的影响。智慧的古人在这块大地上创造了大量优秀的地域传统建筑，他们依山临水，在朱子理学和江西风水“形势宗”的影响下孕育出多处优秀的传统村镇。赣中地区传统建筑类型丰富，有以天井式、天井院和高位采光为代表的传统民居，也有各种式样的书院建筑、谯楼、宗教建筑、民间祭祀建筑、园林建筑和牌坊（或牌楼），在每一个传统村镇中都有选择性地存在，或多或少，或聚或散，有机地进行分布。单体建筑在平面、剖面、屋顶及细部等形制方面特色独具，结构上以穿斗式构架为主，间以插梁式和抬梁式构架，在赣鄱大地形成极具生命力的构架式样。在建筑细部层面，亦有其独特的构筑章法，如有以赣语方言的磉为典型而产生出的多种柱础式样；还有童柱与穿枋的交接方式受《鲁般营造正式》一书的影响，形成了搭楣、叉槽和斗磉三种式样，在传统建筑单体中应用广泛；在栋柱顶端两侧的纱帽也是该地域的典型特色，与《营造法式》中的“丁华抹颏栱”及《营造法原》中的“山雾云”有异曲同工之妙，装饰了曲折的屋顶空间。而曲折的屋顶空间则源自“屋水”产生的不同坡度组合，属于清代屋顶“举架法”的范畴。这些聚落或传统建筑均是对山水气候环境的解读与回应，亦是对传统技艺的展示，更是对社会文化的传承，与传统乡土社会的发展一脉相承。

第一节　自然环境

一、山水环境的解读与利用

赣中地区山地和丘陵地形面积居多，东有武夷山脉为赣闽界山，西有罗霄山脉为赣湘界山，西北幕阜山为赣鄂界山。山地最高海拔多在1000米以上，其中多有海内名山，如庐山、井冈山、武功山等；但大部分为低山丘陵，适合人居环境发展。北部有鄱阳湖，与长江连通处地势较平坦。赣中地区主要包括现今的南昌市、九江市、抚州市和吉安市四大区块。

赣中地区水系发达。武夷山发育出的贡水和罗霄山发育出的章水在赣州汇合成赣江，自南而北入鄱阳湖，为江西最大河流。武夷山西麓发育出的抚河，亦自南而北贯穿江西东部，在南昌附近与赣江汇合。传统聚落就是在这样的山水环境中萌芽、发展和成熟的。

（一）聚落选址

在长期的历史经济发展中，得益于传统社会的稳定，江西境内形成了众多传统村镇聚落，它们特色独具，在聚落选址、建筑形制、构造做法与文化底蕴等方面都留下了极深的地域烙印。聚落选址与居民的生活及生产活动息息相关，先辈往往“相土尝水”，通常会结合山水地势、水陆交通、朝向通风、生活生产等几个因素通盘考虑，再作适宜生活的地域选址。江西又是风水理论“形势宗”的起源地、发展地和成熟地，自古便注重对山水形胜的选择与分析，这一学说深刻影响了传统聚落的选址、营建与地域风格及人文精神的塑造，给当代的城乡建设选址留下一笔宝贵的财富，有极大的借鉴意义，在吉安渼陂村、乐安流坑村、吉水燕坊村、金溪浒湾镇与竹桥村等诸多聚落的选址布局中都有体现。

（二）聚落布局与特征

在历史长河中形成的江西传统聚落大多恪守了风水理论中“枕山、环水、面屏”的自然风光配置精神，为“形势宗”理论的实践做了颇多探讨，使该理论在不同的自然形胜条件下都得以全面检视。在山水地形比较复杂的赣中地区，聚落平面多与地形紧密结合，本节从山水丰茂的特点出发，着重于聚落总体布局与山脉、水道及交通的关系，对该地域的传统聚落作仔细梳理，大致可划分为以下几种类型：

1. 有山有水的山水型聚落。这是江西传统聚落的基本模式。这种聚落大多注重传统的风水理论，按照“枕山、环水、面屏”的原则来制定聚落的发展布局，既得近水之便，又有靠山之依，夏日接纳南风，冬日饱含日照，并有靠山遮挡北来寒风。此类村落以乐安流坑村（图3-1-1），吉安渼陂村（图3-1-2），金溪浒湾镇、疏口村（图3-1-3）、竹桥村（图3-2-6）等为代表。

以乐安流坑村为例，村落四面环山，乌江从群山中自南往北向西流去，明代董燧在西南方用人工挖掘的七口池塘，蜿蜒形似龙湖，将湖水与江水联为一体，使流坑村成为山环水抱的胜地。村口位于乌江南岸的古老香樟，浓荫覆盖十余里，景色优美宜人。村子经董燧改建后，村内交通严格按照各宗族的利益形成“一纵七横”八条街巷的总体格局，在街巷的头尾，建有巷门望楼，用于关启防御。族人按照房派支系分区居住，一如唐宋时代的里坊规制。古村外有乌江、龙湖环绕，内有村墙门楼守望，很像一座小小的城池。

流坑村位于江西省抚州市乐安县牛田镇东南部的乌江之畔。这是一座典型的江右民系古村，四周青山环抱，三面江水绕流，山川形胜，钟灵毓秀。该村始建于五代南唐升元年间（公元937～943年），繁荣于明清两代。流坑村以规模宏大的传统建筑、风格独特的村落布局闻名。村中现有明清古建筑及遗址计260余处，其中明代建筑、遗址19处，还有重要建筑组群18处、书屋等文化建筑14处、牌坊5座、宗祠48处、庙宇8处。另有水井、风雨亭、码头、古桥、古墓葬、古塔遗址等32处。其建筑类型之齐全、保存之完整，在国内自然村中实为罕见，被誉为“千古第一村”。

流坑村经董燧改建后，原来密如蛛网的小巷，以七横（东西向）一竖（南北向）八条街巷相连，在宽巷的头尾，建有巷门望楼，用于关启防御。巷道内鹅卵石铺地，并建有良好的排水系统。族人按照房派支系分区居住，一如唐宋时代的里坊规制。各房派宗祠与各房派族众结合在一起，犹如众星拱月。全族大宗祠则建于村北，其他宫观庙宇均建于村外，以符合古礼的要求。

村中古民居均为砖木结构的楼房，高一层半，格局多为二进一天井，质朴而简洁，但建筑装饰十分讲究，集木、砖、石雕（刻）及彩画、墨绘于一体，工艺精湛。流坑村古建筑具有浓厚的地方特色，代表了江西赣式民居的典型风格和特点，面积近7万平方米，基本保存完好，组群完整，街巷仍为传统风貌，有很高的历史价值、人文科学价值及环境与建筑艺术价值。

渼陂村位于江西省吉安市东南部富水河畔，离吉安城30千米，属青原区文陂乡，由开基祖梁仕阶于南宋初年建村，已有近千年的历史，被历史学家誉为“庐陵文化第一村”，古村面积约1平方千米。渼陂古村“红”、“古”、“绿”交相辉映，是我省目前保存最完整的古村落之一。

渼陂古村芗峰东立，象岭西护，瑶山南耸，富水北流，山抱水环，天然形胜。村民全为梁姓，由南宋初年梁氏先祖在此开基，从基祖绅公至今历传了33代。村庄布局错落有致，八卦巷道，卵石路面，排水设施完备，村内28口水塘环绕，取二十八星宿之意，如珍珠项链般串联环绕，小桥流水，息息相通。古村现有民居503栋、明清建筑367栋、古祠堂近20座、古书院4座、古庙宇1座、古楼阁1座、古牌坊4座。所有古建筑的门楣、藻井、窗棂、门柱、影壁、山墙，或为书画，或为雕刻，内容不同，风格各异，反映出不同的时代风貌和不同主人的理想情趣。其中总祠永慕堂，占地1000多平方米，翘角飞檐，镂花斗栱，红石檐柱，石柱四面

图3-1-1 乐安流坑村总平面（来源：《江西民居》）

图3-1-2　吉安渼陂村总平面（来源：《江西民居》）

图3-1-3　金溪疏口村总平面图（来源：南昌大学建筑系 提供）

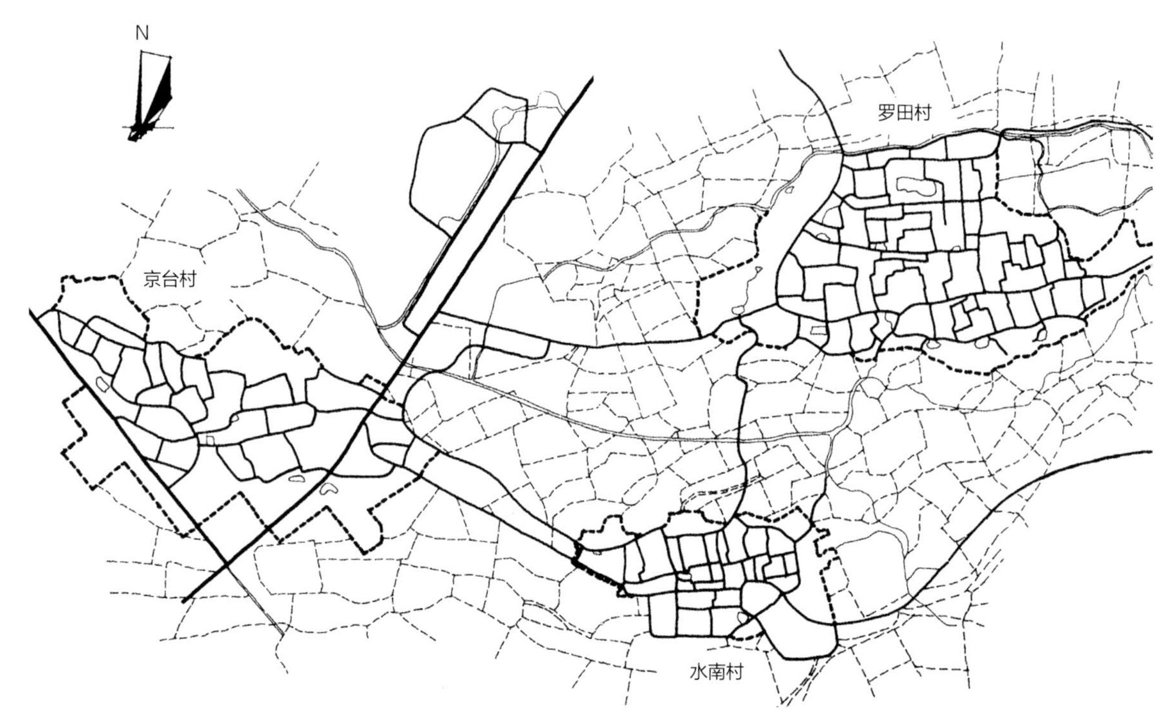

图3-1-4 安义罗田、京台、水南村落群总平面（来源：《江西民居》）

皆镂刻着嵌有“永慕”二字的20余副长联，可以看作楹联、书法、石刻、建筑艺术于一体的民间艺术博物馆。梁氏宗祠永慕堂雄伟壮观，工艺精深，体现了深厚的文化底蕴。村边有一株古樟，参天立地，被雷劈成两半后，落地生根，根又长出新枝，堪称天下一奇。

2. 有水无山的滨水型聚落。江西水系发达，有江有湖，丰富的水资源孕育了繁华的聚落，它们或紧靠大江大河，或依据河水一侧，或夹水而建，形成聚落的有机组成部分。水系在生活、生产及交通方面都大大促进了聚落的形成与发展，此类聚落以建于赣江支流禾水河南面的吉安唐贤坊村为代表。

唐贤坊村位于吉安县西南10千米处，禾水碧波荡漾，依村而过。沿禾水向北，有一滩名“金牛渡”，水浅而清濯。滩北岸边有一山，名曰阳台太极山，山形似鼓，又名铜鼓岭，登山远眺，唐贤坊村山明水秀，尽收眼底。村后有七眼连接如“龙”、水深面宽的大池塘，四棵枝繁叶茂、高大粗壮的古樟环绕于塘边，浓荫蔽日，水草青青，波光潋滟，美不胜收。极目而望之处为对村而立的吴仙山，郁郁葱葱。清代进士朱益藩有文赞之：“余尝沂金牛渡滩头上流，见夫阳台太极诸山枕其背，吴仙南岩诸峰列其前，屏障森列如玉笏。然禾川涟漪，清流交汇，其山脉磅礴郁积，水色迴环映带，望而知为石阳（吉安县古称）之名胜。”①

3. 无山无水的平原型聚落。这是在赣中吉泰平原基础上发展起来的一种聚落形态。此类聚落常设在水路交通的干线或枢纽处。其总平面少受地形限制，因此也更为规整，范围也更大，常常形成相邻的聚落群体，呈三角形分布或呈一线两点式布局，如安义罗田、京台、水南村落群（图3-1-4），吉水燕坊、仁和店村落群，吉安陂下村等。

以安义罗田、京台、水南村落群为例，该村落群是鄱阳湖平原西面三个典型的平原型聚落。三村相距仅1千米，呈三角形分布于广袤的原野上。村落内部布局受地形影响较小，因此可形成更为规整的结构，道路的走向、等级及密度都可

① http://www.goodzhen.com/2011/0728/411.html。

控制。罗田主要街道为两纵一横呈“工”字形结构，通过主街向东、南、北伸展大小巷道，形成完整通达的道路体系。京台、水南村落虽然规模较小，但经仔细分析，也可看出其平原型村落的主要特征。地处吉泰盆地东面的吉水县燕坊和仁和店古村落，相距仅500米，也是这种类型的重要实例。

结合山水形胜形成的赣中传统聚落，在处理选址与总平面时更为灵活，因地制宜，巧于因借，不完全追求对称与规则，且随各地经济发展特色及历史文化不同而迥异，形成今日生动自然又特色多元的聚落风貌。

（三）园林建筑

赣中地区山水盛景，风光独好，孕育了独具特色的园林建筑，为百姓的日常生活增添了不少生活诗意。建筑类型有亭、台、馆等。

烟水亭（图3-1-5），位于江西省九江市长江南岸的甘棠湖中，相传为三国时名将周瑜的点将台故址。唐代诗人白居易始建亭湖中，取其《琵琶行》诗句“别时茫茫江浸月”，称“浸月亭”。宋代理学家周敦颐在九江讲学时，又在湖堤上另建一亭，取“山头水色薄笼烟”诗句，名“烟水亭”。明嘉靖年间，两亭俱废。明万历二十一年（1593年），九江关督黄腾春于浸月亭故址重建烟水亭，这就是现今烟水亭的由来。明清时期烟水亭建筑屡建屡废，清同治七年（1868年）由僧人古怀募捐重建。至清光绪间，烟水亭建筑才形成现在规模。新中国成立后逐年保养维修，并建九曲桥通向湖岸。浸月岛上的建筑群分为左、中、右三部分。人们习惯上称岛上整个建筑为烟水亭，其实每座建筑各有名称。左为翠照轩、听雨轩、亦亭；右为浸月亭和船厅；中间依次是烟水亭、纯阳殿、五贤阁、观音阁。这三组建筑既各具特色又相互联系。形式变化多样，风格协调统一。庭院、天井内花木扶疏、秀石玲珑，清新典雅，让人赏心悦目，是一座典型的江南水上园林。

青原台（图3-1-6）又称“钟楼”，民间习惯叫“钟鼓楼”。位于江西省吉安市沿江路与韶山路交界处，白鹭洲公园内，是宋徽宗政和年间（1111~1118年）由吉州太守各祁所建。在土台上建筑三层楼台，每层楼有翘角重檐。青原台修葺、改建的次数较多，现存的古青原台，是2000年基本按古制修复的，高台之上，楼起三叠，檐牙飞翘，花窗含秀，与白鹭洲上的云章阁、风月楼隔江对峙，构成古城一道古朴优雅的景观。

进贤“羽琌山馆”占地面积4536平方米，围墙内分别有“治经室”、“宝俭庐”、“还读楼”、“恋春阁”、“磨砚山房”、“洁馨屋”等，还配套建造了“涵春池”、“桂花林”、“憩怡廊”等休闲娱乐场所，十分气派。古屋内外装饰特点突出，各类门窗除了雕有人文典故和亭台楼阁之外，还雕刻了72只憨态可掬的猴子，为庄园增添了一道别致的景观。在“宝俭庐”，精美的木雕现在仍清晰可辨，后进天井北面有一排八格落地雕花门，靠最北面两边又各有两格落地雕花门，

图3-1-5　九江烟水亭（来源：网络）

图3-1-6　吉安青原台（来源：网络）

共十二格。雕花门从上到下满是雕刻，均为人文山水或历史典故，包括“三顾茅庐”、“太白回文”、“万里封侯”、“桃园结义”等。每个人物虽然不到半个指甲盖大小，但表情和神态十分细腻。天井旁建筑木构件及各处窗棂也都雕刻着花卉动物和寓意吉祥的图案。

二、气候环境的回应

赣中地区属于亚热带湿润季风气候，气候湿润温和，雨量充沛，日照充足，一年中夏冬季长，春秋季短。年平均气温16~18.2摄氏度，年降雨量1300~1900毫米。冬季多偏北风，夏季多偏南风。由于地形复杂，气候多变，旱涝、风雹、雷电和低温天气常有发生。

赣中地区宗教文化兴盛，有数量相当的佛教、道教建筑留存至今，所形成的建筑风格不仅是宗教文化的外在表现，更重要的是对气候环境的一种适应。与住宅、祠祀、衙署相似，宗教建筑也选择天井（或院子）来组织建筑群的布置，形成顶部采光、三面开敞甚至四面开敞的核心空间，既解决了建筑内部采光通风的问题，又满足了屋面雨水排放的功用。盛夏时节，由天井射入的阳光容易使室温过高。为此，赣中地区的先人通过实践摸索，对天井作了相应的改进，如对天井进光口尺度的控制，形成十分狭长的天井形态；亦有在天井井口下加装可伸缩的遮阳板装置；还有采用完全封闭的屋顶，天井上空设置天花藻井，以彻底避免阳光射入，同时采用天门、天眼、天窗等方式改善采光、通风不足的做法（图2-3-1）。

青云谱（图3-1-7）原是一处历史悠久的道院。相传在二千五百多年前，周灵王太子晋（字子乔）到此开基炼丹，创建道场，“炼丹成仙”。西汉时南昌县尉梅福弃官隐居于此，后建梅仙祠。晋朝许逊治水也在此开辟道场，始创“净明宗教”，易名为“太极观”，从此正式形成道统，属净明道派。唐太和五年（公元831年），刺史周逊又易名为“太乙观”。宋至和二年（1055年），又敕赐名为天宁观。清顺治十八年（1661年），八大山人前来访求先贤遗迹，很赏识这里的山川风景，于是在原有道院基础上进行重建，并改名为“青云圃”。“青云”两字原是根据道家神话“吕纯阳驾青云来降”的意思，并有用“飞剑插地，植桂树规定旧基”的说法，这也是该处现存唐桂的由来。从此，八大山人便成了青云圃的开山祖师。清嘉庆二十年（1815年），状元戴均元将“圃”改为“谱”，以示“青云”传谱，有牒可据，从此改称“青云谱”。园内有前、中、后三殿。前殿祀关羽，中殿祀吕洞宾，后殿祀许逊。后殿院中有桂树数枝，相传为万振元手植。每至仲秋，桂香四溢，十分清幽。整个园内古树参天，曲径幽回，亭台玲珑。外有清泉环抱，内有异花奇草，闹中取静，悠然自得。

抚州玉隆万寿宫始建于宋代，是抚州人民为纪念东晋著名水利专家、道教大师许逊而建。当年宋徽宗亲自为玉隆万寿宫赐名。该建筑位于抚州市区文昌桥东，坐西朝东偏南，长80米，宽约54米，占地面积4320平方米，分前、中、后三进。前进为乐楼（戏台）、前厅和耳楼，后进为三层阁楼，中进为大殿。大殿又分左、中、右三部分，左则是火神庙，右侧为文兴庵，中间为许仙祠（又称旌阳祠）。馆内结构精巧、雕梁画栋，尤其是正面门楼为浮雕花岗石砌成，图中山水、人物、鸟兽、楼阁还清晰可见，惟妙惟肖，栩栩如生，雕刻精细，质朴高雅，浑厚潇洒，具有极高的艺术价值。光绪八年（1882年），抚州六县（临川、金溪、东乡、崇仁、宜黄、乐安）商人曾捐资重建玉隆万寿宫。2004年，抚州市政府对玉隆万寿宫进行保护性维修，基本恢复了原有光彩。雕龙画凤，栩栩如生，层楼飞檐，庄重古朴，不愧为临川文化古建筑的代表之作。

西林寺塔（图3-1-8）位于江西省九江市庐山境内。公元377年，由开山祖师慧永法师创建，迄今已有1700余年的历史。西林寺塔依庐山而立，相距不过百丈，景观各有千秋。西林寺塔小巧紧凑，秀丽严谨。北宋大诗人苏轼曾有《题西林壁》诗云：“横看成岭侧成峰，远近高低各不同。不识庐山真面目，只缘身在此山中。”此诗传颂千古，也使西林寺声名远播。西林寺以七层千佛宝塔最有特色，千佛塔又名“砖浮屠”，唐开元年间由唐玄宗敕建，原是石塔，北宋庆历元年将石塔改建为七层六面楼阁式，高46米，周长

图3-1-7　南昌青云谱（来源：网络）

图3-1-8　九江西林寺塔（来源：网络）

34.2米的砖塔，南北开门，东面二层开门，塔外登梯入塔室，可攀梯直登七层览胜。

第二节　社会文化

赣中地区历史悠久，文化发达，孕育了典型的赣文化，以庐陵文化、临川文化为代表。

（一）庐陵文化

吉安，是孕育庐陵文化的人文故郡。古城庐陵历史悠久，苏东坡曾作诗云：“巍巍城郭阔，庐陵半苏州”。这里文化发达，以“三千进士冠华夏，文章节义堆花香”而著称于世。庐陵府不但考取天下第一多的进士和数量众多的状元，而且在明代建文二年（1400年）庚辰科和永乐二年（1404年）甲申科中鼎甲3人均为吉安人，这种“团体双连冠”现象在中国科举史上绝无仅有，因而吉安有“一门九进士，父子探花状元，叔侄榜眼探花，隔河两宰相，五里三状元，九子十知州，十里九布政，百步两尚书”的美誉。在漫长的历史长河中，吉安沉淀出了以书院文化、宗教文化、农耕文化、手工业文化、商贾文化等为主的厚重庐陵文化，并成为赣文化的重要支柱，在中华民族文化史册中具有相当重要的历史地位。

（二）临川文化

临川文化是抚州江右民系创造出来的区域性文化。亦为江右文化的重要支柱，临川文化以临川古治属为核心，涵盖现今抚州市十余县区，生成于秦汉，兴盛于两宋，延绵于明清，影响于当今。其人文、风物、哲学、教育、文学、艺术、科学、技术、医理、学术、宗教、民俗、体育、语言、建筑、美食等实行向性组合，辐射邵武、南岭、庐陵、洪都和浙皖、瓯闽部分领地。

社会环境是指人类生存及活动范围内的社会物质、精神条件的总和。广义包括整个社会经济文化体系，狭义仅指人类生活的直接环境。社会环境的构成因素众多而复杂，主要有四个因素：（1）政治因素，它包括政治制度及政治状况等；（2）经济因素，它关系到经济制度和经济状况等；（3）文化因素，它是指教育、科技、文艺、道德、宗教、价值观念、风俗习惯等；（4）讯息因素，它包括讯息来源和传输情况，讯息的真实公正程度、讯息爆炸和污染状况等。总体而言，赣中地区宏观环境良好，社会安定，政局稳固，言论较为自由，近年来经济发展迅速。据国家统计局信息，江西2012、2013年GDP在全国排名分别为第19位、20位，2014年上升至18位，2015年前三季度GDP总值保持全国第18位，增长9.2%[1]，并与全球一体化接轨，法制建设不断完善，文化繁荣自由，教育设施得到极大提升，人民生活得到较大改善，价值观也随时代发展而进步。

社会文化对赣中地区传统建筑的影响主要表现在以下四个方面：

一、简朴封闭的外观

（一）形制

形制（Shape and Structure）指物体的形状和构造。建筑形制即建筑物本身包含有的形状和构造两种基本特性。

建筑群体的平面形制受诸多方面的影响，主要有社会文化、自然形胜、宗教礼制等。其形制主要有轴线对称和自由布局两种方式，前者以四合院、三合院等产生规则的几何形村镇等，后者则结合山水走势与“象”、“数”和“五行”等概念产生龟形、八卦形村镇等。

建筑单体形制主要受营造方面的制约，受经济水平、营造技艺和地域材料的影响极大。

从形状方面来分，可以从屋面形制、屋身形制与台基形制三个方面入手进行解析。

屋面形制有悬山顶、歇山顶、庑殿顶、圆攒尖和单坡顶等几种。

屋身形制主要从柱网形制、斗栱形制、构架形制、结构形制、梁架构件形制及其他等几个方面来分析。其中柱网形制按平面构成总体形态可分为长方形、正方形、正多边形、圆形、扇形和组合形几种；按柱网布局，则可分为口字形、日字形、目字形、回字形、满堂柱等几种。斗栱形制依其所处位置，有柱头科（宋称柱头铺作）、平身科（宋称补间铺作）、角科（宋称转角铺作）之别。构架形制主要有抬梁式、穿斗式、插梁式和井干式几种。结构形制则有三部分组成：屋面层（由椽、望板等组成）、主要结构层（由檩、童柱、梁枋、斗栱等组成）、柱网层（由柱网及联系构件组成）。梁架构件形制主要从梁、枋、檩、椽、望板与博缝板、雀替几方面进行分析。其他方面包括檐出（含上檐出和下檐出）、生起（指建筑的柱子由明间向两侧逐渐升高的做法）和侧脚（指外檐柱向内适度倾斜的做法）、举架与举折（屋面曲线产生的两种作法）、起翘等形制的分析。

台基主要包括普通台基、须弥座台基、带勾栏台基和复合型台基四种形制。

就构架形制而言，赣中地区传统建筑主要有两大结构体系，即插梁式构架和穿斗式构架（表3-3-1）。

（二）书院

赣中地区民间私学极为发达，如安福文庙、白鹿洞书院、朗山书院和流坑文馆。文教建筑的兴盛，是江西古建筑的一个重要特点。

安福文庙（图3-2-1）始建于北宋元丰四年（1010年）。南宋绍兴十三年（1142年）迁建于今址。元军南侵进攻安福时，孔庙毁于兵火。到明正德十六年（1521年），知县余夔按朝廷规定的形制——天下孔庙样式重建，并结合了南方园林建筑的特点。后又经几次大修，规制未改。现为国家级重点文物保护单位。安福文庙占地10余亩，主要建筑物均以一条南北向的中轴线排列，它利用层层推进的门阙、津桥、院落来丰富空间的变化；以柱廊回折来体现殿堂的幽深肃穆；以双层出阁的屋顶和龙首飞翘的檐角来衬托门殿的庄重雄伟。现存主体建筑有灵星门遗址、下马碑、泮池、圆桥、大成门、名宦祠、乡贤祠、东庑、西庑、露台、大成殿、石雕陈列馆等。主要建筑分三进贯穿于一条南北中轴线上。大成门与大成殿是孔庙的主体建筑，占地面积3000余平方米。歇山重檐，琉瓦飞甍，展翅欲飞。大成殿高14米，宽25米，采用台梁框架结构，台基栱柱，横梁穿方，8根合抱楠木大柱顶天立地支撑大屋架，木雕奇兽，梁枋彩画，红柱金匾，历代楹联，显得庄重堂皇。殿外回廊有54根八角形红石础柱。其中大成门和大成殿正中的两对红石柱，直径60厘米，通体镂空浮雕缠云滚龙、一鳞一爪。

① http://news.china.com.cn/rollnews/news/live/2015-11/19/content_34674521.htm。

图3-2-1 安福文庙（来源：网络）

图3-2-2 白鹿洞书院（来源：网络）

白鹿洞书院（图3-2-2）位于江西庐山五老峰南麓，与湖南长沙的岳麓书院、河南商丘的应天书院、河南登封的嵩阳书院，合称为“中国四大书院”。白鹿洞书院以其悠久的办学历史、深远的文化影响而被誉为“天下书院之首”，在中国教育和文化发展史上具有极为重要的意义。相传书院的创始人可以追溯到南唐的李渤。李渤养有一只白鹿，终日相随，故人称白鹿先生。后来李渤就任江州（今九江）刺史，旧地重游，于此修建亭台楼阁，疏引山泉，种植花木，成为一处游览胜地。由于这里山峰回合，形如一洞，故取名为白鹿洞。宋朝书院讲学之风盛行。位于江西庐山五老峰下的白鹿洞书院，因朱熹和学界名流陆九渊等曾在此讲学或辩论，这里成为理学传播的中心。书院坐北朝南，为几进几出的大四合院建筑，布局相当考究；从建筑材质结构看，书院建筑多为石木或砖木结构，屋顶均为人字形硬山顶。主要建筑有书院大门、先贤书院、朱子祠、报功祠、礼圣殿、白鹿书院、御书阁和明伦堂等。

二、以正堂为核心的空间秩序

（一）天井式民居

赣中地区传统民居大多采用天井式格局，即以天井为中心组合一进的单元平面布局。

从建筑空间关系来看，天井应属建筑本身的内部空间，而院落却是建筑组合的外部空间。天井是被一栋建筑内四面（或三面）不同房间所包围，即房房相连，其屋顶连接在一起。天井的主要功能是满足建筑内部的日照采光和通风排水，加上受地方习俗、心理和文化诸因素制约，选择天井式平面布局是先民们长期选择的结果。

天井是赣中地区传统建筑平面组合中的一个重要建筑元素。同时天井式民居受“四水归堂”理念影响，形成屋面坡向天井，通过天井排出雨水，此时天井俨然成为一个雨水转换的漏斗。在古代，天井是宅主的“敬畏”之地，是“天人合一”观念的产物，体现了形制上、卫生上的要求和审美的心理因素。天井居于宅户每一进的中心，与厅堂轴线对位。室内主要视野范围不但以天井作为视轴的中心，而且囊括其相邻的四周。

实例有宜春市丰城市上塘镇下和记鄢宅1号、丰城县城后巷五号民宅、南城县上唐镇刘家官厅（饶宅）（图3-2-3）等。

（二）天井院民居

在以吉安为中心的赣中地区，包括吉水、安福、泰和和莲花等地的传统建筑中出现一种新类型——平面形式上抛弃内天井，将天井推到室外，即天井院民居类型。

天井院民居将天井推到室外是一种北方“院”的思维，融合了南方的天井和北方院落的功能，从而使天井成为可排水通风的内部活动空间。既解决了建筑内部的防潮，又能形

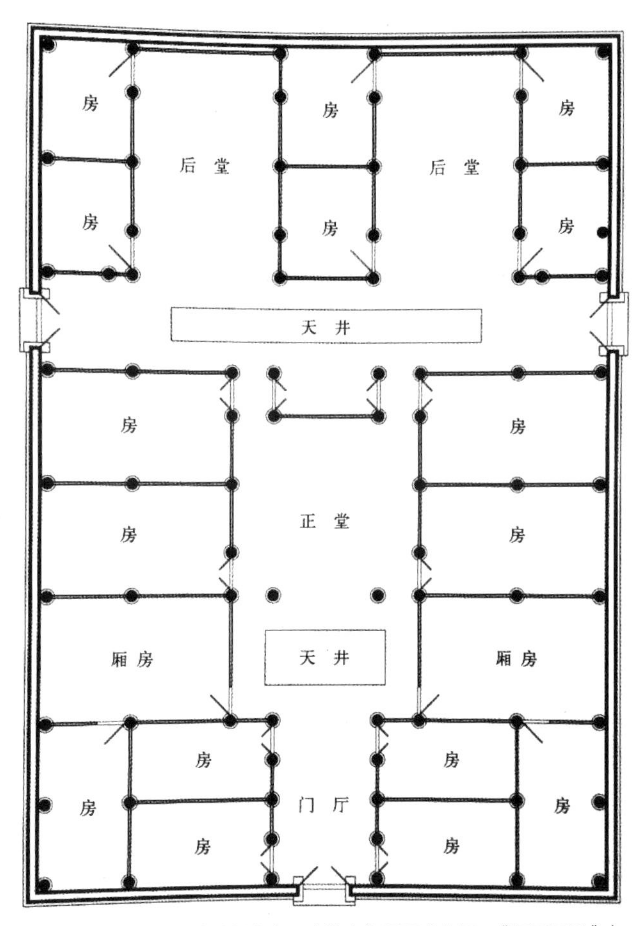

图3-2-3　南城县上唐镇刘家官厅（饶宅）平面（来源：《江西民居》）

成内部使用空间，但同时也存在采光受影响等使用问题。天井院实际上成为主屋与附属用房的联络交通空间，独立于主屋而存在。

采用天井院组合平面比天井式民居更为灵活，表现在其不受一种固定模式的限制，建筑规模虽然不大，但内部空间组织以实用功能按需设置，因地制宜，更为灵活，平面形式更加丰富，也更显特色。

实例有泰和县上田乡上田村康运辉宅、螺汐（三都）乡爵誉村龙沟康九生宅，吉安县浬田乡新湖村民宅等。

（三）高位采光民居

在赣中地区，带天门、天眼、天窗的高位采光民居，解决了天井式民居的雨水防潮问题，也突破了天井院民居建筑受规模限制无法组织更系统和更复杂的房子等问题，最重要的是解决了厅堂的采光和通风，是该地区民居建筑创造性的举措。

所谓“天门”即在厅堂前外墙上方的屋面开一个长方形采光口，在大门关闭时，它就成为室内空间唯一的采光、日照和通风之处。

三、族居文化在建筑与聚落中的因应

（一）民间祭祀建筑

宗族是赣中地区传统社会非常重要的社会组织，供奉祖先的宗祠是维系该组织运转的重要物质形式，体现了一种最基本、最原始的图腾崇拜。

抚州南丰洽湾胡氏宗祠（图3-2-4）宽35米、纵深50米，占地面积1600平方米，砖木结构，共256柱落地，为三厢进宫殿式。上厅为胡氏家庙，供奉历代祖宗之神位；中厅宽大雄伟，两边墙上分别书有“忠孝廉节”醒目字样。左右房为藏祭器、古今书籍之用。厅前的大天井，方方正正。前厅并列开着三座大门，正门两旁蹲着一对石狮，两侧门旁各竖一对石屏，“胡氏宗祠”金字大匾悬挂正中上方。宗祠门前是大广场，右侧有仁寿宫、关帝殿相连，左侧有“季仁祠”、“信祠”相依，整个宗祠气势恢宏，雄伟壮观。宗祠建在船尾，显掌舵压艄之威。

除祖先崇拜外，该地区还有相当数量的地方祠祀，例如南丰县上甘村的傩神崇拜等。

上甘村，位于江西省南丰县白舍镇西北部，东近三溪乡，南靠下甘村，西、北均邻紫霄镇，为南丰西乡千年古村。甘坊是一个较有宗教气氛的村落，村民大多信仰傩神、佛教，也有七八家信仰天主教。现存建筑由傩神殿、戏台和雨棚三部分组成，傩神殿（图3-2-5）在西端，戏台在东端，相向而立，屋顶为重檐歇山式，并在殿内正中做有藻井。傩神殿外有一座八字木结构大门，入内为披檐，设有一横向小天井。天井后为神殿主体，三开间前后槽，硬山顶，抬梁式木构架，用料粗壮有力，具清代中后期风格。正对傩神庙有一座戏台，屋顶有藻井，形式与庙内相同，大约也建于清代。戏台与傩神庙之前搭有简易长棚，轴线偏离傩神庙大门，显然为便于观众看戏而后添。

戏剧表演是赣中地区民间祭祀活动中的重要环节，各地都保留了大量的传统戏台等。

京台戏台（图3-2-5）坐落在江西省安义县石鼻镇京台村，始建于清乾隆十年（1745年）秋，占地86平方米，坐南朝北，台高7.8米，宽10米，深8.5米。民国6年（1917年）曾修葺一新。戏台为砖木结构，平面布局呈“凸”字形，内梁架为穿斗式，歇山顶、梁柱、藻井及斗栱雕刻精细，中设有藻井，采用如意斗栱造型，戏台下的台基围墙上有四个圆形洞，起共鸣、通风作用，是清代较典型的梨园古建筑之一。南丰古竹戏台也颇有特色。

（二）金溪县双塘镇竹桥村

竹桥古村是江西省抚州市金溪县双塘镇一个不平常的村落（图3-2-6），先祖余氏及后人在政治、经济、文化与军事方面的不朽业绩缔造了它的不平凡。竹桥古村距抚州市区约50千米，临接古代金溪县至东乡县的交通要道（图3-2-7）。村前一溪缓缓而流，滋润着万顷良田，村口一株四人合抱老樟树（图3-2-8），展开双臂迎招四方游客。村后树竹繁盛，蝉鸣树幽，俨然一处山清水秀、鸟鸣村宁的世外桃源（见《诗·其一》）。

竹桥古村历史上有“三迁”之说。始迁祖余克忠，原居

图3-2-4　抚州浛湾胡氏宗祠（来源：网络）

图3-2-5　南昌京台戏台（来源：李久君 摄）

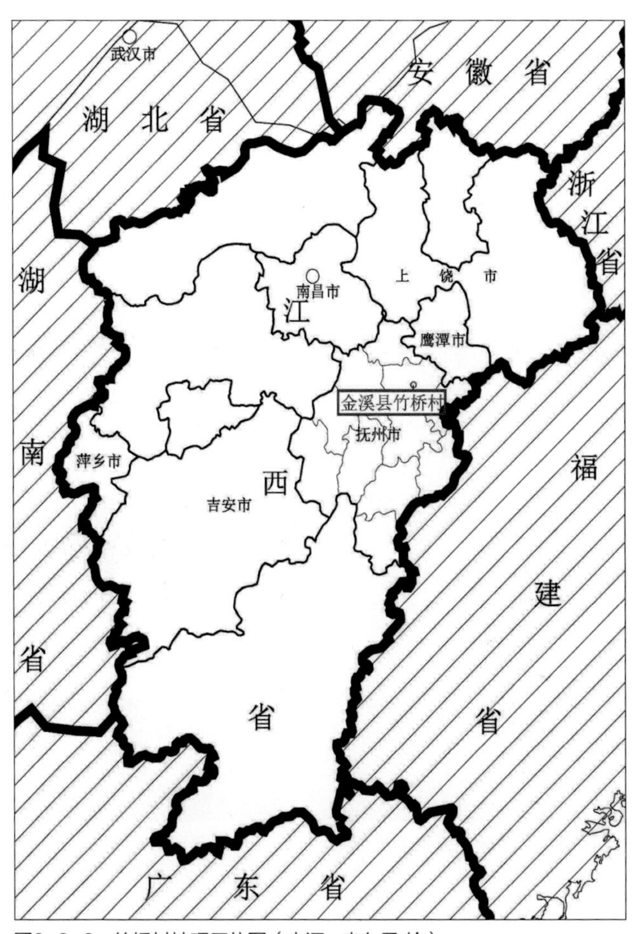

图3-2-6　竹桥村地理区位图（来源：李久君 绘）

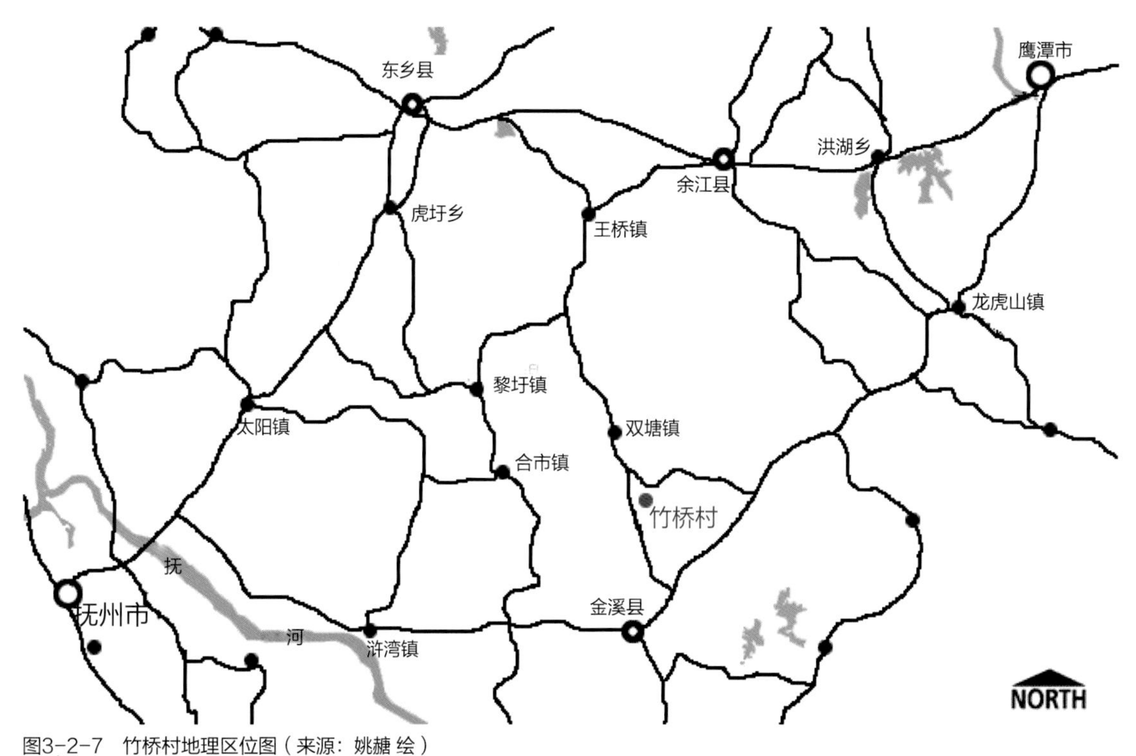

图3-2-7 竹桥村地理区位图（来源：姚赯 绘）

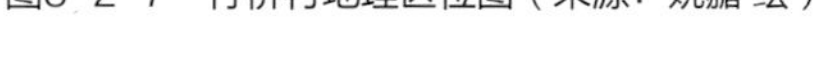

图3-2-8 竹桥村村口老樟树（来源：南昌大学建筑系 提供）

福建绍武兰田，任昭武统军，一说昭武校尉，五代时约周显德五年（公元958年）之前，奉命镇守抚之上幕镇，即今金溪。见火源山水秀丽，遂携家居于火源，至十三代余文隆迁至月塘，即今竹桥。这段历史有诗为证（见《诗·其二》）[①]：

其一

山环水抱画图中，托地开基论祖功。

百亩桑麻千亩稻，万家烟火一家风。

须知守旧存忠厚，亦能维新说异同。

世代衣冠常簇簇，云天极目仰文隆。

其二

家园喜往水云边，使节旌旄出绍田。

昭武统军尊一镇，贻谋择处重之迁。

连天棂阁辉星火，扑地稻粱锁暮烟。

不谓堪舆今未改，好峰依旧对门前。

① http://www.jxrmw.com/article-4103-1.html。

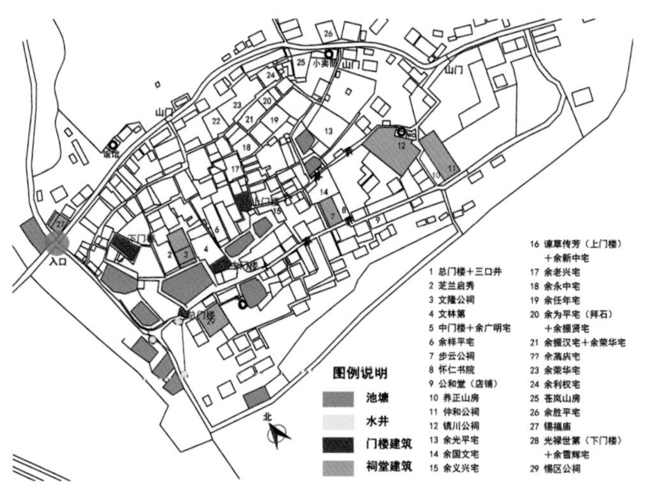

图3-2-9　竹桥村总平面图（来源：南昌大学建筑系 提供）

图3-2-10　竹桥村水塘景观（来源：南昌大学建筑系 提供）

图3-2-11　竹桥村“天井”、“巷道”与“排水沟”（来源：南昌大学建筑系 提供）

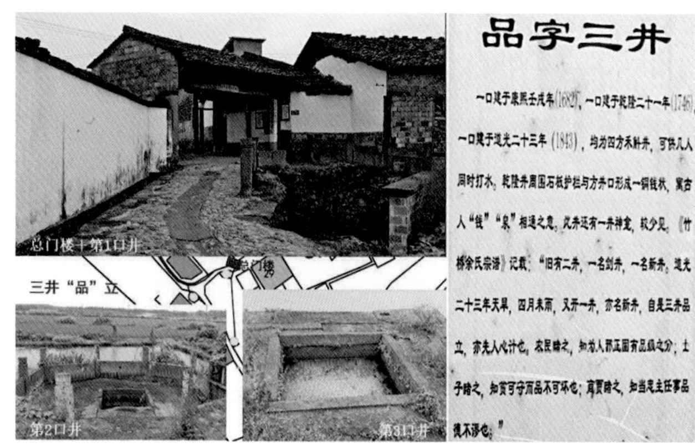

品字三井

一口建于康熙壬戌年（1682），一口建于乾隆二十一年（1746），一口建于道光二十三年（1843），均为四方禾斛井，可供几人同时打水。乾隆井周围石板护栏与方井口形成一铜钱状，寓古人“钱”“泉”相通之意。此井还有一井神龛，较少见。《竹桥余氏宗谱》记载：“旧有二井，一名剑井，一名新井。道光二十三年天旱，四月未雨，又开一井，亦名新井，自是三井品立，亦先人心计也。农民睹之，知为人邪正固有品級之分；士子睹之，知贫可守而品不可坏也；商贾睹之，知当定主任事品德不渺也。”

图3-2-12　总门楼、“品”字三井（来源：南昌大学建筑系 提供）

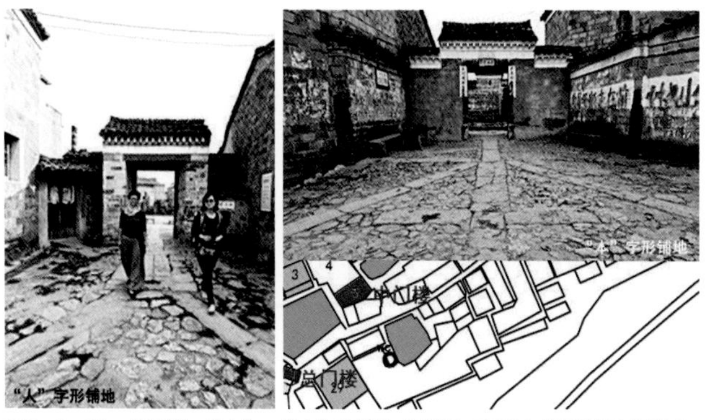

图3-2-13　中门楼、“人”、“本”字铺地（来源：南昌大学建筑系 提供）

该诗还道出了竹桥古村的四时之景、晨夕百变，村民渔樵耕读、和谐相处的淳朴民风。

村落总门楼以崇蔺岭为朝山，黄婆岗为案山，依山就势，充分利用水文地理资源，临水塘而建。总门楼始建于元末明初，由风水师廖瑀先生所定。村落有总门楼和上、中、下共四个门楼，每逢红、白喜事均必经由之。村后有三个山门直通后山，古代特意为防范强盗、土匪而设。村内房屋幢幢相连成一个封闭的聚落，内有水塘八方，由石块砌筑，中间为一月塘，形成“七星伴月”之意向。排水沟自北向南流入八方水塘，一条东西向的直街联系十来条南北或东西向的小巷，构成村落的交通体系。俯瞰全村，似一柄巨扇（图3-2-9～图3-2-11）。

门楼经营之“精”。总门楼前建于清代的三口古井均为四方禾斛井，并点缀成“品”字形（图3-2-12、图3-2-13），

《竹桥余氏宗谱》曰：“……自是三井品立，亦先人心计也。农民睹之，知为人邪正固有品级之分；士子睹之，知贫可守而品不可坏也；商贾睹之，知当忠主任事品德不谬也。”寓含为人、为学、为商均须讲究品德，唯有品才可立天地。中门楼较为低矮，形似官帽，内外通道地面以青石板铺成“人”和“本”二字，道出了该村“家国亲和”、“叶落归根”和“以人为本”的先哲之思。

建筑群设计之“全”。竹桥村有明代住宅8幢、明代祠堂1幢（文隆公祠）（图3-2-14），余皆为清代所建。其中有三组建筑群特色独具，即文林第、十家弄和八家弄。建筑群中均设有三门：总门、巷门和大门，并排设置四栋或三栋相同式样的房屋由耳门联通，雨天往来不湿脚。“文林第”（图3-2-15）有牌楼式石门，为清顺治八年举人、山东齐东（今邹城市）知县余为霖所建。穿过古巷道往北，就能见到“十家弄”和“八家弄”两组建筑群。在整个建筑群中间立着十余座公益性建筑，有怀仁书院、大房二房三房书院、养正山房、苍岚山房、公和堂、锡福庙等，还有6座祠堂，上中下三个门楼，后山门，三口古井，水塘等（图3-2-16、图3-2-17）。

雕版印书建筑之“奇”。金溪县是古代江西雕版印书中心，竹桥人开了金溪雕版印书的先河，其中余钟祥在浒湾镇创办的“余大文堂”最大最早，竹桥的“养正山房”是其中的遗存之一（图3-2-18）。“养正山房”位于仲和公祠右侧，进门为一大庭院，上堂及后堂为印书之所，乾嘉时期书板盈架，直到解放初期，保留的刻版才焚毁殆尽。

竹桥古村历史悠久，建筑遗存较多，尤其是保留了完整的村落格局——七星伴月；保留了大量的传统人文与自然景观——“远案崇蔺岭，近案黄婆岗”的总门楼，“文林第、十家弄、八家弄”三大建筑群，保存完整的雕版印书建筑等。但由于年代久远，传统建筑多有败颓，景观亦有改观。为使传统建筑及其环境得到更好的保护，并能在新时代得以“再生”，就应避免旅游开发等不当经济手段的驱使，合理理顺竹桥古村落的历史渊源与特色，唤醒并调动原住民的保护意识，精准掌控建筑修缮的尺度，运用当地的适宜技术与乡土历史资源，对濒危的历史建筑展开抢救性修缮，并严格划定核心保护区、控制缓冲区与风貌协调区范围，在法律及总体规划层面上保护村落及周边的自然生态环境，使独特的赣东古村落及传统建筑韵味在新时代继续传承。

图3-2-14　文隆公祠（来源：南昌大学建筑系 提供）

图3-2-15　文林第（来源：南昌大学建筑系 提供）

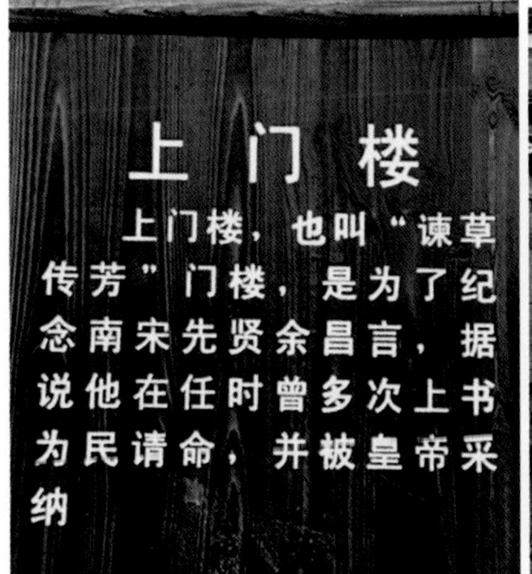

图3-2-16　“谏草传芳”门楼及其历史典故（来源：南昌大学建筑系 提供）

图3-2-17　仲和公祠（左）、镇川公祠（右）（来源：南昌大学建筑系 提供）

图3-2-18　养正山房（左）、竹桥雕版印刷术（右）（来源：南昌大学建筑系 提供）

四、丰富内涵的装饰

（一）门窗与天花藻井

在赣中地区天井式、天井院等各种式样的民居中，先民们都非常重视室内各个界面的门窗装饰，木雕技艺在这些部位大放异彩，各种雕刻精美的故事情节、戏曲场合、植物纹样，以及代表吉祥喜庆的传统纹样等（图3-2-19、图3-2-20）都是门窗雕刻装饰的极好源材。赣中地区民居隔扇形式多样，装饰手法丰富，且精于制作，选料优良，常常选用樟、银杏甚至楠木等名贵木料。总体而言，明代及其之前的民居隔扇的槅心花饰多用方槅眼或柳条棱条等（图3-2-21、图3-2-22），显示了这一时期木雕技法的娴熟与刀锋的犀利，穿漏与浮雕自然交接，整体感很强。清代以降，尤其是清中期以后，这些部位的装饰则变得越来越华丽（图3-2-23），体现出这一时期雕刻技法的细腻与繁复，浮雕追求与线刻的合一，工精奇巧，再饰以金粉之色，凸显其华丽与雍容。

明代民居的涤环板只用透雕图案或浮雕式花卉和翎毛等吉祥纹样，如海棠、牡丹、石榴、莲花，或者马、羊等祥瑞动物等。清中期以后，槅心花饰变得丰富多彩甚至繁复琐碎，并装金

图3-2-19 抚州某宅窗户式样1（来源：李久君 摄）

图3-2-20 抚州某宅窗户式样2（来源：李久君 摄）

图3-2-21 抚州某宅窗户式样3（来源：李久君 摄）

图3-2-22 抚州某宅窗户式样4（来源：李久君 摄）

图3-2-23 抚州某宅窗户式样5（来源：李久君 摄）

点漆，极尽奢华。这样的隔扇多做五抹式样，上中部的涤环板多采用吉祥喜庆的传统纹样，如跳龙门、中三元、岁岁平安、万字勾手等，或祥龙丹凤，或蝙蝠蝴蝶，或飞禽走兽，或名花珍卉，或人物故事。有的门壁，凿书“程子四箴”之类，以便日日默诵。还有更多出现历史人物故事、戏曲场面等复杂人物和场景的雕饰，此时槅心随之产生万端的式样，以冰裂纹、金钱眼、斜万字和正搭斜交菱花等。亦有在槅心图案中用圆形、扇形等几何图形开关嵌上花卉、人物、走兽的浮雕图案等，式样多变，体现出该地域的人文气息与思维素养。

（二）搭楣·叉槽·斗磉

关于骑童与川枋的交接关系，在《鲁般营造正式》的五架屋诸式图一节中记载了三种：“五架梁栟，或使方梁者，又有使界梁者，及叉槽、搭楣、斗磉之类……，在主者之所为。”叉槽即在骑童底部开槽，插于梁枋之上；搭楣——骑童底部不开槽，直接置于梁枋之上；斗磉[①]此处指在骑童底部垫“斗”形磉，再架置于梁上（表3-2-1）。“斗磉”与《正式》驼峰正格中“斗立叉童”做法亦同，而“斗立叉童”范围更广，既可认为是斗立于童上，也可理解为童立在斗上，后者即“斗磉”。

这三种方式在赣中地区传统建筑中均有应用，并且加入了地域技艺手法和装饰意匠对其加以改进。如赣中黎川地区，骑童与川枋的交接方式概括起来有如下四种：一种直接立于川面上，稍作处理，叫作搭楣，搭楣有两种方式，即弯川上直立骑童；川下凿1寸，上立骑童。第二种方式为叉槽，叉槽也有两种方式，即骑童架于川上；与第一种B1式样相似，只是柱脚装饰更讲究，雕琢如鹰嘴状，暂且称之为鹰嘴骑童。第三种方式为斗磉[②]，磉立骑童。这种方式的特点在于骑童不是直接架立于川上，而是在骑童与川枋之间加设了磉墩。磉的形制与特点各不相同，如花篮状、仰莲状等。磉墩外观精美，比骑童柱底大一圈，以自然植物纹饰为主，面向大厅，起重要的装饰作用。第四种方式与第三种方式较为接近，亦称斗磉，磉立骑童。此方式是在第三种方式的基础上发展而来，即磉下凿挖1寸左右，上立骑童，与《正式》图中所载相吻合（表3-2-1）。磉的形制有斗状与仰莲状（图3-2-24）。

（三）纱帽

纱帽是赣中地区大木工匠对传统建筑大木构架侧样上脊桁两旁之三角形木板的地域称谓，因其上刻流云、植物纹样，形似栋柱头上的一顶帽子，故名。从所处位置和式样来看，此建筑构件对应于《法式》的“丁华抹颏栱”，即宋式建筑平梁上之斗栱，处在蜀柱上端，由栌斗支托，与平梁同方向，“如叉手上角内安栱，两面出耍头者”。从外观上看，此构件确如耍头，但它又是斗栱的一部分，其作用是为

《鲁般营造正式》中童柱与梁枋的交接关系　　表3-2-1

七架之格	楼阁正式	九架屋	九架屋
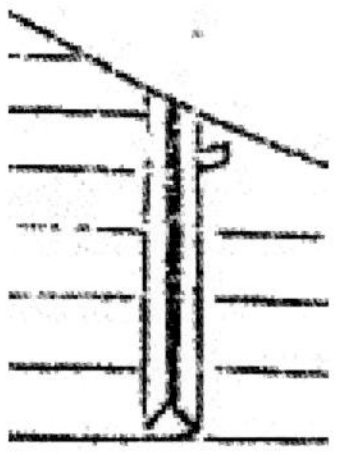	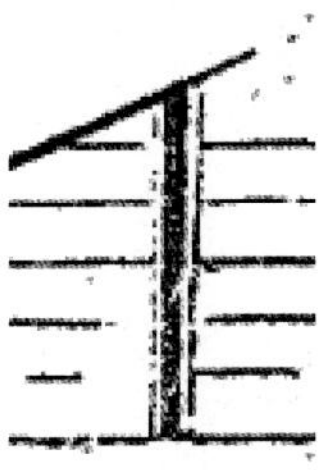	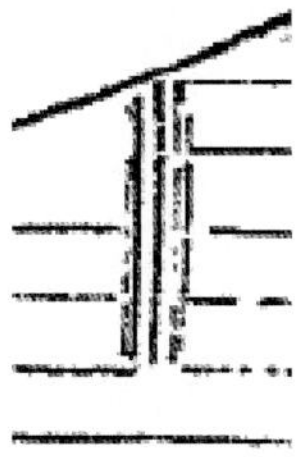	
叉槽		搭楣	斗磉

（来源：李久君根据［明］天一阁藏本《鲁般营正式》所载内容和图纸整理得到）

① 斗磉有两种解释：推测一是由“斗”形磉构成；推测二为皿斗，即由“斗”和木作“磉”构成。斗磉的形象在我国汉代墓葬中即已出现。其名反映了构件的起源，很可能与磉石为同源构件。

② 此处磉是借用柱础底部磉礅的概念，因其所处位置及功能方式与磉礅颇为类似。

了加固叉手，与叉手形成三角形构架。“由于明清时期已不再使用叉手，所以也就不设‘丁华抹颏栱’。”故在清代官式建筑中极少出现。《法原》中与此相同的构件叫“山雾云”（图3-2-25），特指“屋顶山界梁上空处，斗六升牌科两旁之木板，刻流云仙鹤装饰者，厚寸半，全长为桁径之三倍，高自斗腰至桁心，且须依山尖之形势。因离地较高，故其花纹须深刻、简单、疏朗，并须向外倾斜。”对该构件的使用部位、尺寸及作法有明确说明，且解释了其上花纹的特点及原因，并表明其作用主要为增加装饰效果。

中国古代建筑构件在形式上的一个重要特征是构件的装饰化倾向。“构件的装饰化有许多表现形式，拟物象形则是其最重要的一种。所谓拟物象形，有拟事物与拟动物之分。” 纱帽即赣中地区传统建筑中有重要装饰化倾向的代表构件，主要以拟事物之形为其表现形式。

赣中黎川传统建筑中的纱帽式样则可分为以下两种：一是象鼻捧花式，如图3-2-26中1、3、5、7示样所示，采

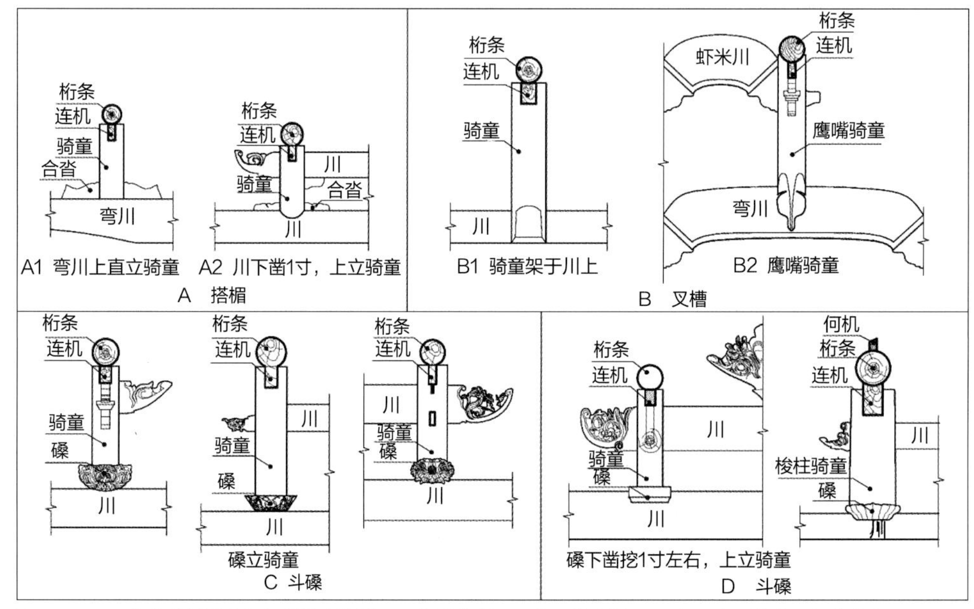

图3-2-24　赣中黎川骑童与梁枋的交接关系示意图（来源：《同济大学2009级历史环境实录图集》）

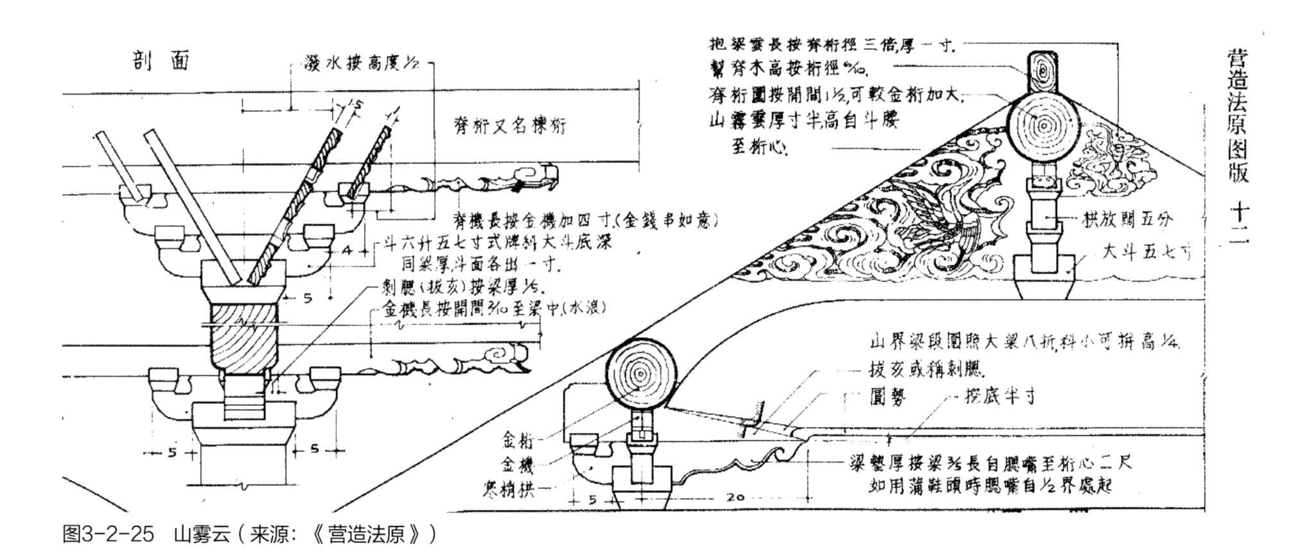

图3-2-25　山雾云（来源：《营造法原》）

用透雕工艺，漏空处较多，突显纱帽的灵动韵味；二是刻植物纹饰的“山雾云”式，对整个纱帽进行加工雕刻，几乎不留空白位置，如图3-2-26中4、8、9所示。其厚一寸半左右，高随举折之势，取值范围大多在200~500毫米之间，大致为脊桁径的三倍，L/H的比值为1∶2.3~1∶1之间。在正身侧样内纱帽通过与各川枋在空间上的调节作用，及在前后穿枋下阴角处安插入替木、梁垫等，使垂直交接的柱梁间平缓过渡，与其上配置匀称的栱川、瓜斗连成一气呵成的传统建筑侧样构架，给本来单调的传统建筑侧样增添了不少灵动的乐符。

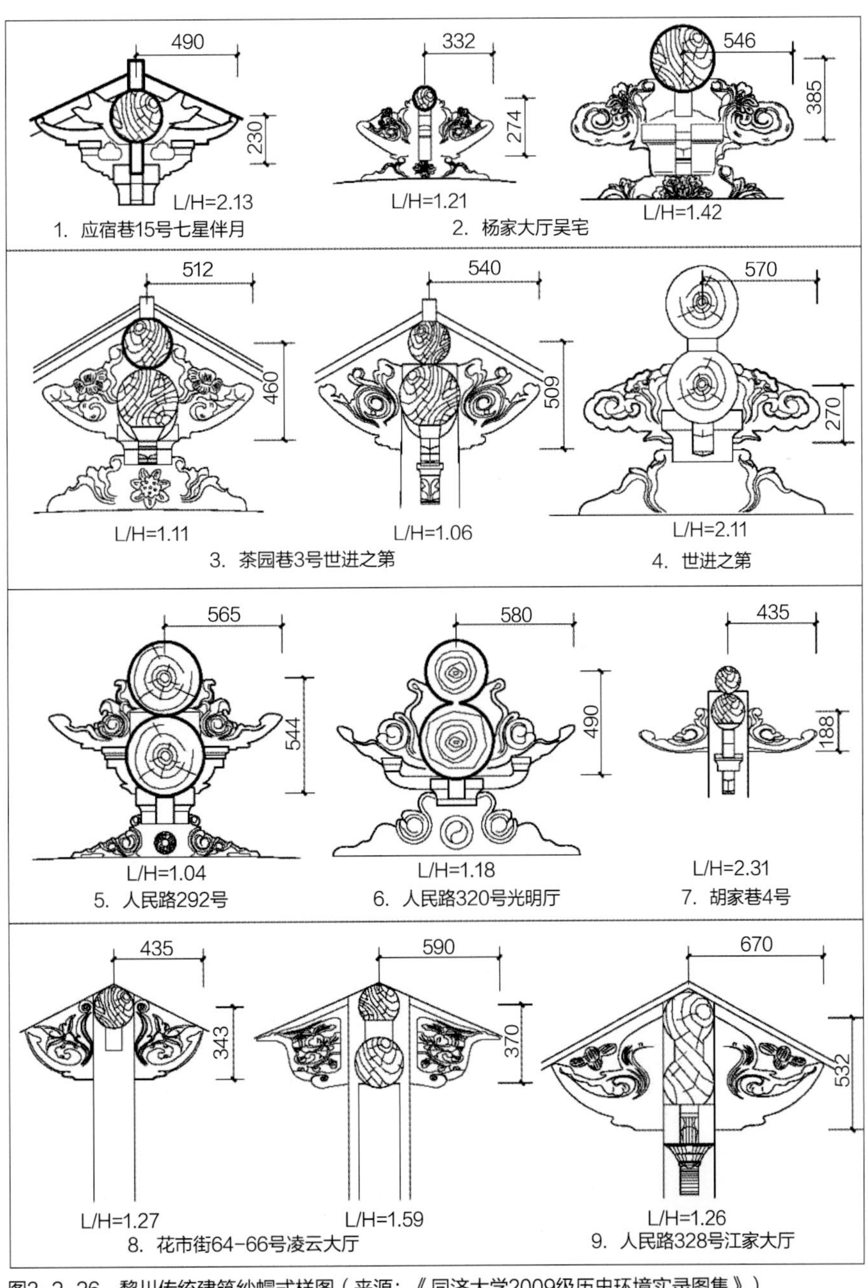

图3-2-26　黎川传统建筑纱帽式样图（来源：《同济大学2009级历史环境实录图集》）

第三节 技术工艺

一、土

赣中地区传统建筑在选择材料时主要受营造方面的制约，受经济水平、营造技艺和地域材料的影响极大。

据金溪县琅琚镇疏口村吴发元工匠讲，当地运用土的做法主要在两个方面：①竹编梅（即编竹抹灰，材料为水稻草根＋黄泥）；②地面材料——明矾＋盐＋黄泥。在墙体和地面两种最需要用土的部位，通过加入不同的材料和不同的配比形成的地域做法，在当地传统建筑中运用非常普遍，达到了冬暖夏凉且就地取材的良好效果。

二、木

（一）大木构架

当前，对传统建筑类型的认识，可谓仁智相见。有学者从承重结构使用材料的角度，将传统建筑划分为木结构、实墙（土、石）搁檩结构、石结构、土石拱券结构、拉索结构、竹结构等数类。赣中地区传统建筑亦不出其类，在这些类型中，尤以木结构使用最为普遍，也最具地域特色，是该地域传统建筑结构体系的主体。

本文结合大量实地调研测绘资料，对赣中地区传统建筑的木结构构架进行归纳分析，根据其构件的组合方式，主要有插梁式构架和穿斗式构架两种，其中插梁架是一种混合结构体系，综合了抬梁与穿斗的特点——既应用了抬梁之以梁承重传递应力的原则；又有檩（桁）条压于柱顶，童柱架在梁上的穿斗特征（表3-3-1）。

传统建筑插梁式构架与穿斗式构架结构特色比较分析　表 3-3-1

	插梁式构架	穿斗式构架
结构特色	承重梁的梁端插入柱身（一端或两端插入），即构成屋面的每一檩条（即桁条）直接架于柱（前后檐柱、中柱或童柱）上，每一童柱骑在（或压在）下部梁上，梁端插入临近两端的童柱柱身。纵向上亦由插入柱身的连系梁（寿梁、灯梁）相连，成造架构。兼有抬梁与穿斗的特点	将屋面的檩条（桁条）直接压在柱顶上，然后以“川枋”将排柱串联在一起，形成横向构架，各榀构架间以“斗枋”联络，形成构架整体
构件组成	柱子、大梁、连系梁、随梁枋、童柱、坐斗、檩（桁）条	柱子、川枋、斗枋、纤子、檩（桁）条
受力状况	明确。融合了抬梁架与穿斗架的特点，屋面荷载由檩条（桁条）传给柱子或童柱，柱子与童柱轴心受压，梁受弯，梁端受剪，传力简单。	十分明确。屋面荷载通过檩条（桁条）直接传给柱子，川枋及斗枋仅为稳定拉接构件
稳定性	有多层次的梁柱间插榫，克服了横向位移，明显优于抬梁架。且步架小，用料大，整体可靠	排柱架的横向稳定是非常好的，整排统穿在一起的三角架不易变形。相对而言，纵向斗枋的稳定性较差
架设方式	与抬梁式相似，即分件现场组装而成	须在地面装配好，然后整体立架，临时支戗到位，再用斗枋将各榀屋架串联，最后架檩（桁条）成就整体
挑檐方式	硬挑——以主体构架的川枋延长伸出的挑木；软挑——在檐柱上插接的挑木。有单挑、双挑、三挑等不同构造方式	硬挑——以主体构架的川枋延长伸出的挑木；软挑——在檐柱上插接的挑木。有单挑、双挑、三挑等不同构造方式
适应地域	多用于南方地区大型住宅的厅堂或祠堂	多用于南方湿热多雨地区一般轻屋盖的普通民居
构架示意图		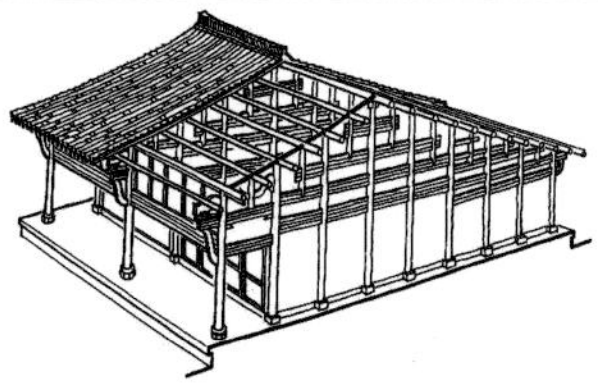

（来源：李久君据《中国民居研究》制）

（二）屋水

“‘水’是对中国古代木结构建筑屋顶侧样作法的一种地域性称谓，主要流行于江南绝大部分地区”，如赣中抚州的“屋水”、浙江婺州的“挠水”、广东潮州的“折水”等，对应于宋《营造法式》中的“举折”、清工部《工程做法》中的“举架”以及《营造法原》中的“提栈”。

“水”有两层含义。一是具有抽象意义，指屋顶侧样的具体作法，即现代建筑术语中的“屋顶坡度”，与“举折”、“举架”及“提栈”等的意思相同；二是其具体意义，指具体的屋顶侧样斜率数值，如“4分水”，“分”的意思与通常所说的“折”不同，区别于《营造法式》中的“折”，即“百分之几十”，前述即为“屋顶坡度值为40%”。因此，“水”是一个“合二为一”的概念，比官方正式用语如“举折”、“举架”等更为直白，易于为各地大木工匠和人们所接受和传播。

有一种观点认为“中国南方部分地区屋水有三种类型：直线水、折线水和曲线水。”其中“折线水”界于“直线水”和“曲线水”之间，即屋水的举高比值有两个，既不同于“直线水”的一个值，也与“曲线水”的三个以上值有异。由于“折线水”式样的存在，使该地域屋水式样有更大的灵活性和更多元的选择权。

三、砖

谯楼，是指古代城门上建造的用以高望的楼。该建筑式样在赣中地区颇为常见，谯楼底座往往建造在高高的砖砌城墙上，高耸奇特，在楼顶能俯瞰全城。

临江大观楼（图3-3-1）位于樟树市西南21千米的临江镇县前街，它坐北朝南，面对府前街。大观楼又名谯楼，为临江军、路、府署大门望楼，始建于北宋淳化三年（公元992年），尔后几经修缮，屡有改观。明洪武三年（1370年）、弘治三年（1490年）、清康熙九年（1670年）作了三次较大的修缮，史称“三庚”大修。清乾隆

图3-3-1　樟树临江大观楼（来源：网络）

三十七年（1772年）道光三十六年（1846年）亦相继维修。咸丰七年（1857年）太平军撤出临江时，楼被毁，仅存楼基。同治十二年（1873年）复建，该楼被正式命名为大观楼。大观楼为城楼式建筑，通高22.4米，一层为楼层，基台上再建三层楼阁。楼基石除中间通道外，均以青砖实垒砌成。基台高6.45米，宽25.6米，呈梯状，中开两扇木制大门，为进出通道。纵深14.2米，在基台背面左右两侧，各砌石台阶40级，转折登台。台面再立通柱。一层有回廊，内分左右室和堂间。二、三层为敞间，面积逐层递减。各层设腰檐，四面灵条活窗，板梯上下，歇山顶，泥瓦覆盖，正脊饰几何对称云纹图案，两端鱼形鸱舌脊。脊翼角饰嫔伽蹲兽，脊檩墨书铭文“皇清同治拾贰年岁次癸酉仲冬谷旦”。

南康府谯楼，又名鼓楼，俗称周瑜点将台，位于庐山山南的星子县城南康镇，始建于宋代，元代至正年间重建，元末毁于战乱，后经过明代重修，为旧时南康府郡署之望楼。谯楼楼座向南，呈方形，采用星子本地花岗石砌垒而成，基宽27.9米，纵深15米，高5.46米，中有拱门通道。门旁有清朝南康知府刘方溥所书的对联，上联是“曾是名贤过化，前茂叔后考亭，我亦佰姓长官，且试问催科抚字”；下联为“纵使绝险称雄，背匡庐面彭蠡，谁作一方保障，敢徒凭形势山川”。

四、石

（一）牌坊（牌楼）

牌坊是封建社会为表彰功勋、科第、德政以及忠孝节义所立的建筑物。又名牌楼，为门洞式纪念性建筑物，宣扬封建礼教，标榜功德。赣中地区文化昌盛，建有大量牌坊。

吉安石溪联科牌楼属于功名坊，坐西朝东，明朝天顺年间建。麻石基座，两根柏木圆柱立起牌坊，每根木由两块长条麻条石斜撑。圆柱上端穿二根方形横木，横木中嵌柏木牌额、上刻四斗栱。斗栱上盖青瓦。牌匾正文为镌刻的“联科”繁体行书阳文，并有落款，是吉安县发现最早的有确切纪年的木构建筑。

大司马牌坊（图3-3-2）位于江西省宜黄县城东北12千米凤冈镇桥下村王家场巷口，建于明万历二年（1574年）。牌坊坐北朝南，前有“下马桥”，后为谭纶故宅。牌坊为花岗石结构建筑，高10.4米，宽8.1米，正面六柱三门，两侧呈鼎足三角形，实为五门。柱长4.5米，三层额枋，均以浮雕及透雕龙凤云纹图案和宫廷、戏曲人物华板镶嵌。中门额枋为“双龙戏珠”。两侧顶部为仿木斗栱式，侧门额枋为“百鸟朝凤”、“鲤鱼跳龙门”、“蟠桃上寿”等，雕工细致，精美绝伦，呼之欲出，是研究中国历史和古代建筑艺术的珍贵实物。三层额枋间均嵌有石匾，上层竖刻“恩荣”二字，中横刻“大司马”三个大字。

图3-3-2　抚州宜黄大司马牌坊（来源：《江西古建筑》）

（二）石亭、石桥

金溪县疏口村的石亭建造年代不详，据细部构造特征推测大致为宋元年间。平面为1.70米×1.70米，高3.075米，四根柱子落地，柱断面为倒角方形，0.3米×0.3米。该亭虽为石结构，但其构造则模仿木结构原理，设置有斗栱、梁头、平板枋、歇山顶和屋檐起翘（图3-3-3），尤其是歇山顶的形状，颇为巧妙，根据这些因素推测，其建造年代至迟应该在宋元年间。据传此亭刚建时底部有碑，现已不存，地下藏有银元，供贫苦人家不时之需。设置此亭有三大作用：供来往人员休息；是一座测量洪水量的标杆，据传历史上的洪水都没能没过此亭顶部；是临近石桥的保护亭，起镇桥之用。

该村的石桥为五孔梁式平桥（图3-3-4），长度约22米，宽度约1.50米。在结构上，该桥用平行而紧密并列的5个方形桥洞构成，共五跨，每跨设置3片横梁。从石梁横断面看，上表面和左右两面较平整，下表面平整度不如上述三面，主要原因可能是建造者降低了对梁下的美观要求，且受洪水的冲刷较多。由于石梁两端需架设在桥墩上，为架立牢固，在桥墩和石梁之间加设了一组横梁，长度宽于桥墩，从而有效减少了石梁的跨度，保证了石桥的稳固性。该石桥5孔共有4个桥墩，平均分置于河上，两端则架置于石岸上。4个桥墩构造完全相同，每个桥墩由1根方形石柱和1座迎向水面似船头形状的尖状石柱构成（图3-3-4），该尖状石柱在迎水面上翘，高于方形柱墩，似有迎风破浪、勇往直前之英雄气概。

（三）磉（柱础）

《营造法式》所言的柱础多为“础”、“磉”相连为一个整体，其下不再另设磉石，而《鲁般营造正式》“础”、“磉”分为两部分，柱础之下需设磉石。赣方言将位于立柱与地面基础之间的柱下石称为“磉”[①]，即将柱础称为“磉

① 《营造法原》中解释：“鼓磴（即柱础）或方或圆，有花者施浅雕，素者光平。承鼓磴之方石称磉。”

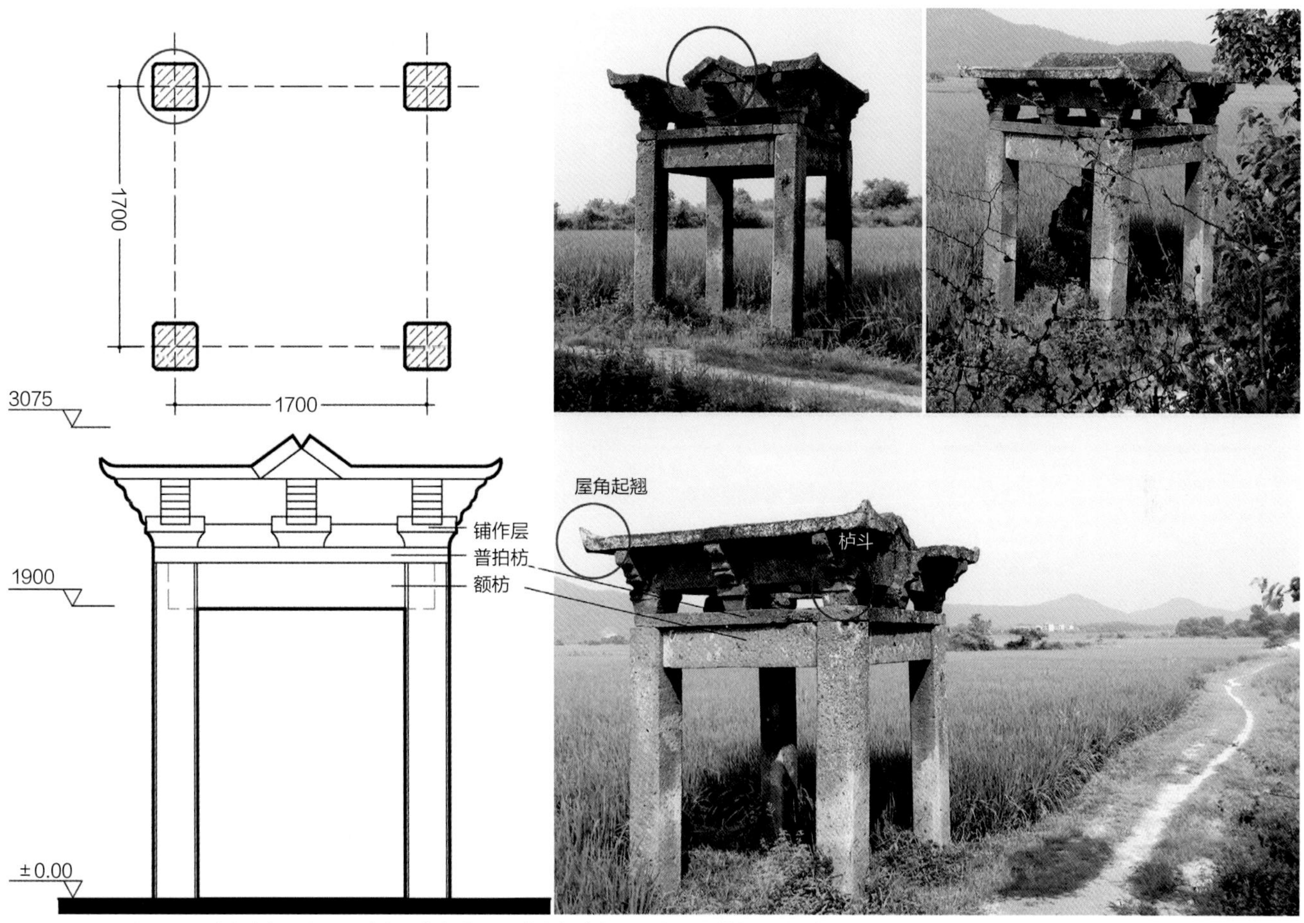

图3-3-3　石亭平面图（左上）、立面图（左下）与效果图（右）（来源：李久君 拍摄、绘制）

图3-3-4　石桥（来源：李久君 摄）

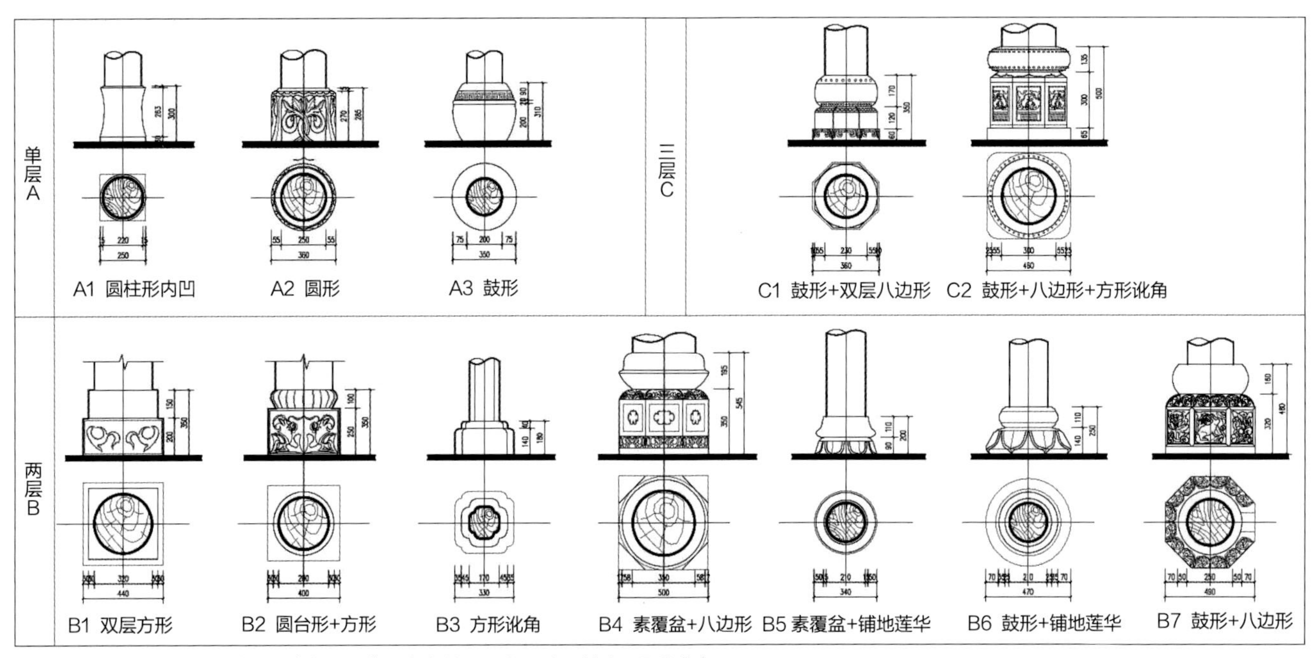

图3-3-5　赣中黎川柱础式样图（来源：《同济大学2009级历史环境实录图集》）

墩”，属于《正式》做法。

根据柱础层数，赣东黎川有三种类型，形成如下几种组合方式：①单层柱础，有圆柱形内凹、圆形和鼓形三种式样；②双层柱础，该式样类型较多，涵盖双层方形、方形＋圆台形、八边形＋素覆盆、方形讹角、铺地莲华＋素覆盆、八边形＋鼓形、铺地莲华＋鼓形等七种；③三层柱础，其式样有两种：“八边形＋鼓形＋方形讹角”和“双层八边形＋鼓形”（图3-3-5）。

本章小结

以庐陵文化、临川文化为代表的赣中地区历史悠久、文化发达，古人创造了大量优秀的地域传统建筑，在赣鄱大地熠熠生辉。传统建筑聚落依山临水，在朱子理学和江西风水“形势宗”的影响下产生了多处优秀的传统村镇，这些村镇里的单体建筑在平面、立面、屋顶及细部等形制方面特色独具。结构上以穿斗式构架为代表，间以插梁架和抬梁架。建筑细部上又以赣语方言的磉为典型，产生出多种柱础式样。童柱与穿枋的交接方式受《鲁般营造正式》一书的影响，有搭楣、叉槽和斗磉三种式样，在传统建筑单体中应用广泛。栋柱顶端两侧的纱帽也是该地域的典型特色，与《营造法式》中的“丁华抹颏栱”及《营造法原》中的“山雾云”有异曲同工之妙，装饰了曲折的屋顶空间。而曲折的屋顶空间则源自“屋水”产生的不同坡度组合，属于清代屋顶“举架法”的范畴。

赣中地区传统建筑类型丰富，有以天井式、天井院和高位采光为代表的传统民居，也有各种式样的书院建筑、谯楼、宗教建筑、民间祭祀建筑、园林建筑和牌坊（或牌楼），在每一个传统村镇中都选择性地存在，或多或少，或聚或散，有机地进行分布。拥有这种地域特色的传统聚落很多，典型实例有乐安县牛田镇流坑村、青原区文陂乡渼陂村和金溪县双塘镇竹桥村，它们各具特色，依山临水规划好各自的格局，是对山水气候环境的解读与回应，亦是对传统技艺的展示，更是对社会文化的传承，这与传统乡土社会的发展一脉相承。

第四章　赣东北地区传统建筑研究

赣东北地区地处赣、闽、皖、浙四省交界处，这里四周多山，地势险要，但东通浙江，南连福建，北接安徽，是江西省对外连通的重要枢纽，历来是兵家必争之地。区域主要包括现在的上饶市、景德镇市、鹰潭市及其所辖地区。此地靠皖南浙西地区，多受相邻省份建筑风格的影响，但同时往鄱阳湖流域发展又深受江西本土赣派建筑与文化的影响。山地地区因为气候环境条件，其建筑风格与平原地区又多有差别。故此区域建筑形态风格有不小的差异，是江西传统建筑的重要组成部分（图4-0-1）。

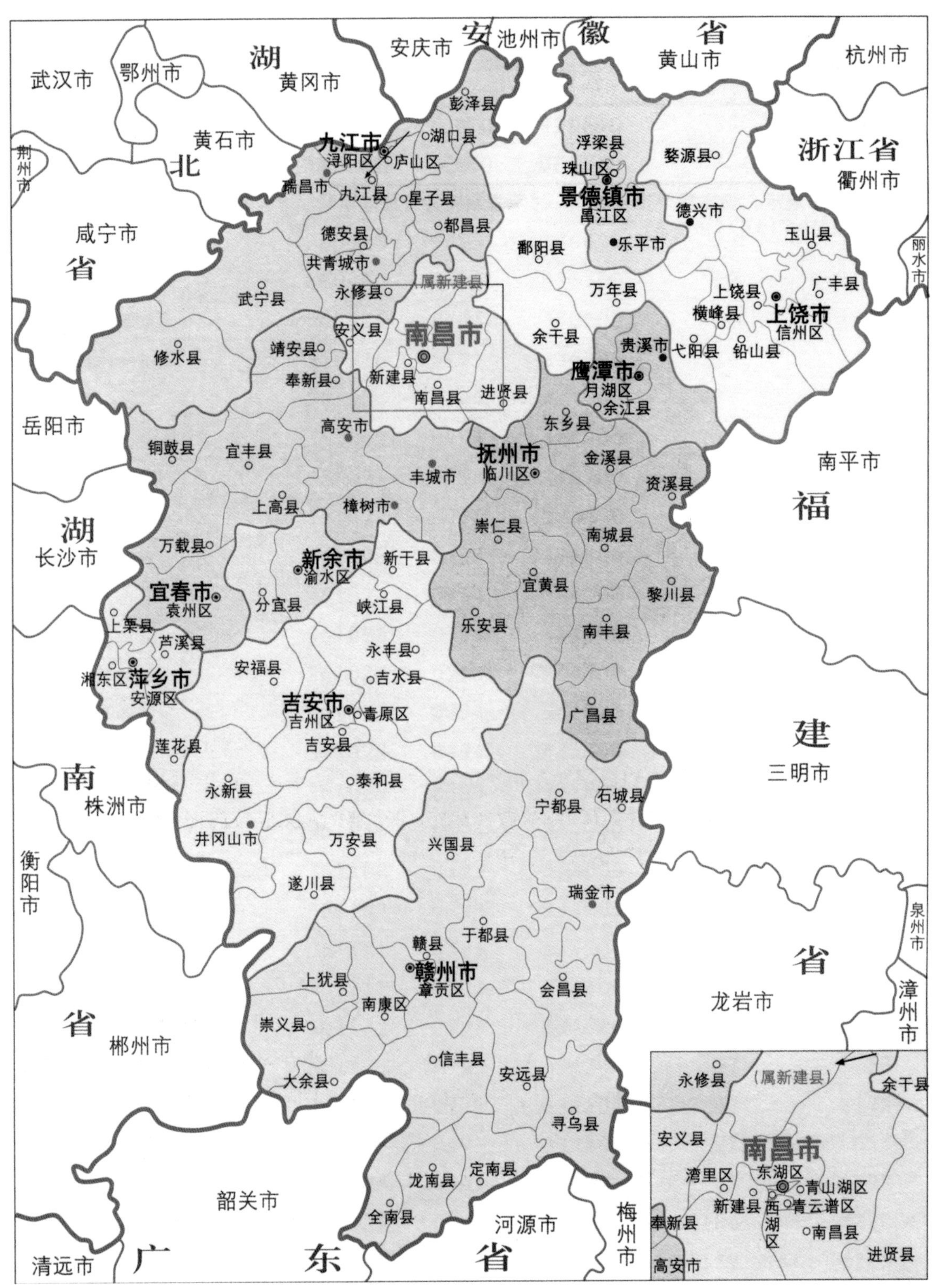

图4-0-1　赣东北地区区位图（来源：中华人民共和国民政部编．中华人民共和国行政区划简册2014．北京：中国地图出版社，2014）

第一节　自然山水环境与建筑的关系

一、山水环境

（一）区位气候

赣东北地区属亚热带，具有东亚季风区的特色，气候温和，雨量充沛，东北部年平均降雨量多达1800～2000毫米，年平均温为16.3～17.5摄氏度。

（二）地形地貌

该区域属环鄱阳湖地带，总体东高、西低，地势从北、东、南三面向鄱阳湖倾斜，形成了江西北部凹形斜面的东半环。在这种地势的基础上，水系呈向心状归注于鄱阳湖。在地形地貌上赣东北以山地丘陵为主，从东北向西南依次形成低山丘陵、岗地、平原，呈现出层状地貌特征。从北至南依次为黄山、鄣山、怀玉山、武夷山等山脉。怀玉山脉呈东北—西南走向，自浙江边境向东南蜿蜒玉山、上饶、德兴、弋阳、贵溪等县市。鄣山是婺源县与安徽休宁县的界山，山体东起五梅山，沿赣皖省界西延进入景德镇，北高南低，是饶河水系中的乐安河与钱塘江水系中的新安江的分水岭。怀玉山是信江与乐安江的分水岭，山中之水，西流入赣，东流入浙，成为天然的浙赣通道。南部的武夷山脉为赣闽两省的分界，呈东北—西南走向，是长江水系与闽江水系的分水岭。武夷山脉的地貌属于赣闽丘陵地的中山、低山、高丘、低丘的丘陵类型，是赣东北地区主要的林区和木竹产地（图4–1–1）。

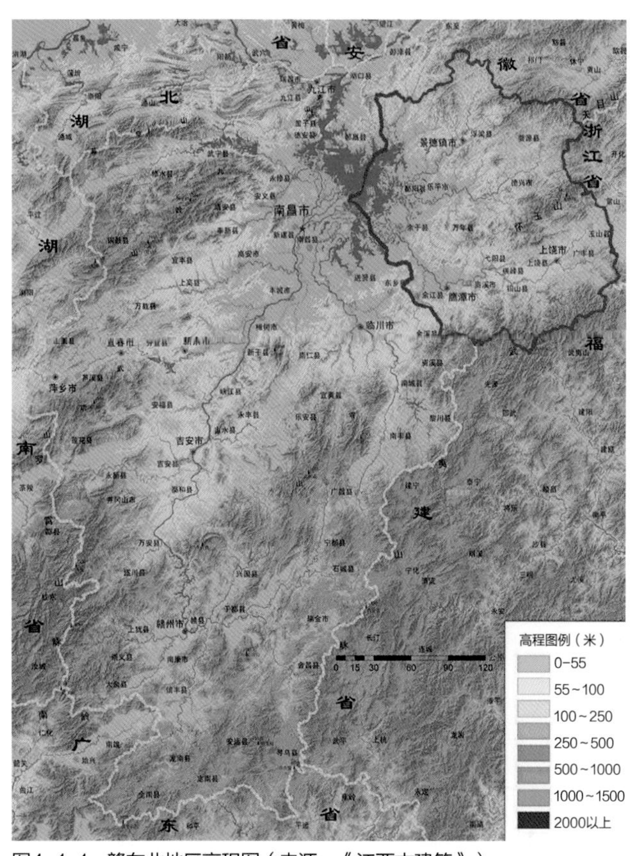

图4–1–1　赣东北地区高程图（来源：《江西古建筑》）

区域内主要流经水系有：信江、饶河，以及昌江、乐安河等支流。其中信江，亦称上饶江、上饶水。是江西省内地三大河流，也是赣东北地区流域面积最大的河流，河长356公里，流域面积16890平方公里。信江发源于浙赣边境的怀玉山与武夷山之间的谷地，上游穿越山地丘陵，中游流经红色盆地，下游奔流于滨湖平原。由东向西流经玉山、上饶、铅山、弋阳、贵溪、鹰潭、资溪等市县，在余干瑞洪流入鄱阳湖。据《明一统志》记载：“上饶江（信江），在（广信）府城北，上流会诸溪水，下经弋阳、贵溪流入饶州府境内”。[①]

饶河，又名鄱江，为乐安河与昌江的合称，在江西境内流域面积13247平方公里。饶河的两条主要的源流为昌江和乐安河。昌江发源于祁门县境内的大洪岭，流经江西的景德镇市和鄱阳镇，全长253公里，流域面积6000平方公里，其较大支流有东河、西河、南河、北河等。乐安河发源于婺源县境内的怀玉山区五龙山，流经婺源、德兴、乐平、万年、鄱阳等县市，全长279公里，流域面积8367平方公里，其较大支流有赋春水、洎水、车溪河、万年河等。两河在鄱

① 《明一统志》卷五十一，《广信府》。

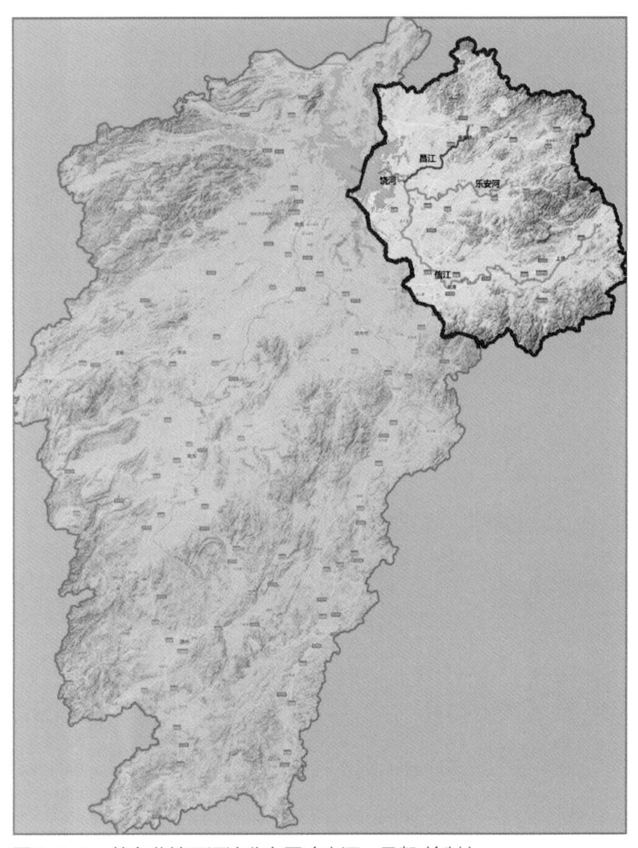

图4-1-2　赣东北地区河流分布图（来源：马凯 绘制）

阳县境内的姚公渡附近汇合，成为饶河，并注入鄱阳湖。饶河流域地形以山地、丘陵为主。景德镇和德兴市以上，山峦叠嶂，山势陡峻，河流穿行于崇山峻岭之间，河面较窄，水流湍急。鄱阳和乐平以后，饶河进入鄱阳湖盆地，地势平坦开阔，水网稠密，水流缓慢，村镇密布，是主要的粮食产区（图4-1-2）。

（三）历史沿革

赣东北地区主要包括上饶、景德镇、鹰潭及其所辖地区，约当汉晋鄱阳郡，唐宋饶州、信州，明清饶州府、广信府的辖地。

上饶以“山郁珍奇”得名，建治历史悠久。夏为扬州之域，春秋属楚，吴取楚地，属吴，越灭吴，属越，楚败越，复归楚；秦属九江郡；汉高帝六年（公元前201年）隶属豫章郡；东汉建安中（公元196～205年）始置上饶县，属豫章郡；乾元元年（公元758年）属江南东道信州；元至元十四年（1277年）隶属于江浙行省信州路；明太祖庚子年（1360年）改信州路为广信府；洪武四年（1371年），广信府隶属于江西行省；清代延续至今。

景德镇原名新平镇，始建于东晋时期。据史书记载：“新平治陶，始于汉世”。自唐迄清，均属浮梁县管辖，宋代属江南东路，元代开始成为全国的制瓷中心，明清时期属广信府，后因制瓷有功，撤镇设市。

鹰潭市位于赣东北，素有江西东部门户之称。辖区东接弋阳、铅山，西连东乡，南临金溪、资溪，北靠万年、余干，东南一隅与福建省光泽县毗邻。鹰潭境内属低丘岗地，地势由东南向西北倾斜。境内属亚热带季风气候。唐以来均属贵溪县地，就称鹰潭坊。明末称神前司，清乾隆三十年（1765年）改名鹰潭司。清同治三年（1864年）改称鹰潭镇。

婺源县曾隶属于古徽州。该地区早在先秦时期就已经出现人类聚落，形成滚落的原始雏形。最初村落主要为古越人的聚居之地，后随着中原人的不断迁入，东晋、唐末和南宋时期，中原居民为避“黄巢之乱”大量迁入徽州，同时也带来了先进的外来文化，促进了外来文化的融入和发展，这是婺源古村落的重要形成时期。南宋经元到明中叶300多年是婺源社会经济文化稳定发展时期。明中叶到清中叶是婺源古村落社会经济文化繁荣鼎盛期。

二、自然环境与聚落

赣东北地区的传统聚落，在选址上十分注重聚落与周围山水和环境的关系。乡村聚落大多以宗族为单位，聚族而居，形成定居点。聚落的形成从选择聚居地开始，地理环境是建造聚落的基础和场所，建造者依据其所希望拥有的自然风水、空间形态等，对自然环境作出判断和选择，在总体上遵照传统风水思想，选择适宜地址营建聚落。赣东北地区地形以山地丘陵为主，有多条水系从中流经，并形成河谷小平原，十分适宜聚落的建立与发展，多数印证了传统风水思想中因地制宜、负阴抱阳、居中适中、山水联结、喝形取象的观点。乡村聚落大多都有非常深厚的历史文化积淀，其形态都真实地反映了它们开基选址、变化发展与地形地貌以及当时社会经济结构的关系，更难得的是许多古村落还保存着大量的明清建筑及优秀的传统风貌建筑。

由于古村落因各种缘由形成的独立性、封闭性，它们在上百年甚至上千年时间里相对稳定地保持着历史原貌，并世世代代延续着其用以引导自主发展更新的宗教文化观和朴素的环境观。无论是从物质形态上所表现出的建筑特征、规划布局，还是融于其中的非物质形态的传统文化、民风民俗等观念，都可以较为集中地反映在古村落的空间形态布局上。

（一）丘陵地貌中的聚落

赣东北地区多为丘陵地带，且丘陵也多为破碎形状或者与盆地、河谷交错。尤其是婺源县，位于乐安河的上游，境内黄山与鄣山余脉绵亘逶迤而过。全县山地、丘陵约占70%，且密集于县境的东部和北部。

1. 汪口村

汪口村隶属婺源县江湾镇，位于婺源东部，古称永川，因地处双河汇合口，村前碧水汪汪而得名。2002年被评为“中国民俗文化村”和“江西省历史文化名村”，2005年申报“中国历史文化名村”。据《永川俞氏宗谱载》，歙县篁墩俞昌迁婺源的第九代孙，宋代朝议大夫（正三品）俞杲于宋大观三年（1110年），由附近陈平坞（已废），迁到今汗门村后的郑婆坞（现俞林标宅前），再由郑婆坞逐渐向河边扩展。是一个以俞姓为主聚族而居的徽州古村落。汪口地处丘陵地带，处于山水环抱之间，村落背靠逐渐升高、呈五级台地的后龙山。汪口由一股正东水（江湾水）与另一股东北水（段莘水）在村南汇合。明净如练的河水由于村对岸葱郁的向山的阻拦而呈“U”形弯曲，形成村前一条“腰带水”的三面环水的半岛。自南向北，向山、段莘水、官路正街商市、村庄民居依次形成了汪口“山一水一市一居”的村落整体形态。十分符合风水学的“枕山、环水、面屏”的所谓“腰带水”的理想传统村落空间模式（图4-1-3、图4-1-4）。[①]

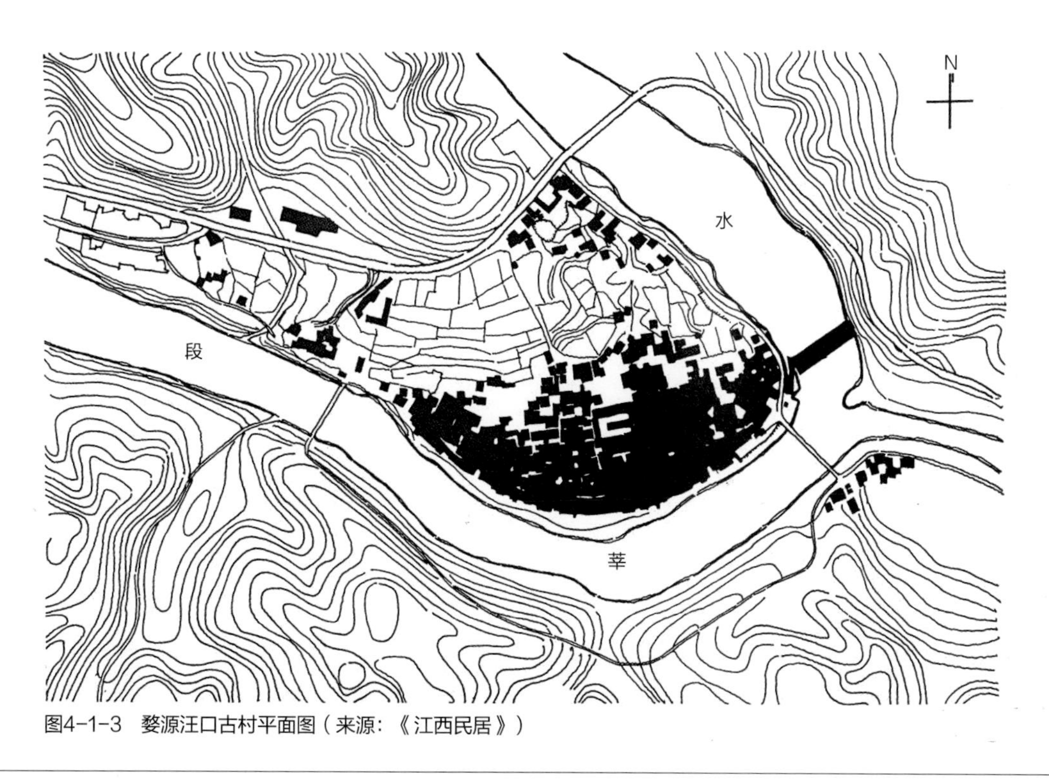

图4-1-3　婺源汪口古村平面图（来源：《江西民居》）

① 黄浩. 江西民居[M]. 北京：中国建筑工业出版社，2016.

图4-1-4 婺源汪口古村鸟瞰（来源：《江西民居》）

图4-1-5 耳口乡曾家古村鸟瞰（来源：马凯 绘制）

2. 曾家村

曾家村位于鹰潭市贵溪市南郊耳口乡。2003年被评为“江西省历史文化名村”。曾氏发脉于山东省济南府嘉祥县南四十里南武山西元寨，在战国时南迁到湖南湘乡，随后迁至江西吉安，最后由吉安迁往贵溪县南约六十公里出务义港村，即现耳口乡曾家村。后人通称武城曾氏，也称宗圣。耳口乡东与塘湾一山相隔，南与冷水一水相连，西与金溪县、资溪县毗邻，北与上清接壤。曾家村地处山谷地带，境内植被覆盖良好，北依云台山，前临泸溪河，与国家级风景旅游区龙虎山和上清天师府接壤。在选址上满足了聚落选址的“自然风水”原则，地处山谷地带，坐北朝南，背依山丘，前有对景，左右有适于防御的小丘陵环护，古村前临务义巷，近水。是蕴藏山水之“灵气”的理想村落选址之地。古村落整体格局呈“品”字形，分为曾氏公祠、鱼塘花园、经学书院、民宅四大部分。古村属山冈丘陵地貌，溪流水塘遍布，村中各古建筑多借助山水格局，依山傍水而建，以青、灰、木色为主色调，用色十分淡雅清新。俯瞰全村，飞檐翘角的屋宇随山形地势高低错落，层叠有序（图4-1-5）。

（二）滨水地貌

逐水而居的乡村聚落在布局上讲究风水，但因自然地理状况千差万别，完全符合风水理论的极少，因此居民大多根据当地的自然环境选择最佳的聚落布局来满足生活、生产的需求。因此古人选择聚落地时，会对村落选址的风水环境有较高的要求；当受环境局限时，也通过积极的环境改造，来贴合理想风水标准的要求。尤其是婺源县境内峰峦起伏，沟壑纵横，山高水急，涧流溪水遍布其间。一大批古村落都是依偎着这些山溪小河而建，河流虽不能在对外交通方面给村民带来多大便利，但却是他们生活的重要生产水源。

1. 思溪村

思口镇位于婺源县中部，为思口镇辖区，位于婺源县城北偏西19公里处。2007年被评为“省级历史文化名村”。思溪，始建于南宋庆元五年（1199年），距今有800多年的历史。南宋庆元年，县内长田俞姓家族为逃避战乱，迁居来到泗溪边，因地处清溪旁，故以鱼（俞）水相依之兆而取名“思溪”。思溪村建在山区内少有的一片宽阔盆地中，南靠来龙山，北环思溪河，生态环境保存得十分完好，思溪河为养生河，放养了各种鱼苗，后山树林锦簇，各种野生动物数不胜数。整个村庄呈近椭圆形，南北约长265米，东西约长369米，房屋村落在锦峰秀岭清溪碧河的衬映下，更加钟灵毓秀。

图4-1-6 婺源思溪古村（来源：马凯 绘制）

图4-1-7 浮梁严台村平面图（来源：马凯 绘制）

思溪以明清古建筑为主，村落内全部以青石板铺地，整个村庄布局格致，山村与自然景观相辅相承，交相辉映，达到房屋群落与自然环境巧妙结合的神美意境。古民居多为粉墙黛瓦，给人一种朴素淡雅的美感。建筑整体与局部、面与点的对比艺术效果，表现出东方美学“道法自然”的意蕴，使庄子“朴素而天下莫能与之争美”的美学思想，深深地渗透在民居建筑艺术之中。村口明代“通济桥”和“如来佛柱”，是古时村落水口组合建筑的子遗（图4-1-6）。

2. 严台村

景德镇市浮梁县江村乡严台村，古称严溪，坐落在江村乡的最北端，紧邻安徽祁门渚口乡和闪里镇。2008年被评为“中国历史文化名村”，2012年被评为“中国传统村落”。村内的富春桥也相当有名，这座石桥修建于明代弘治十五年（1502年），为青石铺设而成，是村里现存的重要古迹之一。据严台《济阳江氏宗谱》记载，严台十足江仲仁于南宋嘉泰元年（1201年）自世居地诰峰村迁来此处。另据村里老人介绍，严台村是自明代由徽州江姓人家迁此而建。“富春桥记”石碑还记叙了该村的历史，称东汉严光在此隐居垂钓。但按《后汉书·严光传》记载，严光隐居处应在浙江，距严台甚远，因此石碑所记载或不真实。

严台村是宋代以来江西、安徽交界处具有代表性的村落之一。严台村在布局中运用中国阳居风水原则，北靠武云山，东西两边傍富春山，南有笔架山。发源于西北的横坑水在村前环绕，经过富春桥折向东南。村中两股水分别从武云山和富春山中迂回流向南边，在前山会合后流向村口，穿过村门——“严溪锁钥”的桥洞融入横坑之水。作为江氏宗族聚落，村庄选址、布局与“八仙下棋”的地势巧妙结合，将村内大街小巷规划为叶脉状，一股街、二股街和前山路构成了叶片上的主脉，前山的三股街就像二股街上的支脉，村中的上弄、杏坞里、方井里、花屋弄、二股街等60多条小巷像叶片上的细纹布满叶片（图4-1-7、图4-1-8）。

3. 理坑村

理坑村属江西省上饶市婺源县沱川乡，原名理源，距

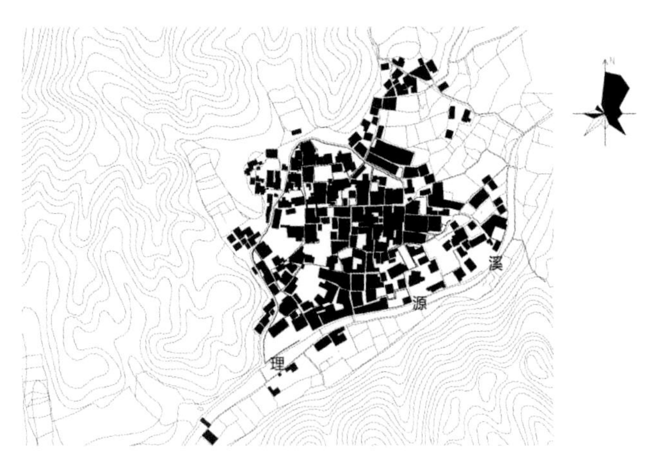

图 4-1-8 婺源理坑古村（来源：马凯 绘制）

婺源县城东北45公里。2005年被评为中国历史文化名村，2006年5月被评为全国重点文物保护单位，全国百个民俗文化村之一。理坑村原为金姓所建，明洪武年间沱川余氏第十世祖余景阳始迁居于此。明末至清中叶理坑村发展最为鼎盛，村人好读成风，崇尚“读朱子之书，服朱子之教，秉朱子之礼”，被文人学者赞为“理学渊源”。

理坑村的整体形态以自然山川地势为依托，在定居之初，就非常注重风水理念对地形地势的选择；后期村落的发展，也基于风水理念把握着大原则和方向，使得理坑村的整体形态在很长的一段时间都保持着相对稳定的状态。“世外桃源”般的选址、“五行相生”的园林化水口等都反映出对风水思想的遵循。理坑村以官邸、商宅为主体的明清古建筑至今还保留有138幢。其中明代及明前的建筑14幢，清代建筑124幢，包括用于祭祀的祠堂4座和水龙庙2座（图4-1-8）。

三、自然环境与建筑

江西地处长江以南，纬度较低，雨水丰沛，湿度较大，特别是闷热潮湿的春夏两季，解决户内避光通风是创造良好居住条件的主要问题，因此江西传统民居大多采用天井式建筑布局。传统民居中，天井作为一个很重要的功能空间，天井的主要功能是解决排水通风和日照采光的问题，同时天井是宅主的一方“敬畏”之地，是“天人合一”观念物化产物。以围绕一个天井布置上堂、下堂、上下房和厢房（或厢廊）等生活居室，并作为一进院落，江西一些地方也称天井为“明堂”；且通常每一进以一个“一明两暗”三开间的组合为主体，即所谓“一堂二内”式布局。

（一）传统天井式民居

天井式院落在平面格局、结构、造型等方面相对都比较稳定，通过基本单元的重复，在体量上进行不同变化。天井式住宅大多为矩形平面，木构架被包在坚实的外墙内，俗称“金包银”，而它的屋顶又是“四水归堂”的内落水形式，屋顶特性在外部得不到更多的反映，因此，它的空间处理和立面设计也随之受到很大的限制，虽易于形成强烈的地方特色，但发展创造的空间有限。同时，赣东北地区民居受徽州民居和浙江东阳帮的影响较为明显。

赣东北地区传统天井式民居的代表应为景德镇明代民居。因景德镇自宋以后瓷业发达，经济繁荣，明朝在元朝基础上，瓷业有了快速的进步，当时窑户与商人生活奢靡，因此景德镇修建了大量明代珍贵的世俗建筑，以住宅居多，展现了明代江西传统建筑的风貌。建筑多为中小型住宅，形体统一，外观简朴素雅，马头墙只用简单的瓦片搭砌出富有表现力的檐角，装饰较为内敛节制。

建筑平面布局较为规矩，住宅主体多是单一轴线，恪守明代对庶民的等级规定，即民居建筑“不过三间五架”的规定，因此大多属于中小型规模。明间两侧的次间是主要的住房，面对天井的厢廊或厢厅，有时封闭成为住房，有时则成为通向户外或侧路的通道。入口一侧或为围墙照壁，或为向天井开敞的门厅门廊，或仅明间向天井开敞，次间封闭成为用房。天井就是为了解决通风、采光、排水等功能，作为室内空间的存在。天井的结构方式与住宅其余部分不同，采用某种与抬梁式混合的结构。景德镇明代民居的只在内部木这些民居大多以天井为中心，拥有完整的天井式布局，以一个天井与周围厅堂、房间为基本单位“进”来组织空间，多以中轴对称、单一轴线的方式串联，且纵轴最多为三进。而

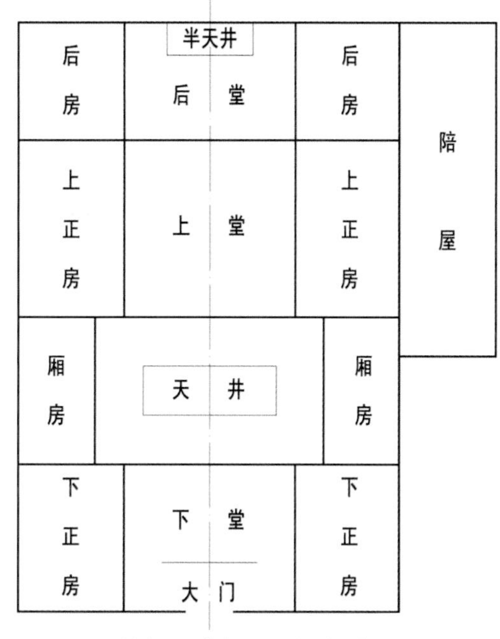

图4-1-9　天井式民居（来源：马凯 绘制）

城镇地区和经济发达的地区则往往出现规模较大的民居建筑（图4-1-9、图4-1-10）。

构架和檐下采用雕刻加以装饰。大木结构以穿斗式木构架为主，也有在明间采用抬梁式木构架，梁架用料硕大，十分壮观。且装饰较为朴素，隔扇十分简洁，木构架也大多朴素而不施过分装饰，尽显材质之美与结构之美。而在石作部分则有精美的石础雕刻与门罩雕刻，马头墙等重点部分也有精美的砖雕，这也受北面江浙、安徽一带传统做法影响所致。

（二）婺源民居

婺源在江西省最北端，但是按文化属相和历史根源来划分，婺源民居应该划进徽州文化圈内，属徽州文化的一个亚文化圈。婺源古村落旧属徽州，其中居民也多为徽商家眷和

A-A 剖面

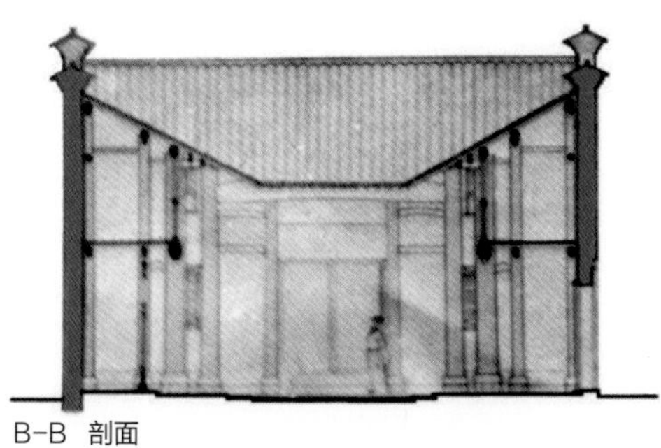
B-B 剖面

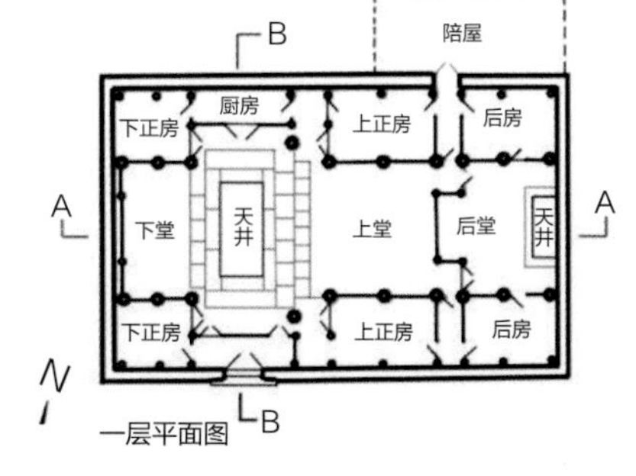

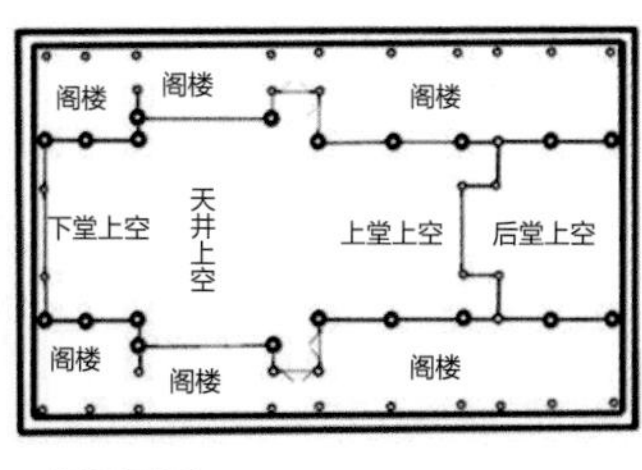

图4-1-10　景德镇祥集弄3号明嘉靖时期某宅（《江西民居》）

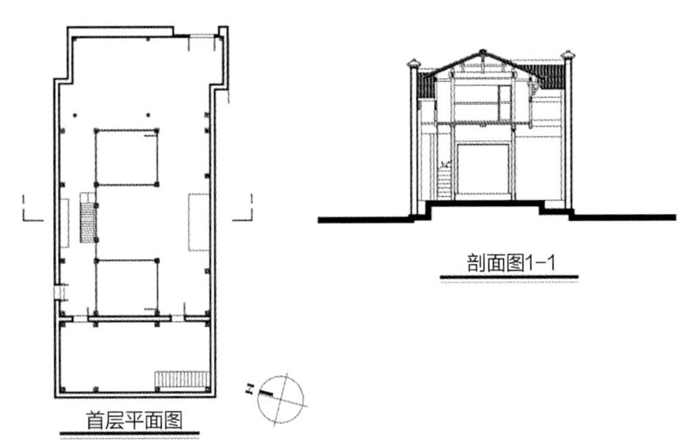

图4-1-11 婺源篁村民居（来源：南昌大学设计研究院 提供）

退隐宦官，因此形成了习尚知书、中式文化的民风民俗。建筑有“四水落地、五岳朝天、粉墙黛瓦”的特点，以砖雕、木雕、石雕为主要装饰，空间上以“高宅、深井、敞厅”的起居空间核心。

婺源明清民居主要分布于婺源县以及景德镇浮梁县以北地区。此处以丘陵和山地地形为主，气候温和，雨量充沛，四季分明。婺源地区以天井木构架楼居形制为主，其平面布局主要有堂厢式的三合、四合天井合成一明两暗的基本单元，以中轴对称的方式布置，面阔以三间为主，明间为敞开的厅堂空间，两侧为厢房。同时民居以楼居居多，以二层为主，也有三层。一般而言下部为起居空间，上部为储藏之用，一层高度约3.5～4米，总建筑高度可达10米，甚至更高。外观可见高墙封闭，马头翘角，墙线错落，粉墙黛瓦。大木构架的梁柱用料相对硕大，受安徽民居的影响，天井四周的梁柱多有木雕装饰，雀替、丁头栱、隔扇、藻井装饰也相对花哨。

“色彩感觉是一般美感中最大众化的形式”，马克思这句话揭示了色彩的重要性和地位。婺源的先民有着自己特有的用色标准，这便赋予了色彩一定的识别性与导向性。提到青瓦白墙，人们首先想到的是徽州民居，婺源地区与安徽毗邻，在建筑风格上深受其影响。墙体以砖瓦砌筑为主，砖砌墙体之上以白粉平涂作为装饰，而木结构之上常以漆刷之，以保证木结构的长久使用，婺源传统民居屋顶材料的选择也趋于一致，以黑色瓦铺设为主，在铺设形式上讲究节奏韵律。黑白两色的选用形成了鲜明的对比，在营造出含蓄、高雅气氛的同时，呼应了婺源乡村特有的山区、田园风光（图4-1-11）。①

（三）山地民居

贵溪文坊车家古村位于贵溪市东南，赣闽交界的武夷山西麓。村落的选址建造，秉承了中国传统的村庄选址风水文化，极具科学环保生存要求。背靠青山、双溪汇聚、坐北朝南、溪水环绕，适宜生活居住。车家民居现存多为明清建筑，具有一定赣东北地区的建筑风格，同时又具有贵南山区建筑特色，“三进三厅、厅厅相见”，粉墙黛瓦，画饰雕刻，图案精美，工艺精湛，极具艺术价值。

其民居建筑形制布局以天井式为主，因经商所需，有大户之家会扩大天井及两侧厢房成天井院的形式。建筑外观因防御等原因较平原地区更封闭，墙体下部为毛石勒脚，多当地取材，墙身以夯土为主，稍好的会刷白并在顶部施以墨线彩绘。整体建筑多结合地形高差，前后堂之间不在同一标高上。相比普通赣东北民居，车家村的建筑阁楼多开敞，为通风防潮，适应当地气候条件。建筑装饰较为朴素，多在局部有稍许木雕饰。廊下铺地多用鹅卵石铺砌有寓意的图案（图4-1-12）。

① 代玉，肖学健. 江西传统民居装饰中形成构成元素的分析[J]。

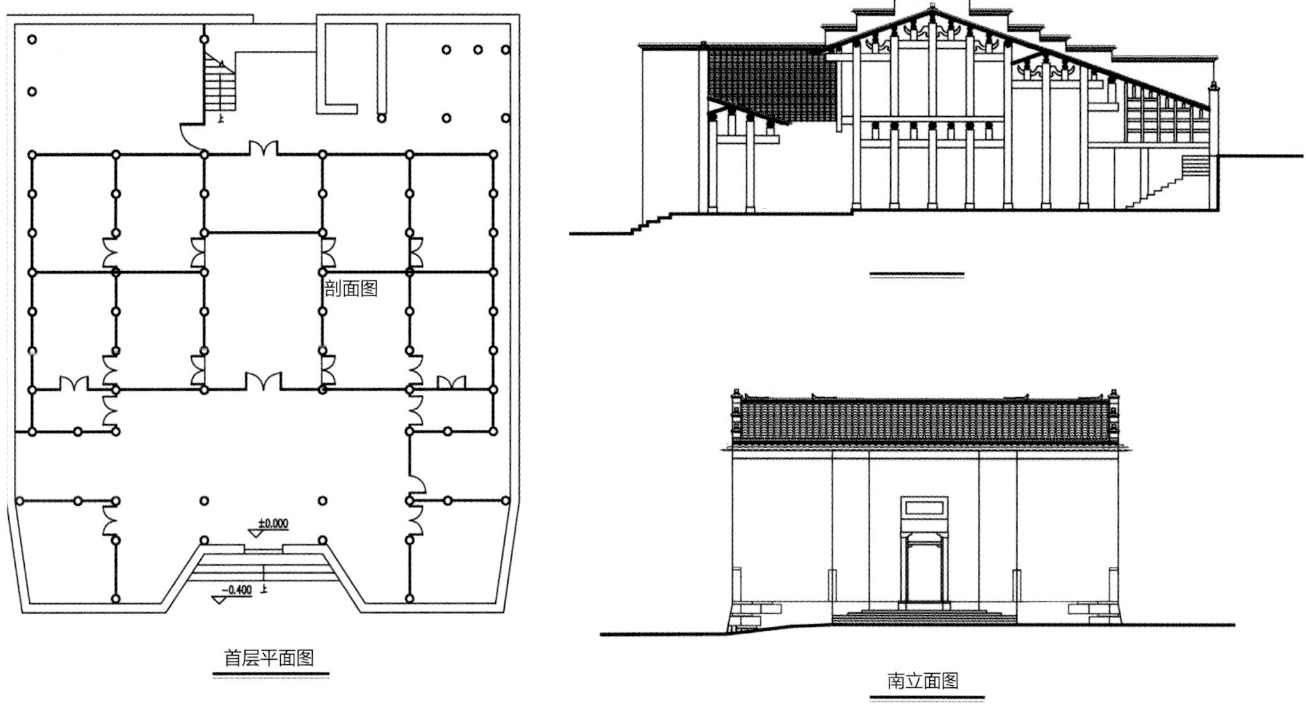

图4-1-12　车家村民居（来源：南昌大学设计研究院 提供）

第二节　赣东北文化对建筑的影响

赣东北地区因西临鄱阳湖，东西南三面环山的独特地理优势，政治经济均处于相对稳定状态，在一口通商时期位于重要的商贸交流的位置，河运贸易繁华，加之数次大规模迁徙，大批北方中原移民、商人进入赣东北地区，增加当地人口的同时，带来了先进的生产工具、技术及文化，与当地赣文化交流融合，进而弘扬发展，形成了独特的赣东北工商业文化以及景德镇瓷文化、书院文化。同时，江西具有非常深厚而多样化的文化积累，赣文化从商周时期就出现，先秦时期进一步明朗，魏晋南北朝时期是其发展的重要阶段，隋唐五代进入兴盛，明清后期开始衰落，至近代又重新复苏。因此，赣东北地区既有江西省内传统的儒学文化、佛教文化、道教文化，又有独特的工商业文化。

一、工商业文化

由于优越的地理和气候条件，江西自古物产丰富，水稻、棉花、苎麻、烟草、茶叶、夏布、竹木、纸张等产品十分丰富，畅销全国，景德镇的瓷器更是行销海内外。《宋史·地理志》对江西的物产作了概述：“（自）永嘉东迁，衣冠多所萃止。其后文物颇盛，而茗茶、冶铸、金帛、粳稻之利，岁给县官用度，盖半天下之入焉。”历元至明，江西的这一经济优势仍继续保持着。信江河流流经的铅山、上饶也因农业资源丰富，被人们成为“赣东北粮仓”。加之古代江西的交通优势较为明显，特别是赣东北地区兴起了以诸多内河水运口岸为中心的城镇群体，河口凭借便利的水运交通成为明清时期省货物集散中心，不仅营造了自身商业的繁华，也带动了周边地区经济的发展。所谓“江浙之由此以入闽，海谊之天产由此以达越。推挽之用，负担之举，裹粮之侣，日夜行不休。所以集四方纳货贿者，大抵佐耕桑之半焉。”其中赣东北区域内有信江，是江西联系浙江、安徽、福建等地的重要水利枢纽，其中上游的河口镇对赣东北地区乃至整个江西省的物资往来、经济建设发展都起到了重要的作用。

该地区的北部临近皖、浙、闽三省的山区，多依靠陆运进行货物运输，并逐步发展成商业城镇，成为跨省交流的重要商业纽带。例如当时南方的货物，由广州出发经虔州、吉州、洪州至广信府，再由广信府上饶、玉山到达衢州府，从而进入浙江省。同时，浙江商品如丝织品、瓷器、纸张、茶叶等，也因当时海运限制，由赣东北进入广州，从而远销海外。同时，相邻地区遇到战乱，赣东北地区成为避难地。随着交易场所的扩大和配套服务设施的建成完善，繁荣的商贸与便捷的交通吸引了大批商人，他们在赣东北地区进行商贸交易，加速当地经济发展的同时，大批商人逐步定居，增加了当地人口，人口集聚规模扩大，演变成市镇。在一口通商时期，赣东北地区过境贸易得以发展，出现了一些具有代表性的聚落，这些聚落因商而起，因贸易而繁荣，有着十分鲜明的特质特征。

江西境内工商业繁荣，所谓“木药瓷粮”的生产地就是指四大工商业名镇：以造纸为主的铅山县河口镇，以药材集散为主的樟树镇（今樟树市），以瓷业为主的景德镇，以大米交易为主的新建县吴城镇（现属永修县）。其中河口、景德均位于赣东北地区。城镇聚落多由乡村聚落演变而来，后因社会、经济、文化等各种因素的影响，特别是商品经济的发展，使得其不断壮大，逐渐成为市镇。古代时，商品经济的发展多伴随着交易场所和交易人的出现，该场所应方便商品的集中和疏散，因此它一般位于交通方便，离商品产地较近的地方，或者本来就是产地。随着商品经济的发展，交易场所不断集中扩大，吸引了大量的商人在当地安家落户，进行买卖交易，由此城镇聚落发展形成。

（一）工商业城镇

1. 景德镇

景德镇，位于江西省东北部，西北与安徽省交界，南与万年县为邻，西同鄱阳县接壤，东北倚安徽祁门县，东南和婺源县毗连。是黄山、怀玉山余脉与鄱阳湖平原过渡地带，是典型的江南红壤丘陵区。境内以中低山丘陵为主，东北方向为黄山余脉，群山环峙，地势高峻，东南方向以怀玉山北坡，山岭逶迤，延至西南方向渐趋平衍。景德镇古镇是在古集镇的基础上发展起来的。唐代以后，当地陶瓷业逐渐发展。这时的景德镇已经出现小规模的街市，当时的作坊、窑厂、街弄大多为生产、生活便利而沿河流分布。景德镇于北宋设立，但在元代以前，这里主要是一个陶瓷出口的集散地，并非主要生产地，虽也散布着一些制瓷作坊和窑房，但还没有形成规模的镇区。古镇各功能空间呈现出相互交织、复合的状态，没有任何街区尺度的功能划分。窑场、作坊、庙宇、住宅、会馆、店铺自由穿插布局，呈现自由组织的特征，模糊而复杂完善，混杂却充满活力，这与它形成的方式密切相关，反映了传统手工业市镇的空间特征。

2. 河口镇

铅山县位于江西省东北部，河口镇位于铅山县境北部，东与鹅湖镇为邻，西接弋阳县，北隔信江与新滩乡相望，南临福建省的崇安县。古称沙湾市，铅山水在此汇入信江，古镇坐落在信江南岸，故名河口。河口古镇北为信江，傍九狮山流过，南边是铅山河，沿金鸡山流过。明万历年间，河口镇已成为南方诸省水运的重要通道，号称“八省码头”。因靠近物资转运的枢纽，河口及周边地区的手工业也兴旺发达。沿山河上游的造纸业成为江南地区五大手工业区域之一，与松江的棉纺业、苏杭的丝织业、芜湖的浆染业、景德镇的制瓷业齐名。古镇的空间层次由北向南分别为信江码头区，沿江带状商铺、仓库和会馆混合区，南部会馆、客栈、庙宇与居住混合区。古镇没有明确的功能分区，大多街区都集商业、作坊、居住及其他相关功能如宗教等于一体，甚至许多建筑就集门市铺面、居住、库房、作坊于一身，具有明显的传统商业、手工业聚落的特征。

（二）会馆、作坊

江西公共建筑受北方官式建筑影响较小，包括官府建造的衙署和学校亦是如此。大多公共建筑由民居演化而来，与民居采用相同的空间格局及立面造型，因此江西官式建筑多融于古民居建筑群。

1. 作坊与店铺

景德镇保持着近千年的制瓷领先地位，拥有当时最先进的工艺和生产窑具，自然也拥有最合理和最成功的制瓷工场。景德镇生产瓷器的作坊分坯房和窑房两大类。坯房实为原料制备和成型车间，而窑房则是古代热工车间。景德镇刘家弄古作坊群，位于景德镇市老城区南部，东邻中山路，南至刘家下弄，西临沿江东路，北接玉路下弄，面积约4600平方米，属清至民国时期的明间瓷业建筑（图4-2-1～图4-2-3）。

江西现存的传统商铺多是由住宅演变而来的前店后宅、前店后坊类型。在建筑格局上均依附住宅布局，仅在沿街铺面上作适应商店的功能化处理。明代的村镇店铺在国内似乎未曾发现，景德镇却留有多处遗物。瑶里程氏商店为景德镇明代农村店铺的代表实例，位于浮梁县瑶里镇，约建于明天启年间（1621～1627年）。商店一式三开间店面，中为板门店堂，两次间为板门柜面。东次间柜台向外凸出，上加坡檐，很像万历年间绘制的“南都繁会图”里店面的形象（图4-2-4～图4-2-6）。

图4-2-1　景德镇镇窑外景（来源：姚赯 摄）

图4-2-2 景德镇窑近景（来源：姚赯 摄）

图4-2-4 景德镇陶瓷博览区复制的瑶里程氏商店全景（来源：姚赯 摄）

图4-2-3 景德镇坯房内景（来源：姚赯 摄）

2. 会馆

会馆是我国明清时期城市中产生的一种基于同乡性、同业性的社会团体，也称为“公所”、“公会”、“试馆”。会馆建筑在建筑学上是个比较难分类的建筑形式，主要是其使用功能远比其他建筑要复杂多样。会馆建筑可以是同乡暂住寄居的旅馆，也可以是同乡同业会议，宴叙的会聚之所，也可以是宗教祭祀行的场所，还可以是节庆演艺的剧场戏院。

景德镇湖北会馆，位于景德镇市珠山区彭家下弄13号，是景德镇市老市区极具特色的一处古建筑。现状平面呈“口”字形，三开间，原状应不少于三进，现存两堂（前堂和后堂）、天井和廊房，其余均被拆除改建，已基本无原建筑残迹。

铅山河口建昌会馆，位于河口镇解放街，南临大街，北隔信江与九狮山相望，由建昌府商人于清乾隆十四年（1749年）所建。平面由两个矩形组成，前宽后窄，总体布局可分为四部分：进门为戏台楼，戏台楼后为前天井，天井宽15.66米，长14.69米，天井两侧各有一两层的走马廊，戏台楼和天井、走马廊组成一个近似正方形的院落，其后为享堂，享堂后为后殿，地势从前到后逐渐升高（图4-2-7、图4-2-8）。

图4-2-5　庆源怡生杂货店正面（来源：姚赯 摄）

图4-2-7　建昌会馆享堂前廊（来源：姚赯 摄）

图4-2-6　庆源怡生杂货店西次间（来源：姚赯 摄）

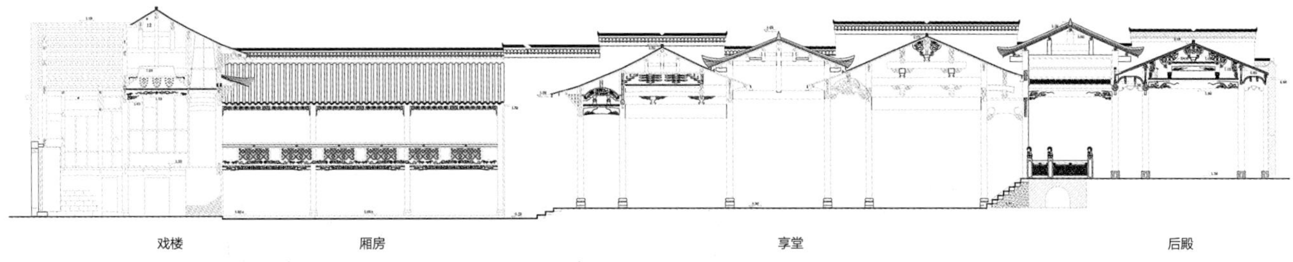

图4-2-8　河口建昌会馆剖面图（来源：江西省文物保护中心 提供）

二、儒学文化

南宋淳熙二年（1175年）六月，吕祖谦为了调和朱熹“理学”和陆九渊“心学”之间的理论分歧，使两人的哲学观点“会归于一”，于是出面邀请陆九龄、陆九渊兄弟前来与朱熹见面。六月初，陆氏兄弟应约来到鹅湖寺，双方就各自的哲学观点展开了激烈的辩论，这就是中国思想史上著名的“鹅湖之会”。后比喻具有开创性的辩论会。

（一）书院

书院作为中国特有的一种文化教育场所，对人才培育、文化传播做出了不可替代的贡献。书院之名始于唐玄宗与长安设立丽正书院、集贤书院，为朝廷修书、征集贤才。具有教学性质的书院出现于中唐时期，此时社会动荡，官学荒废，因而许多有识之士流落于乡野民间，逐渐私人读书治学之地演变成为聚徒讲学、士子求学的场所，书院才开始逐渐具有教育性质。江西的书院大多也创立于此时。书院多设立于群山之中，因此书院依山就势，气势宏伟，空间变化丰富，选址大多背山面水，或四面环水，尽赏山水田园之色。书院以讲学、祭祀、藏书三大功能为主，书院内各种活动都是围绕它们展开，因而讲台、祭殿、藏书楼便成为历代书院的核心空间。

赣东北地区现存上饶铅山县鹅湖山麓鹅湖书院、上饶弋阳县叠山书院、上饶信州区信江书院等。其中鹅湖书院位于上饶铅山县鹅湖镇鹅湖山麓，为古代江西四大书院之一，占地8000平方米。南宋理学家朱熹与陆九渊等人的鹅湖之会，成为中国儒学史上一件影响深远的盛事。人们为了纪念“鹅湖之会”，在书院后建了“四贤祠”。宋淳熙十年赐名“文宗书院”，后更名为“鹅湖书院”。

南宋淳熙二年（1175年），朱熹、吕祖谦、陆九龄、陆九渊在此聚会讲学。四子殁，信州刺史杨汝砺筑“四贤祠”以资纪念。淳祐十年（1250年），朝廷命名为“文宗书院”。明景泰四年（1453年）重建时，称“鹅湖书院”。书院建筑背山面畈，占地约5400平方米。八百余年来，建筑规模几经变动。清道光二十七年（1847年）修建后的基本布局为：院墙前临照塘，墙内左义门、右义门。建筑共六进，即头门；青石牌坊；泮池，池上有雕栏石拱桥，泮池两各有一碑亭；仪门，三楹，两翼有庑廓；会元堂，五楹；御书楼。东西两廓各有读书号房20幢。1957年，江西省文化厅拨款重修，1959年，被列为全省重点文物保护单位。2006年5月25日，鹅湖书院作为明至清时期古建筑，被国务院批准为第六批全国重点文物保护单位。书院占地8000平方米。书院前面有石山作屏，山巅巨石覆盖，石尖耸立，千姿万态，突兀峥嵘。左右两侧山势合抱，重峰叠峦，苍翠欲滴。其左侧山顶，还有飞瀑倾泻而下。书院所在的山谷小平川，更是古木参天，曲径流泉，幽静无比（图4-2-9～图4-2-11）。

图4-2-9 鹅湖书院讲堂（来源：姚赯 摄）

图4-2-10　鹅湖书院御书楼（来源：姚赯 摄）

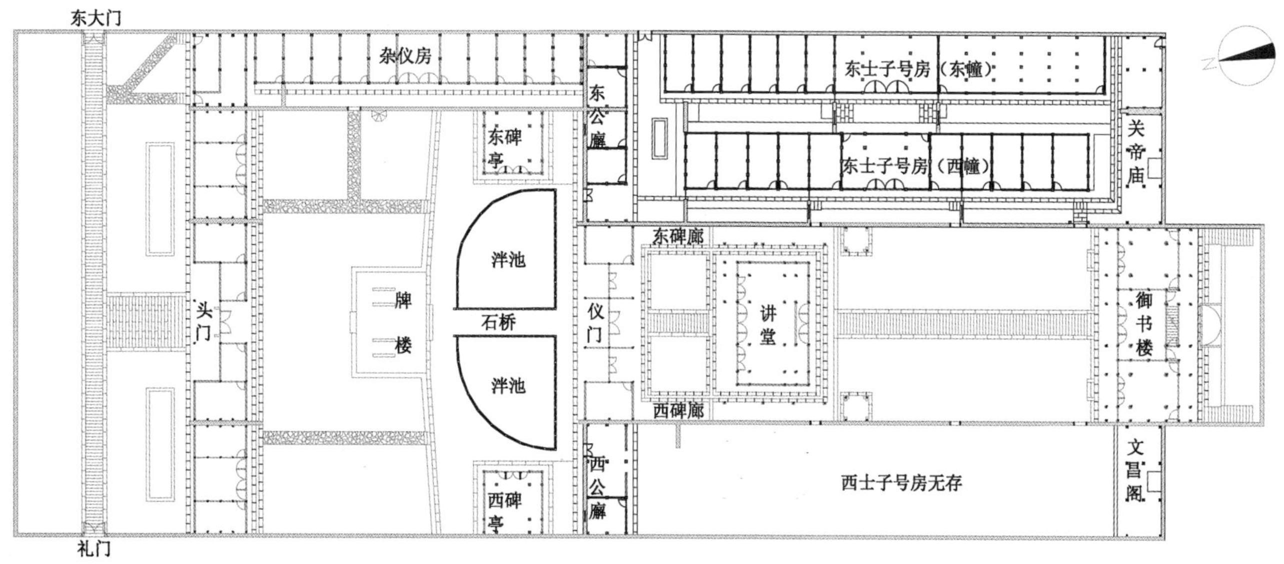

图4-2-11　鹅湖书院平面图（来源：江西省文物保护中心 提供，徐少平等 测绘）

（二）玉山考棚

玉山考棚即玉山县试院，位于玉山县城冰溪镇宝庆桥南头东侧。其东原有魁星阁、文昌阁，现均无存。始建于清乾隆五十七年（1712年），清道光十八年（1838年）重建，清同治六年（1867年）再次重建。2000年被列为江西省文物保护单位。

玉山考棚共由四幢建筑组成，建筑面积1600平方米，占地将近3000平方米。出入口在南端，外设围墙大门，入内为一座五开间门厅，设中柱，每开间均设板门，即为考场正门"龙门"，举行考试时，考生由此进入搜检，之后封闭，至考试结束方开门，称"锁龙门"。北端为一座五开间正厅，考试时考官在此休息监场。两厅之间，建两座号舍，东西相向，各有25个开间，背靠背设50间号房，形成共四列100间号房的规模，可容纳100名考生应试（图4-2-12、图4-2-13）。[①]

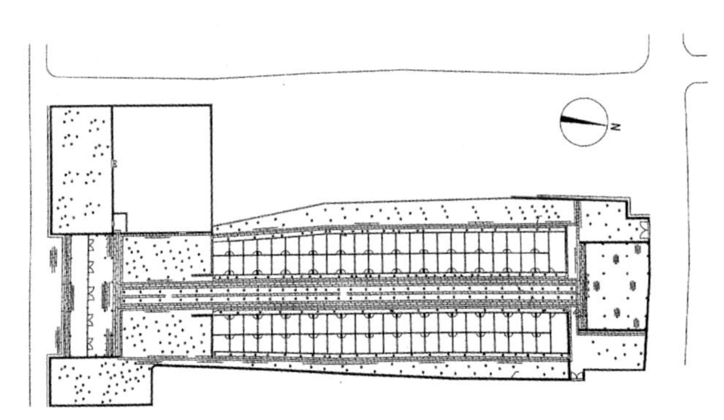

图4-2-12 玉山考棚平面图（来源：江西省文物保护中心 提供，徐少平等 测绘）

图4-2-13 玉山考棚号舍庭院（来源：姚赯 摄）

三、家族宗祠

宗族文化作为我国传统文化之一，经过百年甚至近千年的延续、修正、传承后，形成了独特的文化形式，它承载了族人对整个宗族繁衍、壮大、兴盛的美好愿望，同时也是约束族人的道德准绳。祠堂建筑作为宗族文化的实体体现形式之一，很好地展现出封建社会宗族对其祖先、先贤的崇敬，同时祠堂也是执行宗法、举行婚嫁丧葬、族长议事、家族聚会等重要宗族活动的场地。江西自古便是以耕读文化为核心文化的农耕大省，而赣东北地区又有工商文化传统，提供了一定的经济基础，使得这里的大家族有实力修建宏伟的祠堂以纪念祖先。

（一）祠堂

祠堂是纪念本族祖先、先贤的地方，因此具有一定的排异性，本族家庭多围绕本族祠堂聚居，形成聚落组团，较大的家族有各房分支，每房则根据经济实力独自建立祠堂，以纪念先人，后代亦围绕本房祠堂聚居。而各房分祠也围绕本族宗祠分布。

与民居建筑相似，祠堂也是由"进"为单位的基本单元，依照轴线依次展开，形成富有对称性的轴线关系，有一进、二进、三进之多。空间布局一般有门堂、前堂、中堂以及后堂，门堂明间设大门，两侧有厢房，前堂、中堂较为开敞，后堂又再度封闭起来。祠堂因不做居住使用，因此首层空间大多较高，明间开间较大，堂一般露明不设阁楼，厢房设阁楼做储藏用。祠堂基本采用的是穿斗式木构架形式，而厅堂部分为追求高大空间，因而在明间采用抬梁式木构架，两者混搭，相得益彰。祠堂的大门采用门廊、门罩或八字形大门，有的门罩装饰精美，以展示家族实力。内部木构装饰较为朴素，明间抬梁式木构架梁枋有较多的装饰，隔扇、雀替、斗栱都施以木雕，柱础、门仪也有雕刻。

① 姚赯，蔡晴. 江西古建筑[M]. 北京：中国建筑工业出版社，2016.

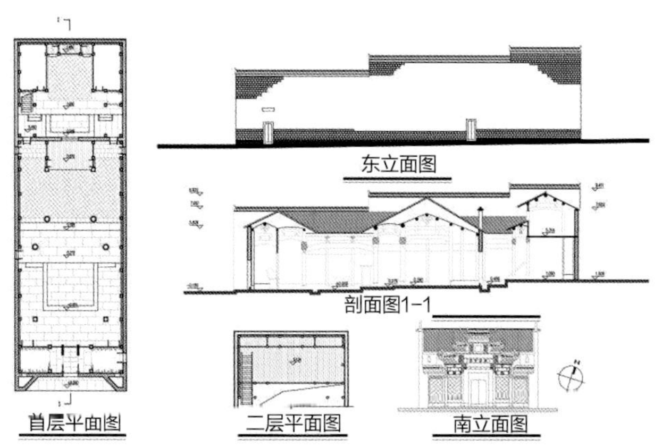

图4-2-14　婺源篁村余庆堂（来源：南昌大学设计院 提供）

图4-2-15　乐平横路万年台（来源：马凯 摄）

赣东北地区自古以来宗族文化深入人心，明清时期本地家族逐渐繁荣昌盛，开始兴建祠堂，许多家族实力雄厚，盘踞风水宝地，各房兴建祠堂以纪念先祖，现存明清始建祠堂近30座，分布密集，现今保存较为良好（图4-2-14）。

（二）戏台

乐平位于赣东北腹地，这个仅2000平方公里的县级市却拥有400多座新旧戏台，被誉为“中国古戏台博物馆”。祖先崇拜始终居于乐平民间信仰的核心地位，为了强化血缘关系的认同，增强宗族团结，维护本族利益，村村建宗祠、族族拜家祖。乐平的民间信仰中喜用演戏剧来表达他们对祖先的追思，对神灵的敬畏，在祠堂内建造戏台逐步兴起。其是同一宗族姓氏的精神依托，承载着众多的社会功能。① 较之北方戏台，乐平古戏台建造技艺精湛、乡土气息浓厚，可以分为祠堂台、万年台、庙宇台、会馆台、私家台五种。其中存世较多的是祠堂台和万年台，也有少量私家台，但不论何种类型，它们的平面布局大多相似，牌楼式布局，三间、五间开间，屋脊正中插方天画戟或其他装饰构件，屋脊起翘，戏台内多有装饰华丽的藻井，正立面装饰繁复，梁枋、柱身、雀替、斗栱都有精美雕饰。传统戏台中藻井的功能，主要体现在两个方面，一个是装饰作用，一个是音质效果。藻井往往是戏台之精华，利用小型斗栱，或层层叠落，或盘旋上升，中心多置以明镜，四周又施以雕刻，极尽华丽。同时，由于藻井呈半圆形，对声音起聚拢作用，对提供早期的反射声有利。②

祠堂台一般指设立在祠堂内或与祠堂连为一体的戏台，属于戏台的附属建筑。因为一般面对享堂设立因而祠堂的方位决定了戏台的方位。祠堂台又可以分为晴雨双面台和单面台两种。晴雨台在戏台中间有木质隔扇，晴台向外，雨台面向享堂，以天井相隔开。晴雨台大多装饰华丽，雕梁画栋，飞金烫漆，以显示宗族的富庶强大以及光宗耀祖的气势排场，是体现宗族兴旺、经济实力强大、文化底蕴深厚的标志。

万年台是现存戏台中最多、分布最广的一种，这类戏台不需依附其他建筑，布局简单，一般三开间或五开间，前部为戏台，后部为后台戏房，没有台阶，其正面一般有较大的场地，便于观众聚集观戏，场地小则数百平方米，大则上千平方米，因此容易成为聚落的重要公共空间（图4-2-15）。

① 徐进，张晓颜．乐平古戏台的建筑艺术研究[J]．山西建筑，2014.
② 薛林平．中国传统戏台中藻井装饰艺术[J]．民俗民艺，2008.

四、宗教文化

（一）道教文化

道教正一派发源于江西龙虎山，至迟从宋代开始已经成为道教主流之一，元代更获得朝廷封赐，声名显赫，在民间尤有影响。除此之外，近代以后，江西还组建形成了另一个极具地方特征的道教崇拜传统，道教净明派，即许真君崇拜。

天师府全称“嗣汉天师府”，亦称“大真人府”，是历代天师的起居之所。府第坐落在江西贵溪上清古镇，南朝琵琶峰，面临上清河（古称沂溪），北倚西华山，东距大上清宫二华里，西离龙虎山主峰十五里许。天师府位于贵溪上清镇，临清溪，为张氏历代起居之地，原建于龙虎山脚下。北靠西华山，门临泸溪河，面对琵琶山，依山带水，气势雄伟。占地3万多平方米，建筑恢宏，尚存古建筑6000余平方米，全部雕花镂刻，米红细漆，古色古香，一派仙气。

主要建筑有府门、仪门、玄坛殿、真武殿、提举署、法箓局、赞教厅、万法宗坛、大堂、家庙、私第（即三省堂）、味腴书屋、敕书阁、观星台、纳凉居、灵芝园，以及厢房廊屋等（图4-2-16~图4-2-18）。

图4-2-16 三省堂中厅（来源：姚赯 摄）

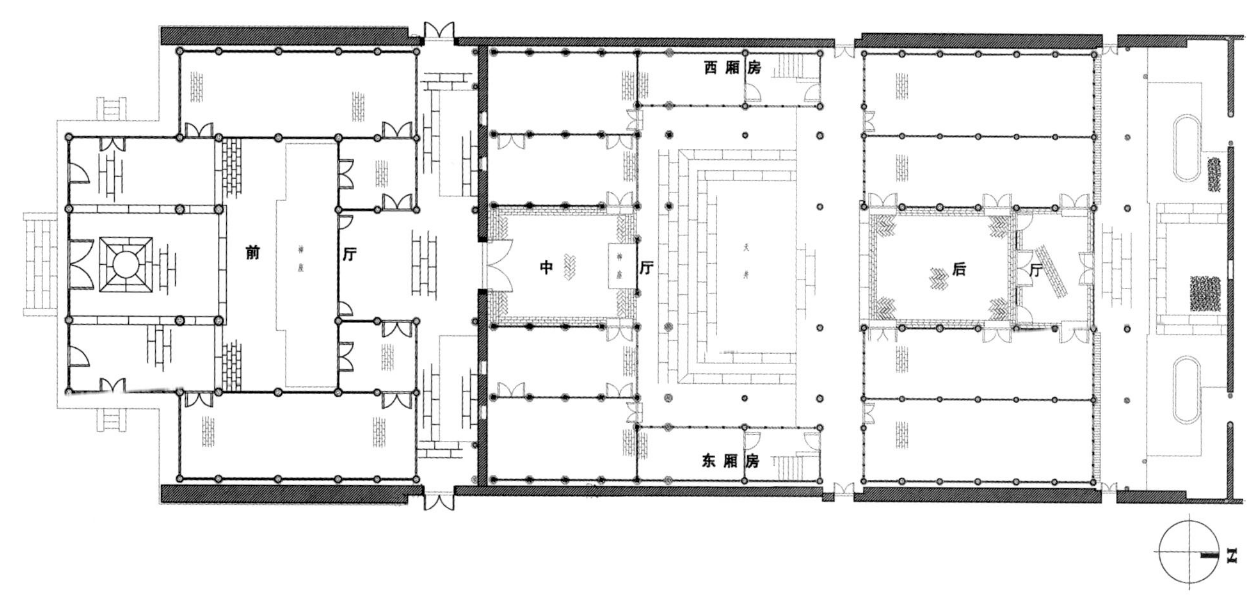

图4-2-17 天师府三省堂平面图（来源：江西省文物保护中心 提供，徐少平等 测绘）

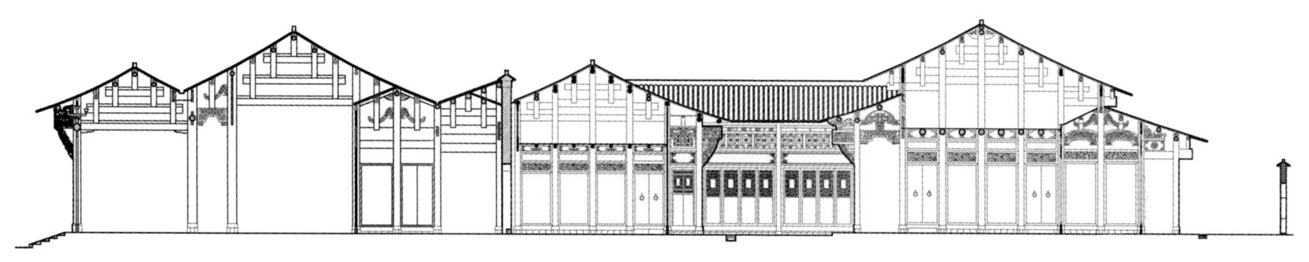

图4-2-18 天师府三省堂剖面图（来源：江西省文物保护中心 提供，徐少平等 测绘）

（二）佛教文化

江西自东晋开始成为江南佛教活动的中心之一。

1. 浮梁红塔

红塔位于浮梁县浮梁镇旧城村，始建于北宋建隆二年（公元961年），又名“西塔”，因塔壁原先抹砖的黄泥年代久远，其中的 氧化铁逐渐外露，遂变成了红色，故俗称“红塔”。是江西现存历史较悠久、体量较大、保存较完整的古塔之一。1957年被列为江西省文物保护单位。古时候属昌江八景之一——西塔夕照。

红塔为砖砌体结构，7级六面。由须弥座、7层塔身和塔刹三部分组成，在塔身各层均设暗层，塔内累计14层。采用内体空筒式穿壁绕平坐结构，应属砖体楼阁式佛塔（图4-2-19、图4-2-20）。

2. 奎文塔

奎文塔，俗称龙潭塔，位于上饶市郊北门乡龙潭村，信江北岸岩石山上。据地方文献记载，该塔建于明万历年间，名见龙塔。后倒塌仅余两层。清嘉庆十九年（1814年），广信知府王赓言率同通判汪正修、上饶知县赖勋重建为7层，并改名“奎文塔”，上层祀奉梓潼帝君神像。塔下是信江和丰溪二水汇流而成的大深潭，据传，河畔岩壁之上，曾镌刻隶书“龙潭”两个大字，故别名“见龙塔”。

奎文塔平面为八边形，7层，高约49米。全塔均为砖砌，每层以转叠涩成穹顶，承托楼面，墙壁四面开券洞，另四面设哑券，层层交错，通过穿壁楼梯，可盘旋而上至各层，登临眺望。下2层为明代原构，以二跳砖斗栱承挑塔檐，三级砖叠涩承平坐，上5层为清代建造，改由一层枭混线加四层莲瓣叠涩承挑塔檐，两层莲瓣承平坐，是清代南方风水塔的常见做法（图4-2-21、图4-2-22）。[①]

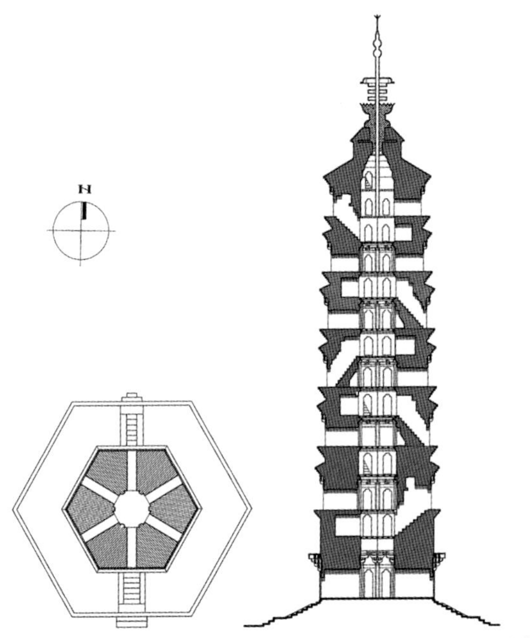

图4-2-19 红塔平、剖面图（来源：江西省文物保护中心 提供）

图4-2-20 红塔全景（来源：姚赯 摄）

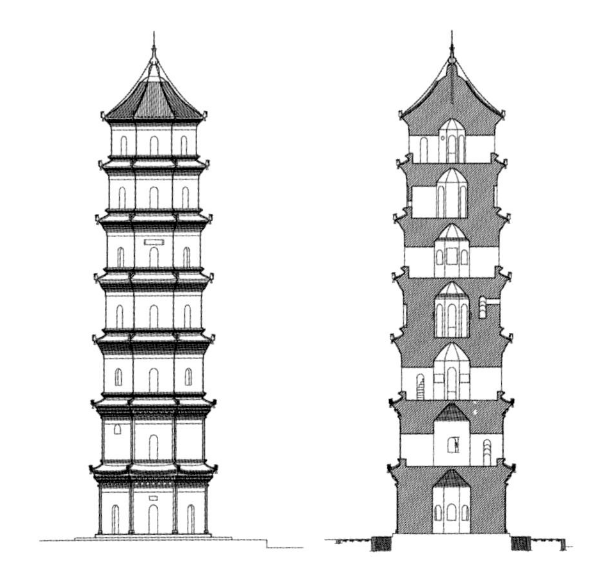

图4-2-21 奎文塔立、剖面图（来源：江西省文物保护中心 提供）

图4-2-22 奎文塔全景（来源：姚赯 摄）

① 姚赯，蔡晴. 江西古建筑[M]. 北京：中国建筑工业出版社，2016.

第三节　传统技艺

点、线、面是形式美构成的基本要素，不同的组合形式体现出不同的美学形态与表现形式，建筑技艺也是通过点、线、面三要素来展现的。

一、木作

江西天井式民居建筑基本是穿斗式木构架形式，也有因减柱和空间变化需要而采用抬梁式木构架与穿斗式混合使用。正堂木构架多为三柱五檩三穿形式。一穿枋为叠合枋，二穿枋则做成双步月梁，以连接栋柱和金柱。双步月梁上置金童短柱，也经常有装饰化的月亮将金童与栋柱联系起，横向连接在前金柱上。

（一）大木作

江西传统建筑，无论是官式还是民宅，均大量使用穿斗和抬梁穿斗（或称插梁）混合结构。一般而言，三开间以上的大厅，明间用抬梁穿斗，次间边贴用穿斗；单开间厅堂及其他位置均仅用穿斗，甚至山墙承檩。许多地方的厅堂在仅有单明间时将开间放大，在阑额上搭梁，另一端与后壁甬柱连接，再做抬梁穿斗。纯粹的抬梁式结构亦有，但数量较少。抬梁以圆作为主，常见两端收分，直径最大可超过40厘米，也有抹角方梁。扁作梁也常见，有事以拼料制作，梁高可超过50厘米。穿斗式构架常将部分柱子缩短直接架在穿梁上，每两部架才有一根穿柱落地，称两穿，偶尔也有三穿一落地。穿梁以扁作和琴面为主，尺寸较小，也常用拼料。[①]

赣东北地区以广丰、玉山、上饶市、上饶县、横峰为代表，因其与浙江接壤，受东阳、江山建筑文化影响。大木作中梁、额肥大，呈椭圆形断面的月梁型，并且栱弯度更大，柁墩处改用斗栱承托。且其联系梁（如三架梁、廊步的单步梁等）皆有复杂的造型及雕刻，如做成象头、云卷、猫拱背等形式，廊步皆有轩顶，出檐有雕刻复杂的挑木、撑栱。同时，在婺源、浮梁、景德镇等地，因其与安徽接壤，且婺源历史上曾经隶属徽州，受徽商文化的影响。大宅的木构架逐渐脱离了力学的轨道，且向装饰方向发展，并形成了地方形制。其特点即是梁柱断面明显增大，超出了承重力学上的需求，装饰亦增加很多。梁断面呈巨大的椭圆形，上下砍平少许，形成向上弯曲的月梁形式，梁端浅刻出卷曲线（称为“剥腮”）。尤其是穿梁（额枋）亦做成肥大的月梁，梁身遍施雕饰，图案琐碎。挑檐、挑平坐下的斜撑变成动物、人物的圆雕品，以显示气派。梁、檩端部皆以插栱承托。柱身上下收分，呈梭柱状，瓜柱底端以圆形平盘斗承托，斗周边饰以华美的雕刻，使得建筑雍容华贵，气派非凡（图4-3-1~图4-3-4）。

图4-3-1　浮梁瑶里程氏宗祠祭堂梁架（来源：姚赯 摄）

图4-3-2　婺源凤山查氏宗祠祭堂梁架（来源：姚赯 摄）

① 姚赯，蔡晴．斯山斯水斯居——江西地方传统建筑简析[J].

图4-3-3 乐平浒崦名分堂戏台额枋（来源：姚赯 摄）

图4-3-5 平浒崦名分堂戏台藻井（来源：姚赯 摄）

图4-3-4 婺源汪口俞氏宗祠翼角（来源：姚赯 摄）

图4-3-6 婺源阳春戏台藻井斗栱（来源：姚赯 摄）

（二）小木作

宋《营造法式》中归入小木作制作的构件有门、窗、隔断、栏杆、外檐装饰及防护构件、地板、天花（顶棚）、楼梯、龛橱、篱墙、井亭等42种，在书中占六卷篇幅。清工部《工程做法》称小木作为装修作，并把面向室外的称为外檐装修，在室内的称为内檐装修，项目略有增减。

1. 天花、藻井

《营造法式》第八卷中平棋其名有三：一曰平機，二曰平撩，三曰平棋。俗谓之平起。其以方椽施素版者，谓之平闇。梁思成《清式营造则例》第五章中写道：平棋、天花的做法为：在天花梁或别的梁上，在高度适当处安装帽儿梁或是贴梁，然后将支条安在帽儿梁或贴梁的下面。支条按面阔进深排列成方格，每方格就是一井，井内的板叫天花板。藻井的等级较高，多见于宫廷建筑、大型寺庙建筑以及地方戏台，其运用多有限制，明清以后，其构造逐渐变得华丽繁琐，形式多样，有方形、多边形或圆形凹面等形式，周围一般饰以各种花纹、雕刻和彩绘（图4-3-5、图4-3-6）。

2. 门窗格栅

江西天井式民居比较重视面向天井四个界面的门窗装饰，那些门窗几乎都做成精细和伴以雕刻的隔扇和槛窗。而大门、外门和内房门则都是简朴的实板门，只是利用门环、了吊的配件略加些装点（图4-3-7）。

图4-3-7　浮梁县衙三堂廊下隔扇窗（来源：姚赯 摄）

二、墙

江西传统建筑以清水砖墙为主，往往给人素雅朴实的质感，尽显青砖的质美。砌筑方法则以空斗砌法为盛，但同时结合以眠砌或全丁砌法，分为：全顺、一顺一丁、梅花丁及每皮多顺一丁等，以每皮多顺一丁为最常见。除眠砌墙体外，大量使用空斗墙。空斗墙的砌法亦非常多样，基础及勒脚部分一般均为眠砌，上部有一眠一斗、二眠一斗、三眠一斗等多种砌筑方式。为提高结构强度，并改善热工性能，往往在空斗墙中填充黄泥。[①] 同时，民居中常见在同一墙面上使用2～3种不同的砌筑材料，形成上下两段式或三段式的划分，以不同材料的质感对比来丰富墙面。

上饶、鹰潭一带的民居，自明代以来就有使用当地盛产的红石砌筑墙体的例子。红石墙自有独特的质感和艺术表现力。通过地方独特的材质，给人以强烈的地方特色及深刻的印象。赣东北多山地，一些山区村民就地取材，使用红土作为建筑材料，同时，山地民居墙体较少砌筑马头墙（封火山墙），一般将木构架充分裸露，构架空隙采用织壁粉刷或清水木墙板填充。

在婺源地区受徽州传统民居的影响，也有外墙抹灰的做法。白粉墙既能在阴雨天防潮驱湿，又能在烈日时反射阳光，起到降温的作用。而如景德镇、婺源等地则多习惯砌筑马头墙，马头墙装饰也较为复杂。

三、其他传统装饰

（一）雕刻

赣东北地区与中国其他地区一样，经过了长时间的发展演变，拥有光辉灿烂的建筑艺术特征，并能凭此与江西其他地区乃至全国的建筑装饰艺术较之有一定差异。

1. 木雕

赣东北地区的传统建筑木构架经常将结构构件与装饰木构件结合为一体，容易使人难以分辨出哪里是装饰而哪里具有真正的结构意义。例如穿枋演化成琴面月梁、梁柱的连接与过渡惯用丁头栱或者雀替，而大多数月梁本身除去收头部分有花饰外，鲜见有繁复的雕刻，主要在丁头栱与雀替上有复杂的雕饰等。然而在婺源地区的传统民居有绝好的“三雕”：砖雕、木雕、石雕，其中石雕、木雕尤为突出，砖雕则多见于门罩、门楼、窗楣、照壁等构件之上，其内容十分丰富多样。石雕广泛用于门仪、柱础、石质窗槅上。木雕则在建筑装饰艺术中占了极重要的地位，主要表现在天井四周的梁枋、隔扇、雀替、丁头栱等构件上，雕刻内容多以福寿吉祥主题为主，构图大多十分饱满，有的纹饰十分复杂，采用镂空雕刻，十分精美（图4-3-8～图4-3-12）。

2. 砖雕、石雕

婺源民居中砖雕的特点主要在它雕刻较为精美。主要是动植物形象、博古纹样和书法，但在某些特别精美的宅邸中也可以看到雕有人物故事与山水风光的作品。婺源民居中砖雕的主要特点是创造了充满地域色彩的“商”字形门罩，门罩由混合采用圆雕、透雕、浮雕手法精心雕刻而成。最初，门罩上雕刻的是一种驱魔辟邪的“符镇”，后来逐渐演变为吉祥内容的装饰图案（图4-3-13）。

① 姚赯，蔡晴. 江西古建筑[M]. 北京：中国建筑工业出版社，2016.

图4-3-8 乐平车溪敦本堂厢楼软挑（来源：姚赯 摄）

图4-3-9 敦本堂祭堂轩廊挑头（来源：姚赯 摄）

图4-3-10 敦本堂祭堂平盘斗（来源：姚赯 摄）

（二）门罩、门楼

建筑外门，除极为简单的木门之外，都有石质或木质框边，俗称“门仪”，由门仪石、门梁石、门枕、门槛组成。大门多采用木质实门，其外也有增加一道半截高“风门”的做法，形成二道门形式，在夏季可以打开大门通风，而风门则可以起到遮挡视线的作用。

1. 门罩

江西民居建筑外立面极为简朴，主入口大门是江西民居建筑重点装饰的部分。门罩是民居建筑中最为常见的大门处理手法之一，在明代中晚期大量出现。最为简单的做法即在大门门仪上方做成垂花门形式，由墙面挑出托件，上架三檩小披檐，两旁各置一垂柱，中间施横枋，枋上再置圆鼓形装饰。同时，以青砖叠涩外挑数层线脚，或加以简单装饰，上顶覆以瓦檐；也有以挑手木由墙面伸出，上架三檩小披檐的做法也很常见；较为讲究的做法则在此基础上加以垂柱，雕刻梁枋，檐角起翘，屋脊加以装饰等。宗祠等规格较高的祠祀建筑常用三间四柱门楼。

2. 门楼

门楼式装饰主要包括完全外露式与半露隐式两种。门楼作为建筑入口前的指引性建筑物，大多雕刻细腻，也有的朴素自然，展现材料本身的质感。民宅中门楼较少出现，通常为砖石砌筑，明间开门，两次间则以砖墙填充。大门入口处

图4-3-11　敦本堂祭堂雀替（来源：姚赯 摄）

图4-3-13　景德镇陶瓷博览区“清园”大夫第砖雕花窗（来源：姚赯 摄）

图4-3-12　敦本堂戏台垂莲柱（来源：姚赯 摄）

图4-3-14　婺源庆源某宅大门砖雕（来源：姚赯 摄）

向内凹入的门斗在江西使用也很普遍。门斗上方设月梁支撑屋檐。[①] 尤其以婺源等地受到“商贾”文化的深远影响，建筑形式多奢华，装饰精美，比如把门楼做成石库门坊，使用水磨青砖材质，门罩翘角飞檐，门面似一个“商”字，寓意“商业兴旺”，门堂设计成“古铜锁”形，以锁住门堂内的肥水、财气。[②] 且婺源地区有采用石质仿木构建造的门楼。门楼多用于祠堂等公共建筑入口前，也有与主入口合并的案例（图4-3-14）。

① 姚赯，蔡晴．斯山斯水斯居——江西地方传统建筑简析[J].
② 李丹．江西传统民居探究——以婺源李坑传统民居为例[J].

本章小结

赣东北地区自古人文鼎盛，又以工商业发达著称。既有景德镇、河口镇这样发达的工商业重镇，又有作坊、店铺、会馆等商业性建筑留存。在儒学上，有鹅湖书院作为代表，还有江西省现存唯一的玉山考棚作为见证。江西人自古重视宗族文化，存有大量的祠堂，其中乐平又以古戏台作为宗族认同的象征，而与其他地方不同。在宗教建筑上，龙虎山作为道教正一派的发源地，嗣汉天师府名满天下，本地为纪念道教净明派的许真君而建的万寿宫也作为江西的象征，遍布赣鄱大地。传统民居方面，因婺源地区作为古徽州的一部分，深受皖南建筑的影响外，此地多为天井式民居，以进为单位，山区的民居为考虑当地的小气候环境，而与平原地区不太相同。该区域的古建筑多重装饰，无论是大木作还是小木作均有雕刻，砖、瓦、石雕亦有精细之处，特别是重点体现在门头的处理上。这些既是对当地自然环境的解答，也是对赣东北地区文化的回应，更是传统营造技艺的体现。

第五章　赣南地区传统建筑

赣南地处赣江上游，江西南部。东邻福建省三明市和龙岩市，南毗广东省梅州市、韶关市，西接湖南省郴州市，北连本省吉安市和抚州市。包括今赣州市及其所属15县3市，土地面积3.94万平方公里，约占江西省总面积的四分之一，人口约占江西省总人口的五分之一（图5-0-1）。

秦代在赣南仅设一县，名为“南壄”。壄即野，以形容其人迹罕至、洪荒闭塞。但此后依托赣江越南岭至珠江的交通线，人口逐渐增加。晋代置南康郡，唐宋设虔州，明清设赣州府、南安府，清代又增设宁都直隶州。赣南地处连接江西、福建、广东三省的战略位置，历来是中国南方军事要点之一。这里山峦起伏，地形变化复杂，可用于生产和建设的河谷盆地尺度较为狭小，又时常遭遇盗匪甚至兵火，导致经济文化发展相对缓慢。

自汉代以后，每当中原战乱频繁，便有北方移民进入赣南，使这里逐渐成为大量外来移民的聚居地。明代前期，有大批闽南、粤东北破产农民进入；清代前期，又有大批闽南、粤东客家移民进入。在赣南地区开发的过程中，移民将移出地文化与当地环境相结合，形成了赣南地区独特的传统建筑与聚落风貌。

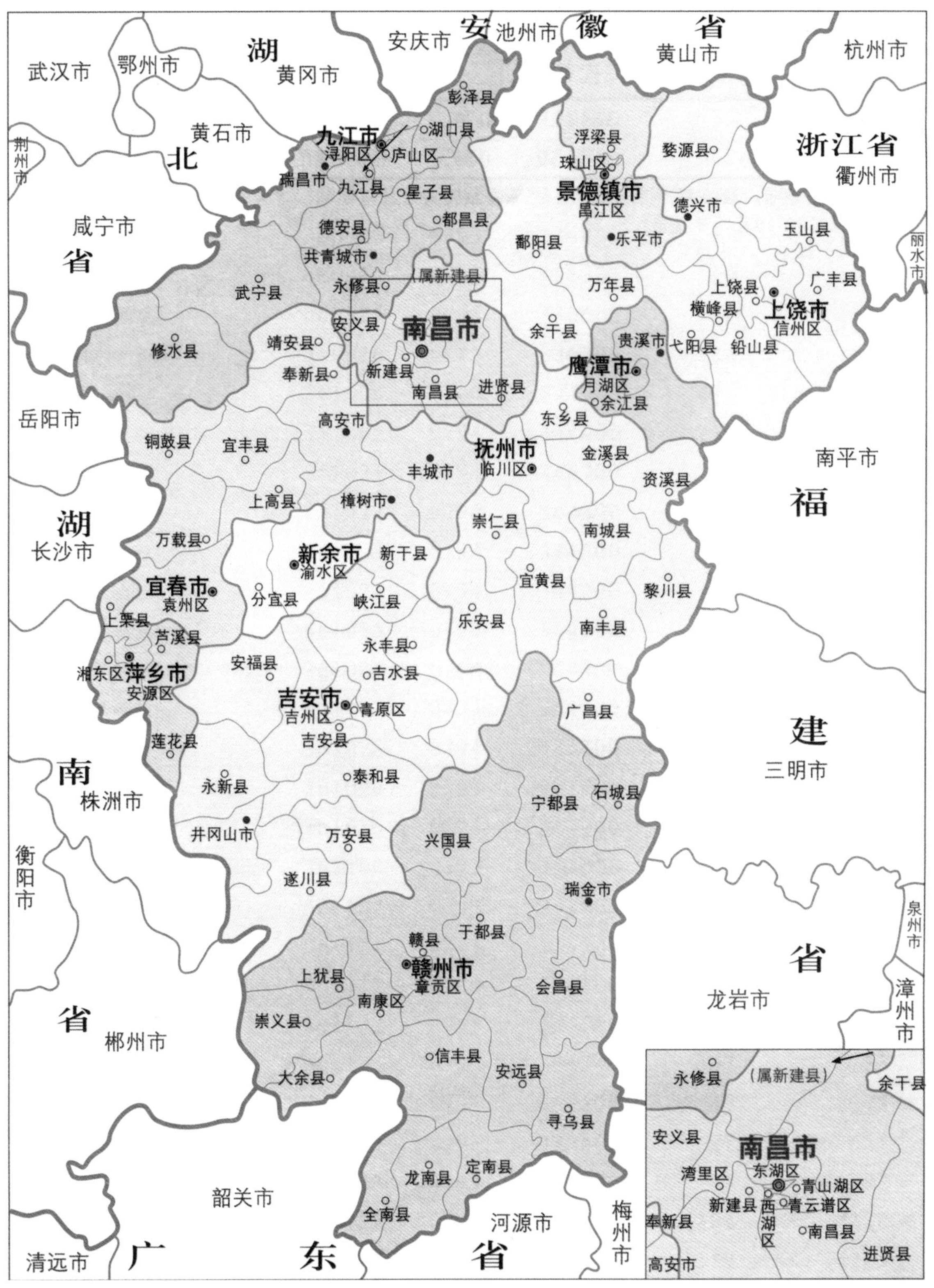

图5-0-1　赣州市及其所属15县位置（来源：中华人民共和国民政部编．中华人民共和国行政区划简册2014．北京：中国地图出版社，2014）

第一节　自然环境与历史背景

一、自然环境

赣南气候属亚热带季风气候，温暖湿润，四季分明，昼夜温差大，雨量充沛，气候温和，酷暑和严寒时间相对较短。赣南80%以上的面积是丘陵和山地。一系列大的山脉构成其高耸的地势。东有闽赣交界处的武夷山，南有粤赣交界处的南岭山脉的大庾岭和九连山，西有湘赣交界处罗霄山脉的诸广山和万洋山，中东部有雩山山脉斜贯赣南北部。期间散布着若干个大小山间盆地，是赣南重要的农业区。较大的有于都、兴国、信丰、宁都、瑞金、石城、寻乌盆地，安远版石盆地和大余池江盆地，而龙南、定南和全南则以山地和丘陵为主。地势周高中低，南高北低。

山峦重叠、丘陵起伏之间溪水密布，河流纵横，赣南山区是赣江的发源地，也是珠江之东江的源头之一。千余条支流汇成上犹江、章水、梅江、琴江、绵江、湘江、濂江、平江、桃江9 条较大支流。其中上犹江、章水汇成章江，其余7条支流汇成贡江，章、贡两江在在赣州汇成赣江。另有上百条支流分别从寻乌、安远、定南、信丰流入珠江流域东江、北江水系和韩江流域梅江水系（图5-1-1）。

二、历史背景

赣南有行政建制县始于秦。秦始皇开拓南疆，加强在岭南的统治力量，在此过程中，赣江航道和大庾岭山道被秦军开通。在赣南置南壄县，隶九江郡。汉置豫章郡下辖十八县，赣南分赣（今赣州）、雩都（今于都县）、南野（今南康县）三县隶之。三国吴在江西境内设六郡，赣南属庐陵郡置南部都尉，治雩都，赣南设立市一级行政机构始于此。之后经过六朝三、四百年相对安定发展的时期，赣南由秦汉时洪荒闭塞之地发展成交通要冲，县治也由三个增加到八、九个。

隋初在赣南设立虔州，以赣县为州治。开元四年（公元716年）张九龄受命开辟大庾岭驿路，趁冬季农隙征调农民服役，开出了一条较宽阔、平坦的山岭驿路。贞元初年（公元785年）虔州刺史路应清理赣江险滩，加强了赣南沟通岭南岭北的交通要冲地位。唐中后期中原战乱严重，江西相对安定，一些为了避乱南迁的北方人进入江西，定居下来。进入赣南的外来人口数量没有确切的统计，只有一些具体的例证。如宁都孙姓始祖为河南陈留人，唐中和四年（公元884年）领兵进虔化县，后代分居于江西雩都、兴国、赣县和浙江、湖南等地。唐后期迁来者即是始祖，繁衍几代后，人丁兴旺，成了当地主要居民，由客籍变为土著。北方的移民给江西增添了新的人口成分，导致了对丘陵、山地的垦殖，开发范围扩大。

五代十国时期，虔州领赣县、雩都、信丰、南康、大庾、虔化、安远、上犹、瑞金、龙南、石城等十一县。北宋为加强对章江和大庾岭上的梅岭驿道的控制，分虔州东南部设南安军，辖大

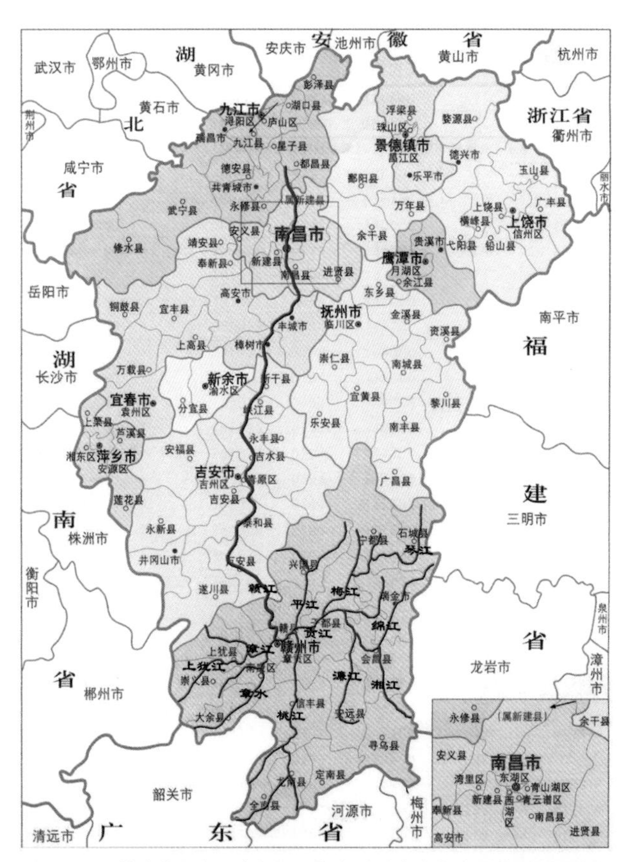

图5-1-1　赣南主要水系（来源：蔡晴 改绘自中华人民共和国民政部编. 中华人民共和国行政区划简册2014. 北京：中国地图出版社，2014）

庾、南康、上犹三县，治所设大庾。南宋改虔州为赣州。宋代经济大发展，大庾岭山路进一步开拓，赣江的航运能力充分发挥，梯田垦种更加广泛，垦辟的地点也逐步向深远发展。

元代赣南属赣州路、南安路。明代建立江西布政使司，下辖13府、1州。赣南属赣州府、南安府。明朝在江西南端设有税关，初设于梅岭驿道赣粤分界处的大庾折梅亭，之后移至赣州龟角尾。小市镇、墟场反映了农村小商品交流的活跃程度，这一时期赣州府墟市在江西各府中最多，有192个，呈现出赣南地区开发加快、经济活力旺盛的势头。

明代初年，赣南地区人口稀少，数量较南宋时期减少了三分之二。赣中盆地的过剩人口在向湖广大量迁移的同时，也在向赣南流动。明代农民破产流亡的形势、土地兼并现象严重，南安府、赣州府属各县，就有一批赣中、赣北的农民逃来“佃田”为生。明代中期，福建和广东流民开始进入赣南。他们在此搭棚而居，砍山种植，如宁都下三乡佃耕者大都福建汀州之人，崇义县山中则有许多广东迁来的瑶民、畲人，他们形成了与原籍土著居民相抗衡的社会势力。流民集中区往往是农民爆动的多发区，弘治、正德年间，岭南岭北的流民揭竿起义，数百里山区成为流民与政府军作战的战场。明朝官军镇压过后，普遍采取增建府县的措施以为善后之举。隆庆三年（1569年）和万历四年（1576年），赣南地区先后设置了定南县和长宁县（今寻乌县），这两县的明代人口多从粤北地区流入，是赣南地区典型的客家县。

清代赣南属赣州府、南安府、宁都直隶州（图5-1-2）。三藩之乱时，滇、闽、粤三方叛军先后进入江西，激发了江西各地的抗清斗争，其中既有农民和赣西北棚民，也包括工匠和山区少数民族。战乱平息后，清政府招集流徙之民，垦荒种植。大致上，明末清初遭兵燹最惨重的地方，招垦便有成效，迁入的客籍人最多。如在顺治三年的赣州保卫战，南康县人口损失较多。清代以前，这里就有相当数量的来自赣中和广东的移民，清代从顺治到乾隆，在长达一个多世纪的时间里，来自广东兴宁的客家人源源不断地流入，至乾隆年间，客家人所建的自然村占到南康全县总村数的四分之一以上（图5-1-3）。

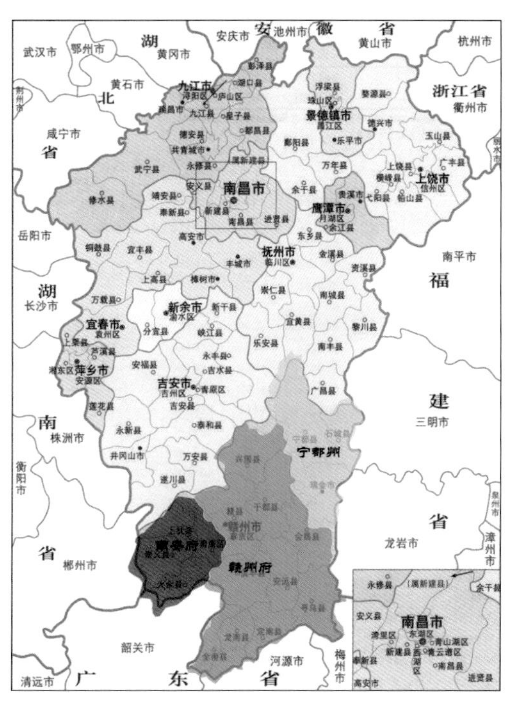

图5-1-2　赣南清代行政区划（来源：蔡晴 改绘自中华人民共和国民政部编. 中华人民共和国行政区划简册. 北京：中国地图出版社，2014）

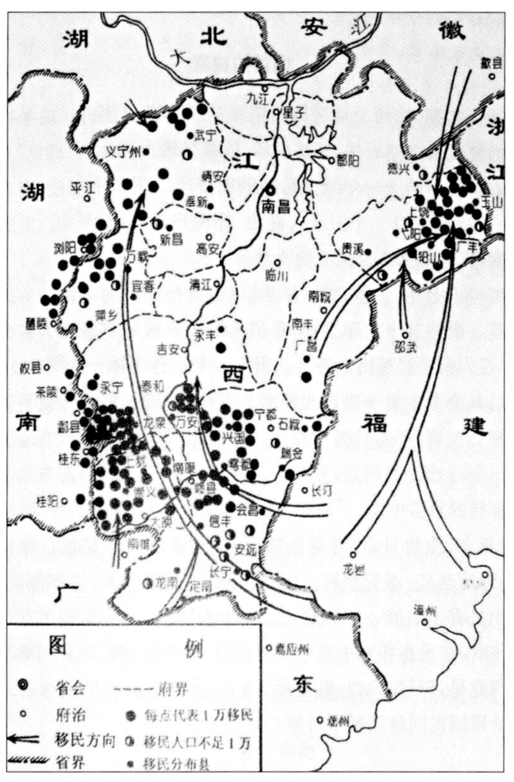

图5-1-3　明清江西移民分布（来源：《中国移民史》）

清代后期，赣南移民过程基本完成。赣南的人口在经历过清代的大移民之后，原来土旷人稀的面貌发生了根本性的改变，山谷崎岖之地已无弃土，尽皆耕种。明代封禁的山区，到清乾隆以后，已成田园村落。

第二节　聚落特征

鉴于上述自然环境、经济特征和历史脉络，赣南历史聚落有以下四大特征。

一、以多层、高密度建筑分散布置为特色的乡村聚落

赣南地势周高中低、南高北低，境内群山环绕，山地、丘陵占总面积的80.98%，50 余个大小不等的红壤盆地贯穿其间，盆地面积占总面积的17%，海拔高度在300～500 米之间，耕地面积明显少于赣中、赣北。

明代中期开始，大量的流民进入赣南山区，明清鼎革，社会动荡，导致更多流民急着动乱和国家垦殖的法律进入赣南，使清初成为流民进入赣南的高峰。至清中期，大规模流民运动基本停歇，山区开发接近完成。

洪武年间赣南的人口总数约为44万，乾隆中后期达到260万左右，至嘉庆年间已有397万。据《乾隆长宁县志》描述，当时的寻乌县已是“邑处万山，山无声息，所恃以谋生者，止此山隙之田。故从事南亩者，披星戴月，无地不垦，无山不种，无待劝也。地之所出，仅足敷食指，今户口益稠，倘遇歉薄，则仰给于他处，甚廑司牧之虑”。嘉庆年间赣南地区的人口密度已达到每平方公里100人左右的规模，和袁州、饶州、信州等地接近，但赣南的山区面积更大，盆地面积更小，人口的经济密度更高。到清代后期，人口密度还在继续提高，生活水平进一步下降。据《同治赣州府志》描述，当时赣南许多地方已是“朝夕果腹多包粟薯芋，或终岁不米炊，习以为常”。

这种自然和社会条件使得赣南出现以多层、高密度的围屋建筑为特色的乡村聚落。

如龙南县关西镇新围村即位于四面环山的山间盆地，关西河自东向西南流经境内，其环境特征是赣南山区盆地的典型，该村是徐氏单姓形成的客家聚落。相传南宋时徐氏先祖于关西河上游下燕开基建围。清初，徐氏支系迁入现新围西南的连塘，垦田筑屋，至清末道光年间，初步形成保存至今的村落面貌（图5-2-1）。

现存围屋约40多座，以新围（徐氏第14世祖徐名钧建）、西昌围（徐氏祖围）、田心围（徐名钧叔父辈所

图5-2-1　龙南县关西镇新围村现状（来源：中国传统村落档案，关西镇新围村）

建）、鹏皋围（徐名钧旁系宗亲二哥徐名培建）、福和围（徐氏第16世祖徐绍禧建）为代表。这些围屋均为2～3层的多层建筑，占地面积从约7500平方米到约1500平方米不等，总建筑面积大的上万平方米，小的也有约3000平方米，江西同时期乡村民居单栋建筑面积约200～300平方米，大型的也不过500～600平方米，且一般为单层建筑，或有阁楼。

这些围屋建筑也不同于江西同时期乡村聚落建筑集中建造，而是彼此保持一定的距离，建筑间距离从约50～300米不等。江西同时期乡村聚落民居在建筑朝向上或具有一致性，或依据村落道路格局布局，但这些围屋的方位选址依据其对环境中山形和水系的观察，形成某种对应关系，同时也能和祖先所造围屋取得某种联系，来确定自身的朝向位置。所以就整个聚落景观而言，围屋群落好像无序地散落于盆地中的田野上（图5-2-2）。

图5-2-2　龙南县关西镇新围村主要建筑分布（来源：谷歌地球）

二、强调防御的聚落营建特征

《同治赣州府志》这样描述赣南："处江右上游，地大山深，疆隅绣错，屋闽楚之枢纽，扼百粤之咽喉"，"然山僻俗悍，界四省之交，是以奸宄不测之徒，时时乘间窃发，垒嶂连岭，处地既高，俯视各郡，势若建瓴"。在这样的环境中，从府城、县城、村落直至单体建筑的营建都具有高度的防御性。

图5-2-3　赣州城墙及城门（来源：姚赯 摄）

赣州城位于章、贡二水会合处，自古即为军事重地。军事机构在赣州府的设置较江西其他府城都更复杂完善，设有总镇府、坐营参将署、中营游击署、左营游击署、后营都司署、城守营都司署、教场等军事机构及设施。赣州城的城墙至明正德年间（1506～1521年），已形成一道周长6.5公里、高三丈、宽丈余，城门、警铺、雉堞等一应俱全的雄伟城墙（图5-2-3）。清咸丰年间（1851～1861年）又在各城门外修建炮城，进一步提高了防御能力（图5-2-4）。

图5-2-4　赣州西津门炮城（来源：姚赯 摄）

据《乾隆长宁县志》记载，寻乌县有"四厢十三保，比互如犬牙，纵横如跗趾"。"保"不是某个具体的地名，而是城外设防区域的划分，县城在明代已有“高一丈八尺，雉堞九百有零，警铺六”的城墙，且城门均“覆以敌楼。后建镇山楼，置大炮六位”（图5-2-5）。

为防“明寇盗抢”，赣南许多村落皆有城，如在南安府城一江之隔的南面有一座水南城，就是因流寇劫掠，于明嘉靖年间知府和知县申请建造，其周边还有类似原因建造的新田城、凤凰城；为屯军所建的九所城、峯山城；乡民自建的杨梅城、小溪城等，在复岭重岗的深山中造成城池林立的景象（图5-2-6）。

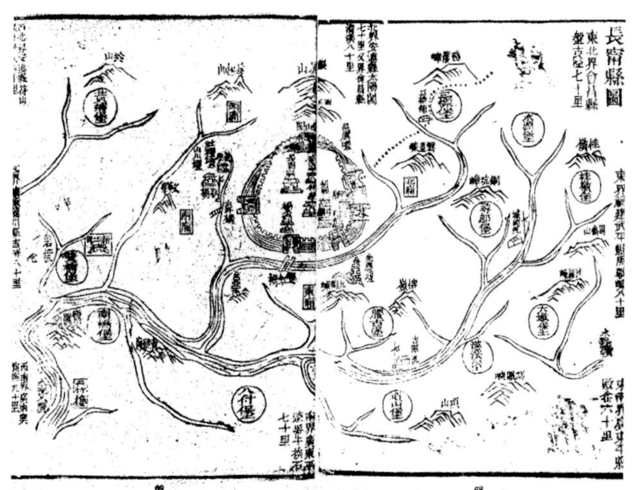

图5-2-5　古长宁县（今寻乌县）“城”、“堡”位置图（来源：《乾隆长宁县志》）

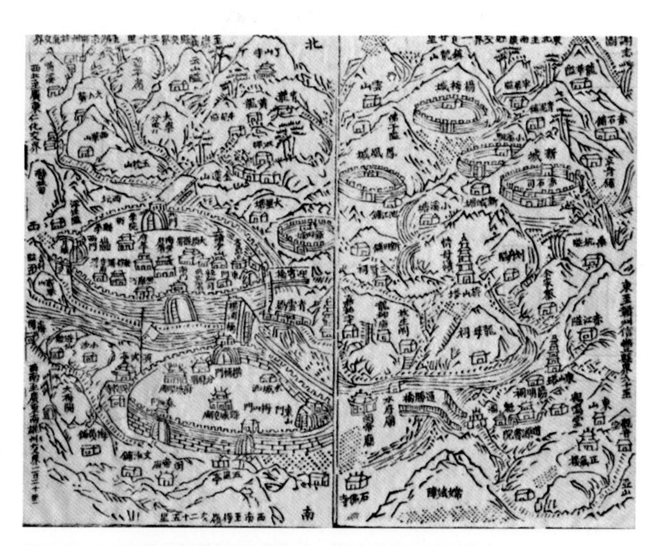
图5-2-6　南安府城辖境图（来源：《光绪南安府志》）

上犹县营前的蔡家城是宗族所建村城的著名范例。营前历史上动乱频繁，土客冲突激烈，当地有实力的宗族向官府申请筑城自卫。据《光绪南安府志补正》记载，蔡氏于明正德间筑蔡家城，“既而寓城中，比屋鳞次，人烟稠密。询其居，则皆蔡姓也，他姓无与焉。为探其所以，有生员蔡祥球等揖予而言曰：此城乃生蔡姓所建也。生族世居村头里。正德间，生祖岁贡元宝等因地接郴桂，山深林密，易以藏奸，建议军门行县设立城池。爰纠族得银六千有奇，建筑外城。嘉靖三十一年，粤寇李文彪流劫此地，县主醴泉吴公复与先祖邑庠生朝侑等议保障之策，先祖等又敛族得银七千余，重筑内城。高一丈四尺五寸，女垣二百八十七丈，周围三百四十四丈，自东抵西径一百三十丈，南北如之。”

三、活跃的聚落商业

赣南地处赣江上游，“南抚百越，北望中州”，据五岭之会，扼赣、闽、粤、湘要冲，既是战略重镇，也是沟通经济的交通要地。明清时期江西除了四大名镇，散布江西各处的小市镇、墟场很多，而赣南尤多，其中又以信丰、宁都两县最多，在明嘉靖年间墟市均多达四十余个。

明清时期清赣南的主要商道有章水、贡水、赣江通道，赣中、赣北的物资出产通过水道进入赣南各县，广东的百货及赣南的出产也由大庾岭进入章水、贡水、赣江而转运各地。赣南地区与闽、粤地区自古交往频繁。据《同治赣州府志》记载，通闽、粤的商道主要有三条：“由惠州南雄者，则以南安大庾岭为出入；由潮州者，则以会昌筠门岭为出入；由福建汀州者，则以瑞金隘口为出入。”

这一特征体现在聚落营建方面，大城市如赣州，地处章、贡水合流处，是大庾岭商道上的重要枢纽，商业发达，城东部的剑街、长街与贡江平行，水运方便，是主要的商业区，章、贡江沿岸至清代已有大码头、二码头、三码头、四码头、煤炭码头、广东码头、福建码头等三十多个商业码头。专业性街道如米市巷、瓷器街、棉布街、纸巷、柴巷、烧饼巷和剑街、长街相交汇，与众多码头、仓库相连。北部

图5-2-7 赣州老街（来源：姚赯 摄）

靠近涌金门的寸金巷因其房地产值钱而得名。六合铺、诚信街因其商业繁荣、经营诚信而有“六合同春”之名。灶儿巷的筠阳宾馆、郁孤台下的广东会馆则是外籍商人在赣经商的见证（图5-2-7）。

商业市镇如南康县唐江镇，原为塘江墟，据《同治南康县志》描述，“在县北四十里，临犹川为市，商舶尾衔，市廛鳞接，为虔南大镇，旧名大平墟”。相传明代居住于此的卢屋村人建了“七间店”，以七间店为中心渐成集市，时名太平圩。清初赣南商品活动增加，唐江临上犹江，古时可通十吨大船，与赣州交通便利，又可借崇义通广东，由遂川接湖南，商业逐渐发展。清代道光年间，这里已成为赣、粤、湘三省九县附近30多个乡镇农产品和手工业产品的集散地，为赣南第一大集镇。全墟划分为30多个商行，如糖行、木行、花生行、生烟行、盐行、牛岗行、猪条行、零布行、米市街等。近代大庾岭商道衰落之后，唐江因其作为赣南内部市场体系的重要结点而继续发展，至今沿上犹江还保留部分骑楼商业街，是传统的带状商业聚落景观（图5-2-8）。

图5-2-8 唐江镇老街（来源：蔡晴 摄）

村市如宁都县田埠乡东龙村的早早市。在东龙村的中部，有三口大塘及一条东西走向的街道，这条街叫“早早街”，是东龙的集市“早早市”。由于该村位于宁都通往石城,乃至福建的主干道上，且村民以往在外地的田产比较多，口粮大多可由外地佃农解决，故村内土地多用以栽种白莲、泽泻、糯米、烟叶、大蒜等经济作物，当地许多村民长期从事各种商业活动，贩运白莲去福建建宁，贩烟叶、糯米到福建长汀，回来时再把食盐、海产品贩到周围乡镇出售。与浙江、湖南也有贸易往来。此外村中手工业也很发达，木匠、篾匠、铁匠、泥水匠、豆腐师傅、鱼苗养殖师傅一应俱全。每到鲩鱼苗成熟的季节，来自福建、广东及周围县、乡的贩运者都云集于此，人数最多时可达一二百人。因此在清乾隆中期，东龙村已形成一个供本村人及外来客商进行商业交易活动的集市，集市每天清早开市，早餐后便收市，故称为“早早市”。相传开市之初，集上约有十余家店铺，分别经营杂货、酒饭、豆腐制品、鱼、肉等商品。这个集市历经数百年之久，一直延续到现在，尽管如今的集市规模已大不如前，但每天清早，这里依然有猪肉、豆腐、蔬菜等供应，还有几家整天营业的百货、副食品、农资店。据集市统计报告，其猪肉的销量为平时1头猪、农忙时2头猪，节日可达到7～8头猪，这在其他山区村落是很少见的（图5-2-9）。

赣南的商业聚落与江西其他商业名镇的差别在于没有可与商业相媲美的手工业。许多明清时的工商业名镇如景德镇、樟树镇、河口镇等，既有繁荣的商业，同时也有发达的手工业。而赣南地区手工业欠发达，本地有竞争力的出产也十分有限。据《同治南康县志》记载：“西江金溪人卖书，临川人卖笔，清江人卖药，饶州人卖瓷，各因地土所产，懋迁寄焉。南康土人业微业，利微利，拮据劳苦。苟免饥寒，则嚣然自得。若懋迁有无，虽十倍之利，宁弃弗顾。弃农作商，康人绝少。故乡曲少冻馁之家，亦少千金之子”。“民不习技巧，有大兴作，工匠皆来自外郡。服器常需，则土人类能为之适用而已”。《乾隆赣县志》也说，赣县“通闽广，货由外集，非从内出”。《乾隆长宁县志》则称当地不过“菽稼果蔬，饔飧朝夕。绝少佳品，足资生息。以有易无，酌剂地力。重谷务农，奇淫是斥。”

图5-2-9　田埠乡东龙村总平面（来源：蔡晴 绘制）

实际上明清时期赣南加深了山区开发，除了水稻和豆类种植外，在闽广移民的影响下也发展了多种经济作物，如烟土、茶油、竹木等。但由于整体经济发展水平、教育水平等原因，工商业尤其是手工业，规模不大，技术水平不高，如《乾隆长宁县志》所说，“牵车服卖者，多计赢于远方，而居肆百工亦无奇技淫巧”。因此，赣南缺乏典型意义上的工商业聚落，而表现为一般聚落中的活跃商业活动。像唐江镇的格局即南为商业街、北为卢屋村，而东龙村的早早市就在村落耕地的中部。

四、形势派风水学说影响下的聚落选址和环境建构

风水学作为一门建筑规划的学问，古已有之，到秦汉时期理论和实践都形成了体系。地有吉气，土随而起，化形之著于外。环境的形态讲究形象美观、格局合理，将山形形象地比喻为华盖、锦帐、宝顶、宝椅、文印、文峰、文笔、笔架、三台、玉斗、锦屏、凤凰、玉几、双鞍等，环境格局中讲究“青龙、白虎、朱雀、玄武”等四兽或四灵砂山、案山（贵人、禄马、锦屏等）、水口山（狮、象之类）、朝山（左辅、右弼）等的配置。自然环境的具体形态成为风水师们的重要依据，通过“观势喝形”，凭直觉观测将山体比作形态。这就是赣南的“形势派”风水学说。这一学说直观且易于理解和接受，对赣南营建活动大到聚落选址和环境建构，小到单体建筑的门窗位置都产生了深远的影响。

位于上犹县西北部的双溪乡境内的大石门村，坐落在四面环山的盆地之中，自双溪草山发源的双溪河从村中的村前流过。村落背靠的山形如旗，山下有石墩如鼓，寓意“旗

鼓相映”；村落出水口右边为龟形，左边是蛇形，寓意“龟蛇捍水”，建筑群右边地形如龙，左边如虎，寓意“龙腾虎跃”；村落前河流有深潭，名石潭脑，寓意“渔舟跃浪”。因而为理想的居住环境（图5-2-10）。

聚落重要建筑的选址如兴国县兴莲乡官田村宗祠位置的选择。相传建祠时，曾约请三僚风水名师，相基奠位。一天名师应约而至，而村董因事外出，名师眺望四周，向北解溲，旋解旋行而去。村董回来后，椅依溲定向，即今之巳山亥向兼巽乾。宗祠门朝双峰，后枕丹崖，中门前左右，远观近瞻，巍峨高耸，宏伟壮观。大门前的门联云：双峰前朝彩霞紫气笼陶第；丹崖后耸兴云作雨灌官田（图5-2-11）。

通过适当的人工营造，可以改造现存环境中的不利因素，取得补缺障空的效果。为文风昌盛、振兴科举、禳压水害，赣州有宋、明、清以来建造和重修的文峰塔和水口塔多达四十余座。如位于贡江边山头上的龙凤塔和上河塔，位于章江边山头上的吉埠塔，下游有位于赣江边山上的玉虹塔、位于禾丰镇水阁村园背山上的文峰塔等（图5-2-12）。

定南县历市镇车步村虎形围整个建筑前低后高，两侧次高，状如太师椅。虎形围背靠村落后龙山，但案山设置不十分完美，为此，建造者将大门的轴线正对笔架山的主峰。肖像虎形过于雄威，有重武轻文之嫌，若干年后，业主又加建了一座院门，门朝东方，院门轴线朝向远方视野中的最高峰，门楣上书“常临光耀”，期望人文昌盛（图5-2-13）。

图5-2-10　上犹县双溪乡大石门村景观（来源：中国传统村落档案，双溪乡大石门村）

图5-2-11　兴国县兴莲乡官田村陈氏宗祠（来源：中国传统村落档案，兴莲乡官田村）

图5-2-12　禾丰镇水阁村文峰塔远景（来源：何昱 摄）

图5-2-13　定南县历市镇车步村虎形围鸟瞰图（来源：马凯 摄）

第三节　传统建筑类型及特征

一、族居传统影响下的居住建筑

赣南的历史就是一部移民的历史，除早期来自中原的移民，明清时期的移民主要来自三处：一是来自赣中、赣北的吉安、抚州、南昌和广信诸府；二是来自闽西如汀州等地；三是来自粤北兴宁、平远、长乐（今五华县）、南雄和始兴等地。他们以聚族而居的方式谋求发展，适应移居地山区的生存环境，又传承了迁出地风俗习惯、语言特色及文化传统，并在这一过程中形成了赣南居住建筑的特征，是各地移民带来的原生地文化与赣南的自然、经济、社会环境相结合的结果。

（一）基本形态

先民们初来赣南，多因地制宜，在山间小盆地高阜处搭建茅棚居住，所以至今一些村名地名，至今还留有一个“寮”字，表明祖先住的是茅屋寮棚。如会昌县永隆乡益寮村、大余县河洞乡黄金寮村、兴国县三寮村、宁都县固村镇回龙村山寮背、石城县横江镇洋地石寮岽等。之后发展为木构架夯土墙结构的单体建筑，在赣南某些地方俗称“墩墙屋”。这类住宅独栋建造，或以天井、院落组合建造。

最基本的单元为“一明二暗”三间，即中为厅堂，厅堂二边各一间房。这种基本单元各地有不同的叫法，宁都人称之为“三间过”；瑞金等地叫“四扇三间”；一些地方将其做成有楼的形式，如兴国的“四扇三间”样式为二层楼房，中间为厅堂，两边上下4个房间。但当地民谚有“寒热不登楼”的说法，二层实为阁楼，一般低矮阴暗用作仓储，与赣中、赣北民居是一致的。

这三间的基本单元往后拓展以天井相连，就形成赣北、赣中最常见的天井式民居，为赣北、赣中移民聚居区常见。在赣南的闽、广移民聚居区，这三间中的厅，称为“厅厦”，相当于起居室，是祭祀、会客、家族活动等公共活动的场所；厅两边的房间称“横屋”，亦可在厅两边各建二间横屋，形成“一明四暗”五间，又称“五间过”、“六扇五间”，最多可达七间，形成一字形平面的建筑，此为正房，正房外另建牛猪栏、堆放柴草杂物的闲间及厕所，加上围墙，形成院落。这种类型在今天的赣南山区的屋场中仍随处可见。在福建民居中这种类型也称为“一条龙”。

崇义县聂都乡竹洞畲族村的孔氏“祖厝”，就是这样一栋一字形“一明四暗”五间的建筑。“祖厝”是村落在开村之时集中建造的一座房子，因而称为“祖厝”。一般村落议事、祭祀等族内活动都在“祖厝”的公厅内举行。赣南人常用“厅厦”指代自己的建筑，而闽、广都有以“厝”指代建筑或建筑局部的情况，如福建单栋面积最大的古建筑“宏琳厝”。因此孔氏“祖厝”也反映了其在建筑文化上的渊源（图5-3-1）。

图5-3-1　聂都乡竹洞畲族村的孔氏“祖厝”（来源：中国传统村落档案，聂都乡竹洞畲族村）

（二）大屋

基本单元向纵深发展，将基本单元的三间或五间的正房置前后二栋，形成六间或十间的回字形，与闽南和广东潮汕一带最具代表性的“四点金”住宅高度相似。“四点金”空间结构的最大特点是以中庭为中心，上下左右四厅相向，形成一个十字轴空间结构。在赣南前后二栋之间以天井相隔，称“一进”或“两堂式”，部分地区也称“十字厅”。两栋的明间便成了前厅（门厅）和后厅（上厅），前后两厅也合称正厅，前厅的横屋为厢房，后厅的横屋为正房。

更大者，在“两堂式”正房两边加建“塞口”、横屋，“塞口”即正房与加建的横屋间的走衢，又称“私厅”、“子厅”、“渡水”或“巷”，并在两边塞口中也开天井，在塞口边加建横屋数间，沿纵深方向扩建横屋，横屋前端可与正房等齐或凸出，后端与正端等齐。正房与塞口一侧的横屋间的走道在赣南称“走衢”，在闽粤地区称“横坪”，塞口一侧加建的横屋，在闽粤地区称“护厝”。这样就构成了“两堂两横”或称“一进两堂两横”式的房屋。

若还需扩建，可在横屋外继续增加类似的走衢和横屋，形成“两堂四横、六横”式房屋，也可扩建正房，置前后三栋，形成上、中、下厅，加上横屋，形成“三堂两横”或“三堂四横”式房屋。

这种组合拓展到更大规模，就是所谓的“九井十八厅”、“九厅十八井”，即在横屋外再建横屋，或者由诸多正屋、横屋在组合而成的大屋，“九”和“十八”只是形容建筑规模宏大，不是准确的数词。“厅”指的是中轴线上的上厅、中厅、下厅以及门楼厅等，也包括横屋中的侧厅和花厅；“井”包括中轴线上厅堂前的天井，也包括横屋内的天井。

宁都县田埠乡东龙村的“东里一望”大宅（图5-3-2），占地面积约4300平方米，是这类建筑的代表。此宅位于村西南，与村落主体分离。造主系当地士绅李光恕。据李氏家谱记载，李光恕，生于清康熙己丑年（1709年），殁于清乾隆戊戌年（1778年），字仁方，贡生，当地人称仁方公。因其孙李崇清曾任布政司经历，貤赠儒林郎。李氏家族于宋代迁居此地，不属于明清闽广移民。整座大屋坐南朝北，前有水塘，入口朝向东北。此大屋实际上由三组建筑组成，中间为一座三进带东西跨院的天井式大宅，为整个建筑群的主体。在这个主体的东西两侧，各有一座附属建筑，每座都以一个狭长庭

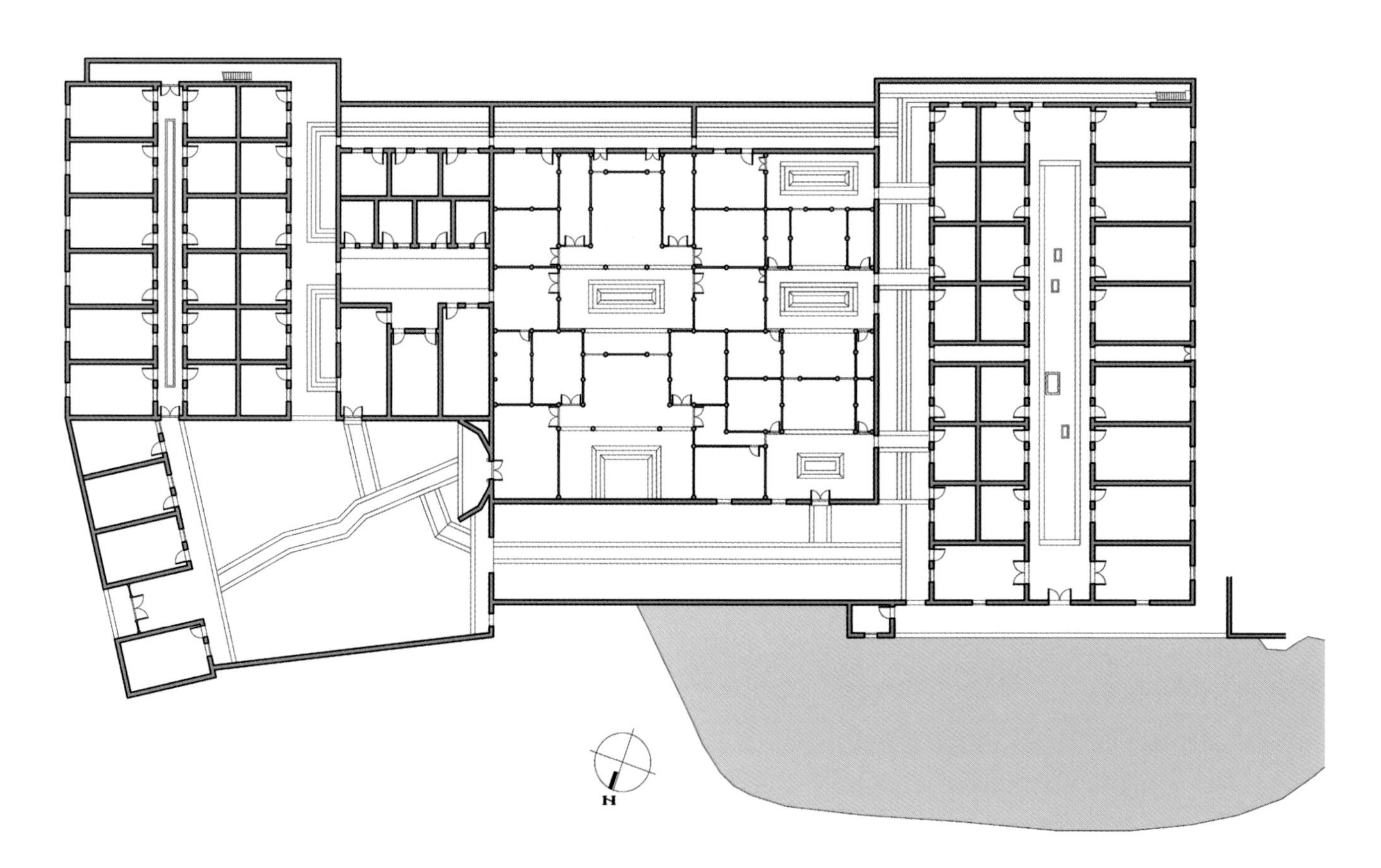

图5-3-2　田埠乡东龙村“东里一望”大宅平面图（来源：蔡晴 绘）

院为中心，分别称“东围”、“西围”。围墙和水体把三组建筑连为一体，形成有效的围合。南面背靠山丘，围墙长达50余米，高约7米，防卫性颇为可观（图5-3-3）。

主宅为将主入口转至东北角，进行了煞费苦心的设计。从东北角上的大门进入庭院，左边以檐廊引向“西围”入口；对面是主宅主入口，为一座砖砌三间四柱牌坊式门楼；主宅主入口旁边是一座尺度小很多的门屋，引入一个东西狭长的庭院，通往“东围”。主宅主入口内为门厅，穿过门厅为一天井，在此处转为南北向的主宅中路轴线，设天井分隔的大厅和后厅。西跨院为次要居住部分，规制、做法和中路类似，唯尺度稍逊。东跨院仅有一个天井，为服务部分。“东围”、“西围”均为二层附属用房。

（三）围屋

在治安状况差、土客矛盾尖锐、冲突激烈的地区，移民发展起一种更具防卫性的民居——围屋。这是一种集家、堡、祠三种功能于一身的大型围合型、防御性传统民居建筑，以生土、砖石、木材为主要建筑材料，设有凸出的炮楼或炮角，在赣南主要分布在龙南、定南、全南、安远、信丰、寻乌等县。

围屋主要有三种类型：口字围、国字围和套围。

口字围即建筑包括居室和防御性外墙构筑坚固封闭的环状结构。如龙南县杨村镇燕翼围（图5-3-4）。燕翼围始建于清康熙十六年（1677年），建造者为赖福之及其长子赖从林，高14.3米，是现存最高的赣南围屋。平面长方形，坐西南朝东北，对角四边有守阁炮楼，它是杨村的村堡，立于杨村西北方向的高岗之上，俯瞰全村，监视桥头，尽得当地险要，它三面环河，大门正对案山，左右砂山屏立。此围仅设一门，朝东北开。围屋首层为膳食处，二、三层为居住区，四层平时闲置，作战时使用。二、三层为内走马廊，四层为外走马廊。祠堂设

图5-3-3 田埠乡东龙村“东里一望”大宅外景（来源：姚赯 摄）

图5-3-4 燕翼围内院内走马廊（来源：姚赯 摄）

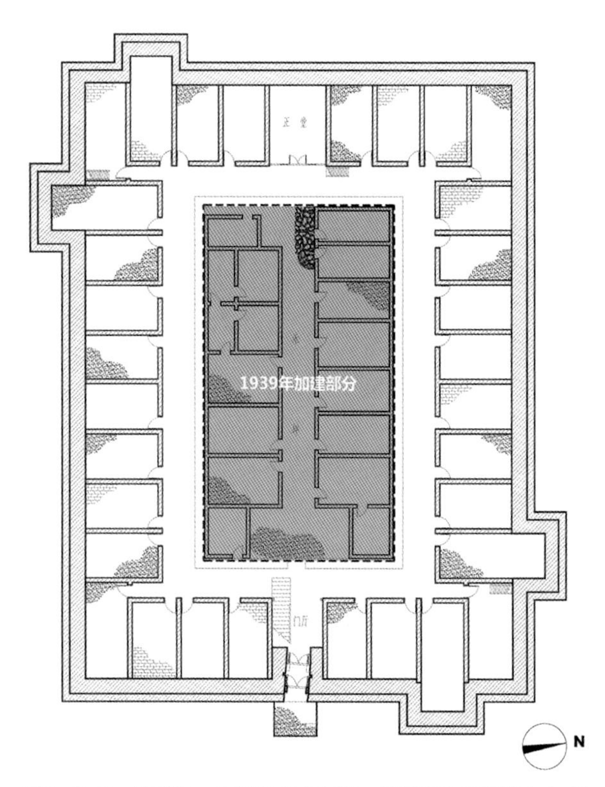

图5-3-5 燕翼围一层平面图（来源：江西省文物保护中心 提供，徐少平等 测绘）

图5-3-6 东生围前院（来源：姚赯 摄）

在大门正对的围屋首层正中的开间里。其炮楼设置依据实际地形，围西为土坎，围东为村庄，四座炮楼位于南北两角，凸出墙体约2米，成掎角之势护卫村庄（图5-3-5）。炮楼屋顶有马头山墙造型。围内有两口暗井，一是水井，二是埋藏万余斤木炭和蕨粉的旱井，平时封闭，困危时掘井自救。

国字围即由居室和防御性外墙构筑起坚固封闭的环状结构，包裹内部的祖厅及其他用房。如安远县镇岗乡老围村东生围（图5-3-6），始建于道光年间，坐东朝西，但外坪围门向北开，正望尉廷围。东生围三部分组成，一是围合内部建筑的高三层的外围建筑，其四角设有四层的炮楼；二是围内三堂四横建筑；三是外围建筑与围内厅堂建筑之间的二排正房建筑。这三部分共二百余间房间。此外围外还有附属建筑，包括门坪、门房杂间、畜棚、厕所等。东升围离山体较远，所以在后墙外10余米处还栽有一丛“后龙树”。坪门为八字形砖构四柱三间牌楼式，门额上书光景常新，门楼正脊中饰一宝葫芦顶，两端塑倒立鲤鱼，门框为条石，门楼两侧包框墙心上，用砖砌出“福”、“寿”两个篆字。坪门西端为池塘，南、北、西三面铺有约1.5米宽的鹅卵石走道，中间地面用三合土铺装。东升围大门在门坪西面，门额上镶嵌楷书砖雕东升围，左右两侧门额分别镶嵌“敦行”、“承家”两楷书砖雕。

由居室和防御性外墙构筑起坚固封闭的、包裹内部建筑的环状结构，不一定为规则形状，如龙南杨村镇乌石村磐

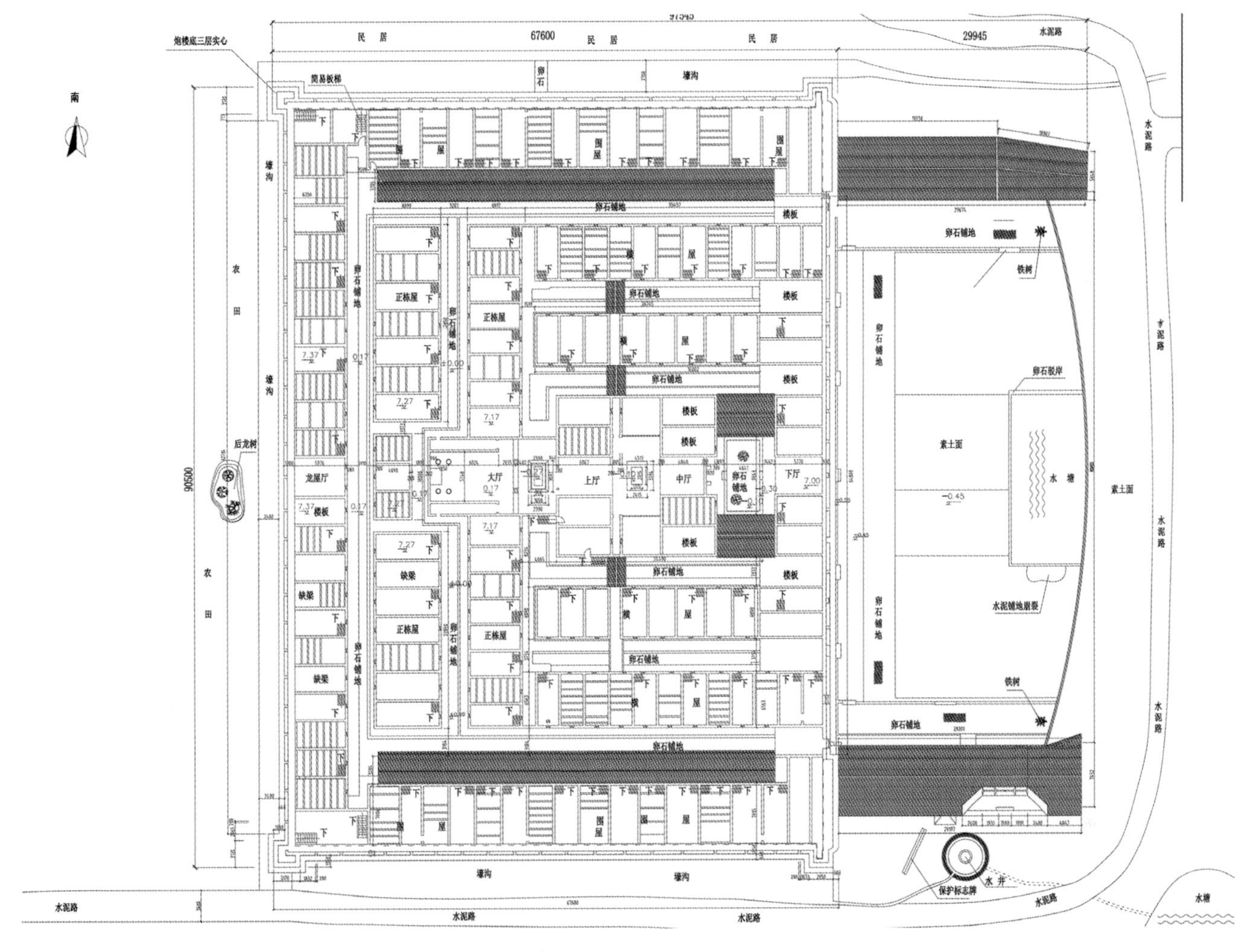

图5-3-7 东生围三层平面图（来源：江西省文物保护中心 提供）

石围，其外部环状结构前方后园，形似龟背，其外部共6个炮楼，正面左右两角对称建有高达15米的方形炮楼，其中出围门右侧炮楼已坍塌，围屋侧面及背部另建有3处小型炮楼，与正面现存炮楼紧贴还加建有1座土坯炮楼。围内主体建筑呈三组排列，共有上中下三主厅、六个天井、三十六间偏房（图5-3-7）。

一部分围屋的防御功能没有上述二种形式那么强，只是将一组建筑用围墙或一圈或几圈外围建筑将内部建筑包裹起来，即为套围。它远看就似一个屋场，如龙南县里仁镇新园村栗园围（图5-3-8）。栗园围始建于清弘治辛酉年（1501年），占地面积45288平方米，是龙南县最大的客家围屋。围周长789米，外围墙厚0.6米，在东、南、西、北四个方向均建有围门，四周角落遍布有12个炮楼，围墙外面，留有两三米宽的护墙地带，并在护墙地外边开挖了一条两米宽的深水壕沟，作为防御体系。围内主要建筑布局以“纪缙祖祠”为中心，在其左右两侧不远处，建有三座厅厦，即梨树下、枕梃、新灶下厅厦，“纪缙祖祠”前面有三口池塘，总面积约为2000多平方米，其中两条塘堤建有两座拱桥，环境十分优美。围内道路纵横交错，四通八达，其中有一条主干道，从北门至西门，纵贯西北。若从东门或南门而入，则有一条宽一米多的鹅卵石铺就的石阶路，逶迤延伸至围中央。

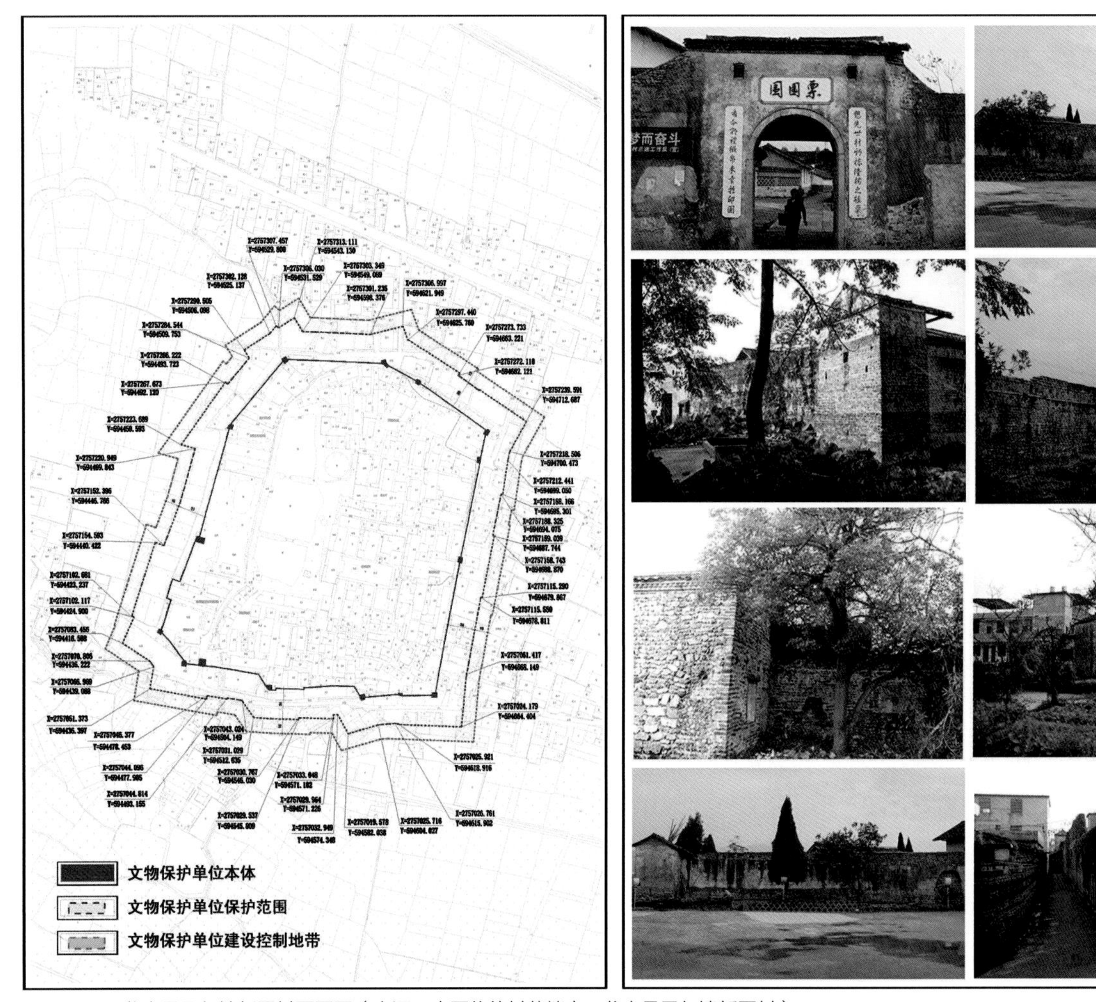

图5-3-8 龙南县里仁镇新园村栗园围（来源：中国传统村落档案，龙南县里仁镇新园村）

另有一些以一圈或几圈外围建筑将内部建筑包裹起来的套围，如全南县木金乡中院围，其空间格局为两层环形套围，加包心四横一纵三进祖堂，直径约76米，围内房屋拥挤。

赣南的居住建筑充分体现了移民及其族居传统所带来的文化的传承、交流、融合与变异。大屋、围屋的聚族而居、宗堂居中的空间组织等，均体现了中华文明从西周以来一以贯之的宗法制度，体现了崇宗敬祖的文化特征。又由于复杂的迁徙与融合，而有了赣中、闽、粤文化影响的烙印。如赣中利用天井来组织空间手法，某些围屋如乌石围“外圆内方、上圆下方”、兼有炮楼、化胎等特征，与粤东围龙屋（图5-3-9）、闽西土楼均有一定的血缘关系（图5-3-10）。

图5-3-9 寻乌角背围龙屋（来源：网络）

图5-3-10　龙南县临塘乡黄坡村圆围（来源：《龙南围屋大观》）

二、公共建筑

（一）儒学传统的代表：学校

赣南官学始创于南唐保大十一年（公元953年）的瑞金县学。宋代江西文化昌盛，各州、县均普遍兴办学校，赣南的许多县学即肇始这一时期，如兴国县学、会昌县学等。王安石在《虔州学记》中写道：虔州“于江南地最广，大山长谷，荒翳险阻，交广闽越铜盐之贩，道所出入，椎埋、盗夺、鼓铸之奸，视天下为多，庆历中尝诏立学州县，虔亦应诏”，但校舍“卑陋褊迫，不足为美观”，后来，士绅们“合私财迁而大之久矣。……凡二十一年，而后改筑于州所治之东南”。扩建后的州学，“斋祠、讲说、候望、宿息，以至庖湢，莫不有所。又斥余财市田及书，以待学者，内外完善矣”。大庾岭下的南安军学，苏轼在《南安军学记》写道：“朝廷自庆历、熙宁、绍圣以来，三致意于学矣，虽荒服郡县必有学，况南安西江之南境，儒术之富与闽、蜀，而太守朝奉郎曹侯登，以治郡显，所至必建学，故南安之学，甲于江西。……为屋百二十间，礼殿、讲堂视夫邦君之居，凡学之用，莫不严具。又以其余增置廪给，食数百人”。因赣南各地发展不均衡，有的地方因为设县较晚，县学创办时间也相应较晚，如明正德年间兴办的崇义县学、明万历兴办的长宁县学等。州县学校置有学田，岁收租谷以为办学之资。

各州、县还设有书院，聘名师讲学。北宋周敦颐任虔州通判时，在城外贡水东岸的玉虚观讲学，后来发展成濂溪书院。明清两代书院数次迁移改名，至明末以后位于赣州城南，有东西讲堂、濂溪祠、夜话亭、斋舍等建筑。

除此之外，还有纯属民办教育的私塾、义学，这类学校多由房族公堂、长老牵头筹办，也有塾师作东办学和豪富人家自办等几种形式。办学经费由房族公产收入中拨付，或由学生家长筹集。宁都东龙村《芸窗祖义学田记》写道：“生童合课，岁科二试，每年六课。乡试每年三课。课期，生童俱以黎明齐集，课领卷面。试不得夹带代替。每年以开课之日早午设席。余后，每名给钱百文。课日，文一篇，诗一篇，下午交卷，不得给烛。不完卷者扣除饭食钱。课卷呈送宿学批定”。私塾、义学的学生若干年后参加“岁试”，被录取者入县学就读，也有经塾师荐举到书院就读。

赣州文庙是赣南儒学发展在建筑领域的代表（图5-3-11）。赣州文庙原系赣县县学的一部分，历史悠久。创始于北宋，但此后经历数次迁移，直至清乾隆元年（1736年）才最终迁于今址。其地位于赣州旧城东南的厚德路东段，东侧有慈云寺，西侧有武庙，南面隔道路即为明末以后的濂溪书院。清乾隆四十二年（1778年）又经过完全重建，形成保留至今的格局，不过仅有文庙幸存，其余部分均已毁去。

文庙坐北朝南，前有开阔广场，中设棂星门及泮池，均系近年重建。泮池后有戟门，两侧又设东西二门，内有一横向庭院，东西两端设官厅。院北正中为大成门，系三开间歇山顶二层楼房，木结构纯为民间做法，下层明栿为月梁，斗栱为某种丁头栱与撑栱的混合；上层斗栱纯为细杆型撑栱。大成门两侧分设名宦祠、乡贤祠。内为一纵长庭院，两侧有宽广廊庑，用曲线封火山墙分隔成三段。中有甬道通向一处方形月台，台后即为整个建筑群的核心大成殿，殿后还有崇圣祠。总占地7000余平方米。现存的这些内容实际上仅是原县学的中路，东西两侧原来还各有一路。东路为县学主体，外有头门，内部沿南北轴线延伸，前半部为学校，依次设明伦堂、正斋、后堂，现已不存；后半部为文昌宫，设魁星阁

图5-3-11 赣州文庙外景（来源：姚赯 摄）

图5-3-12 赣州文庙大成殿及月台（来源：姚赯 摄）

和尊经阁。西路较小，外也设有头门，内部有副斋，后设节孝祠和孝子祠，现均已不存。

大成殿是文庙建筑群的精华所在，坐落在1.5米高的石台基上。殿身面阔七间31米，进深六间24米，实际为五开间带周围廊，重檐歇山顶。正脊高15米。屋顶覆以青绿菱形剪边黄琉璃瓦，加上青花瓷的屋脊和吻兽，并配以彩瓷宝顶，气势华贵庄严。

结构中带有浓郁的地方风格。廊柱采用红石柱，下层斗栱为明间出丁头栱二跳，次间出丁头栱三跳；上层斗栱为明间出丁头栱三跳，次间出丁头栱四跳，各层栱头上均有纱帽翅。廊上每开间均覆以覆斗藻井，明间藻井四边以如意斗栱承托。大殿中塑有孔子像以及孔伋、孟子、曾参、颜回四配之像，两侧还塑有十二哲人像，供人们祭祀。两侧廊庑和殿后的崇圣祠多使用曲线山墙，是赣南受到闽广地方建筑影响的体现（图5-3-12）。

（二）宗教建筑

隋唐以来，北方中原藩镇割据、战乱频繁，江西境内生活环境相对安定，吸引了一批北方人士南下定居，外来人口进入江西的过程中，许多佛教禅宗高僧如马祖道一、行思、怀海等活动于江西，江西各地建起许多寺院。赣县田村镇东山村宝华寺就是其中之一，唐开元年间，僧人智藏禅师随师马祖道一至此，此后为寺之住持。今天宝华寺还保存着建于唐代的墓塔一大宝光塔。元和十二年（公元817年）圆寂，建墓塔曰“大宝光”。唐武宗年间（公元841~846年），大宝光塔毁。至咸通十五年（公元864年），在原塔旧址上重建大宝光塔，虔州刺史唐技撰写碑铭，书法家权德舆书丹。宋元丰二年（1079年），因岁久倾废，住持觉显重修。

大宝光塔位于宝华寺大觉殿内，属亭阁式单层墓塔。通体为大理石雕琢而成，因石质光滑如玉，又名玉石塔，是一座有绝对纪年的单层僧人墓塔。该塔除塔基须弥座局部破损外，其他部分保存完好。平面正方形，底座边长2.96米，高4.5米，大理石雕成。可分为塔基、塔身、塔顶三部分。

塔基由三层须弥座组成，各层上下枋，均用层层方角皮条线叠出，每层须弥座束腰部分刊挖壶门。壶门底层浮雕各具形态的狮子，每面四个。二层浮雕麒麟、凤凰及卷云纹。三层浮雕盘膝趺座菩萨，每面五尊。须弥座遍体用细线刻饰缠枝花。

塔身落在一覆莲座上，中辟塔室，正面开一眼光门，室门两侧各浮雕一尊全身介胄、手执宝剑的护佛金刚，金刚上浮雕人首飞天。四角用八楞倚柱，柱头施五铺作单杪单下昂斗栱，补间铺作一朵。柱下用铺地莲花纹柱础，柱子有明显的侧脚，生起，并略有卷杀，柱身亦遍体线刻缠枝花纹。阑额不出头，亦不用普柏枋。塔身有铭文记载建造概况，现大多已漶灭不清（图5-3-13）。

图5-3-13 大宝光塔全景（来源：姚赯 摄）

塔顶由四面坡和塔刹组成,屋面平缓，四角稍有起翘，四脊头有脊兽，用方椽、莲花瓦当，塔刹由方座、束腰、八角形伞盖、宝珠等十一层组成。

大宝光塔塔身形制、装饰和结构等特征具有地道的唐代建筑风格，有确切的纪年，整座塔造型雄奇俊美，雕刻华丽精湛，是江西省最精美的古塔，也是我国古塔中不可多得的经典精品个案，反映了这个时代独特的建筑与艺术风格。

一直到清末，佛教一直是赣南影响最大的宗教，各地寺院林立，直到1985年崇义县还有35座佛寺，其建筑风格如当地民居。

道教在赣南也有广泛的传播，但保存至今的有影响的道观极少。他们的活动与地方民俗关系密切。如崇义县的道教，属五斗米道，他们不住道观、不炼丹修行，只在家中设置“雷坛”，平时专给丧家或村庙念经拜忏，画符驱鬼。会昌县的道教属正一派天师道，主要主持“打醮”活动。但到民国时期，道士已脱离道观散居全县各地，平时生活与普通百姓无异，只是在有需要时才办理画符念咒驱妖及丧葬法事。

（三）多元化的民间祭祀建筑

在赣南最有影响力的是原始的自然崇拜，移民贯穿整个赣南的历史，面对陌生的环境，他们把原始的自然崇拜继承下来，加之当地山川地势的复杂和险峻，加深了他们对自然的敬畏。天地山川、风火雷电都是崇拜的对象，与此相应，有大量与此相关的神庙和祭祀活动。

宁都小布镇万寿宫始建于清嘉庆十八年（1813年），格局为左、中、右三路，左路前进为三官堂，后进为土地祠；中路前进为戏台，后进正殿供奉许真君、吴猛、甘战神像；右路前进为谌母殿，后进为白马庙。目前，当地的小布蓝衫剧社每月初一、十五固定在万寿宫演出节目一场，使建筑保持活跃的使用状态（图5-3-14）。

赣县储潭乡圩镇储君庙（图5-3-15），相传东晋咸和二年（公元327年），苏峻在扬州起兵反晋，南康郡（今赣州市）郡守朱玮奉命讨伐，兵到储潭宿营，夜有神人托梦，自称储君，要求建庙祭祀，言有报答。朱玮允之，果然顺利剿平苏峻。次年，朱玮凯旋后，便在储潭岸边建庙祭祀，此后一直香火鼎盛。储君庙建有三进，第一进厅主祭储君，十八滩神、五行神；第二进厅祭奉雷、电、谷神；第三进厅祭奉财神。从北宋熙宁三年（1070年）到清道光二十六年（1846年）的776年的时间里曾有七次大整修，如今庙宇主殿保存尚好。

赣州七里镇仙娘庙（图5-3-16），始建于明代，原名“天花宫”。后因建于坝上村河边的杨梅庵被洪水冲毁，遂将该庵供奉的观音菩萨神像迁至宫内安放，于是便称作“仙娘古庙”。每年农历三月二十日至二十六日，是天花圣母金霄、琼霄、碧霄娘娘的生日，这里都要举行盛大的仙娘庙会。仙娘庙坐西北，朝东南，正中是牌坊式大门，左右各有拱门一扇，门上方分别书 “福海”、“慈航”，第一进

图5-3-14　宁都小布镇万寿宫（来源：网络）

图5-3-15　赣县储潭乡圩镇储君庙（来源：网络）

图5-3-16　赣州七里镇仙娘庙（来源：网络）

为戏台，台上的六根黑漆圆木柱正面，各刻有金字楹联。台前两柱为“万古文章归一曲，千秋事业尽三觞”；中间两柱为“古道本无文何境以文为戏耍，世情都是戏不妨将戏畅文机”；后两柱为“不藉丹青作图画，居然声色意古今”。天井左右厢房有戏楼，相传为女子观看戏文而设，第二进大厅前有轩廊，也为群众观戏所设，第三进为正殿，左有庙钟，右有庙鼓，正殿放在神位，分上下两层，上层祀观音，下层祀金霄、琼霄、碧霄三位神像。

宁都县黄石镇中村傩神庙，由上、下两栋房屋组成，上栋的正面为神龛，安放着木雕神像，下栋分上、下两层，上层为戏台，下层为走道。庙内可容千人看戏。这里的傩戏与庙会是紧密相关的。傩戏是属于庙会的，而庙会又利用傩戏来禳神。

赣南宗族势力浓厚，其居住体现了以“同宗同源”的血缘伦理为基础聚族而居的传统居住文化。宗祠是这一居住文化的精神圣殿。据《光绪江西通志》记载，赣州府“巨家寒族莫不有宗祠以祀其祖先。旷不举者，则人以匪类摈之。报本追源之厚，庶几为吾江右之冠焉”。宁都县田埠乡东龙村为李姓聚居地，村中保存完好的总祠、分祠、房祠达三十座。李氏上、下祠是东龙李氏的总祠（图5-3-17），位于村落西部，其位置远有朝山近有案山，左右砂手远近高低适宜，宗祠前面有一片开阔的水田，田中间还有一口面积不小的水塘正对宗祠。除了属全族人所有的上、下祠之外，村中还曾建有五十余座分祠与房祠，这些分祠、房祠按照各支各房人居住的位置而分布于住宅之间。

多元化的民间祭祀使儒、释、道、祖、天、地、神、鬼、巫皆有其庙，在偏僻山区，也存在三教同庙的现象，但赣南的自然崇拜力量强大，各类相关庙宇数量繁多，甚至连正宗的佛教建筑也不得不服务于地方崇拜。安远县城欣山镇的无为寺塔（图5-3-18），本为北宋时期建造的佛塔，但当地人多以风水的角度来解释它，《同治安远县志》即称“是时形家人为县龙右砂低平，环抱不紧，故设塔于此，一补乾位之峰，且制虎岭之威，上对龙山，称其拱峙，下砥濂水，束其波流。”

图5-3-17　李氏下祠（来源：蔡晴 摄）

图5-3-18　安远县城欣山镇无为寺塔（来源：姚赯 摄）

第四节　技术工艺特征

赣南传统建筑的建造是基于对自身所处环境的认识、选择和利用。山林盆地为建造提供了充足且便于获得的建材，如丰富的木材原料，水运便利的石材。烧砖所需的材料红土、燃料和水源，使其有条件发展大型砖木、土木混合建筑（图5-4-1）。因此，与江西其他地区相比，赣南传统建筑的重要特征在于砌筑的重要性。据《全南县志》记载，旧时民间建房，泥工师傅和木工师傅待遇相同甚至可能略高，除工钱外，每日招待4餐茶饭，建房，迁基、安门、上梁等关键环节均赏“红包”，竣工后办“圆工酒”、“乔迁酒”，均坐上席。可见砖木、土木混合结构，砌体承重的建筑中，泥工的砌筑工作占据了主导作用。

砌筑的技术方法也有其独到之处。20世纪90年代的《会昌县志》记录的当时乡村住宅建造工艺，“以三合土筑墙脚，以土砖或青砌墙。土砖墙要砌品字咬缝砖。青砖墙，一般砌‘一丁二顺’（一口直砖配二口横砖），‘十’字（即上下左右）不歪不扭。栋檐斜度为1：0.3~1：0.5，既利下水，又利稳瓦。盖瓦要盖三接瓦。厅堂的长、宽，大门的高、阔，都用‘九子’尺（即用9能整除的尺寸），象征‘九九长’”。这里也可看出砌体在赣南民间建筑建造中的重要作用,以及一种地方传统的模数制影响下的建筑尺度。

围屋墙体的做法更体现了赣南的砌筑工艺去实现特定的功能要求,在技术和艺术上达到的高度。围屋结构以墙体及木构架共同承重，墙体由砖石、土石混合或夯土筑成，砌筑方法有生土版筑、生土砖砌筑、鹅卵石混合片石、三合土混砌卵石、水磨青砖砌筑、砖石表内土坯砖、花岗岩条石等，根据财力、构造要求、防御部位的不同分别用于外墙墙基、外墙墙体、内隔墙墙体等。

以三合土墙为主的砌筑范例如龙南县关西镇新围村关西新围，其外墙底厚0.9米，顶部厚0.35米，5米以上墙体部分为砖砌体，5米以下采用三合土（石灰、沙土、黄泥）版筑。又如全安远县镇岗乡老围村尉廷围，共2层。其外墙外墙墙基为1米厚三合土与鹅卵石混筑而成的墙体，上部为土石版筑

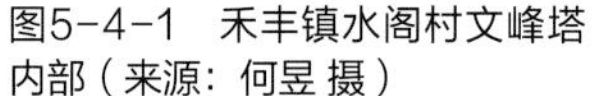

图5-4-1　禾丰镇水阁村文峰塔内部（来源：何昱 摄）

图5-4-2　龙南县杨村镇燕翼围外墙（来源：蔡晴 摄）

墙，2层墙为土坯砖砌筑。屋顶为悬山，以保护土墙。

以“金包银”为主的砌筑范例如安远县镇岗乡老围村东生围，其外墙墙基用鹅卵石砌成，桐油石灰灌缝，墙身采用“金包银”砌法，即1/3厚的外皮墙体用青砖砌成，另2/3厚墙体（约1米）用土坯砖垒砌，顶层墙身只余外皮砖墙直砌至檐下，土坯砖部分不再铺砌，形成一条环行坎墙通廊，以利防御作战。外墙1、2层辟有用青条石预制成的内大外小，高50厘米、宽15厘米的“I”字形射击孔，3层为方形射击孔。

以砖石砌体为主的砌筑范例如龙南县杨村镇燕翼围外墙（图5-4-2），墙基地下深八尺、宽八尺，地面高八尺，均用花岗岩条石浆砌而成，留有若干千传声孔，以利战时围外信息传达。二、三层面砌青砖（约0.5米厚），内夹泥砖，总厚度达到1.5米，第四层只砌青砖，留0.85米的过道作为战时来回的运动通道。砌墙用黄泥、石灰、桐油、糯米和红糖掺和的混合土作黏合物。又如全南龙源坝镇雅溪村雅溪石围，其一至三层外墙为三合土与河卵石混筑而成，厚0.5～0.68米，四层外墙为青砖空斗墙，厚0.4米，墙顶五皮青砖叠涩出挑。外墙一层4面设4个铁栅外窗，二至四层外墙设有方形、长方形、六边形、圆形的射击孔。石围仅在西北角、东南角设挑空砖砌炮角。

本章小结

综上所述，赣南地区传统建筑特征是在其地理、气候、历史、传统生产模式综合影响下形成的，是人类适应环境、利用环境、改造环境的成果。其主要特征表现在以下几个方面：

（1）地理环境对营建的重要影响：赣南地势以山地丘陵和主，人们居住、耕作于山间盆地，举目远眺四周均为形态各异的山峦。山体的尺度、位置、组合方式与人们所居住盆地的风向、日照、水流方向等因素密切相关，因此也是营建活动首要考虑的条件，在对山地形态观察并结合生活经验基础上形成的形势派风水学说，成为当地营建活动的理论依据，大到聚落选址和环境建构，小到单体建筑的方位布局甚至门窗位置，均力求符合风水理论中的理想环境。

（2）移民带来的文化融合在传统建筑中的表现：赣南的历史是一部移民的历史，早期的中原移民和明清时期的闽粤、赣中移民，将迁出地的文化与赣南的气候及社会环境相结合，形成了自身的建筑特色。如多元化的民间祭祀建筑类型，赣南既有沿海地区常见的天妃宫，又有江西本土的万寿宫及当地土著的傩神庙。在建造技术上明显受到中原古朴的木构架夯土墙结构的影响，在建筑空间布局上则融合了赣中、赣北天井式民居及广东围龙屋、福建土楼的多重特征。

（3）地处边陲，动荡的社会环境及移民和原住民的矛盾冲突，形成了赣南建成环境高度防御的特征：在聚落营建中表现为城墙的营造及城外设防区域“堡”的设置等。在单体建筑营建中则表现为形成了集家、堡、祠三种功能于一身的大型围合型、防御性民居建筑——围屋。

第六章　赣西地区传统建筑

赣西指江西西部地区，通常认为包括宜春、萍乡、新余三市及其所辖部分县区。其中如宜春市袁州区及其所辖万载、上高、宜丰、铜鼓、奉新、靖安等六县；新余渝水区及其所辖分宜县；萍乡安源、湘东两区，及其所辖莲花、上栗、芦溪三县（图6-0-1）。赣西自古人文荟萃，历史文化底蕴深厚，尤其以宗教和民间信仰文化较为突出，传说三国时葛玄在赣西境内武功山修炼，开创此地道教之风。唐代僧人良介及其弟子本寂在赣西境内的曹山、洞山说法，开创禅宗七叶之一的曹洞宗，北宋僧人方会在杨岐山开创了禅宗七叶之一的杨岐宗。此外，赣西民间信仰也十分丰富，其傩神崇拜有“傩面、傩舞、傩庙”三宝之称，是江西乃至中国傩文化的重要组成部分。除丰富的宗教文化外，赣西地区自古是周边省域移民通道及定居地，民系文化多元，兼有湘赣、客家、闽粤特色，且人民崇文重礼，儒教文化昌盛。赣西特定的人文地理环境造就了具有地方特色的传统建筑，此地名山处有寺观林立，洞庵毗连，风水宝地有古村民居，其间傩庙香火不断，城镇则有学宫书院，回响郎朗读书之声，它们共同塑造了赣西地区丰富多样、层次鲜明的地方传统建筑景观。

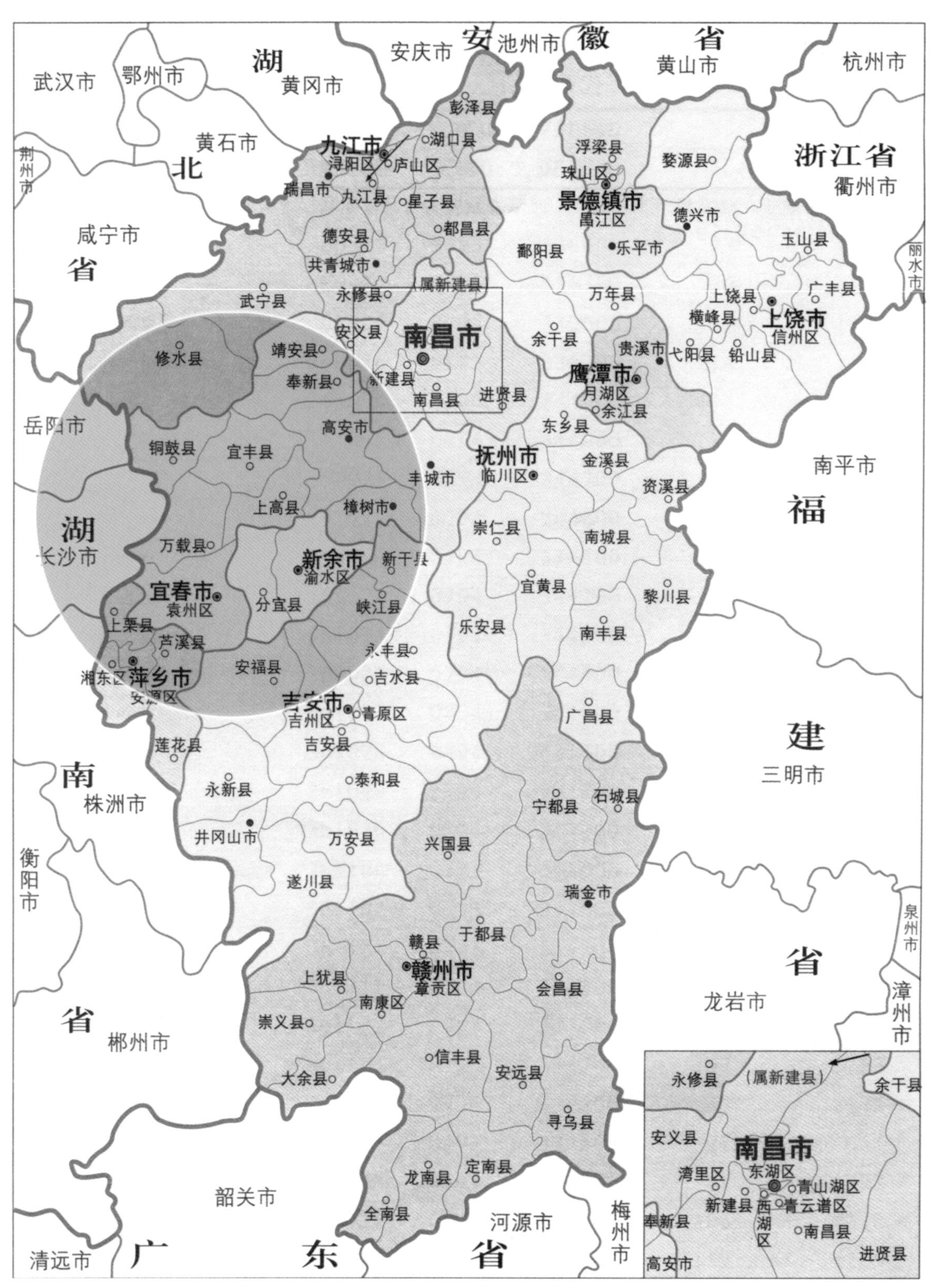

图6-0-1　赣西地区范围示意（来源：改绘自中华人民共和国民政部编. 中华人民共和国行政区划简册2014. 北京：中国地图出版社，2014）

第一节　赣西地区的自然和社会人文环境

一、赣西地区的自然环境

赣西属亚热带季风气候区，四季分明，春秋季短而夏冬季长，冬季冷而夏季热，春季湿而秋季干，热量丰富，降水充沛，日照充足，霜期短。区域内有耸峙于湘赣及赣粤边境的罗霄山脉。罗霄山脉是万洋山、诸广山和武功山等山岭的统称，位于湘赣交界，地势高峻，是湘江和赣江的分水岭。山脉绵延400公里，主要山峰海拔多在1000米以上，笠麻顶为最高峰，海拔2120.4米，组成罗霄山脉的几座山岭则成东北-西南走向，赣西境内罗霄山脉的支脉主要有武功山、幕阜山、九岭山等，其中武功山属罗霄山脉北支，山体呈东北一西南走向，经吉安安福县，宜春袁州区，萍乡芦溪县、莲花县，绵延120余公里，总面积近千平方公里。主峰白鹤峰海拔1918米。幕阜山脉居湘鄂赣三省交界处，是罗霄山脉北端支脉，呈东北-西南走向绵延于湘鄂赣3省边境，长约160公里。九岭山位于省境西北部，主峰九岭尖位于武宁靖安的边界，海拔1794米，九岭山脉可分为南北两支，北支海拔较高，山脉呈东北一西南走向，是修水、锦江二流域的分水岭，全山脉除大多数位在江西境内，西南尾端延伸至湖南浏阳成为浏阳河的发源。除山地外，境内丘陵起伏，岗丘之间夹杂着许多小盆地，盆地中多有河流蜿蜒其间，形成带状河谷和小范围的冲积平川。在河流水系方面，赣西主要有锦江、袁河、修河、萍水等。其中修河发源于铜鼓县境内的修潦尖东南侧，为鄱阳湖水系五大河流之一，流经九江、宜春、南昌3市的12县区，干流总长357公里，流域面积1479平方公里，在永修县吴城镇注入鄱阳湖。锦江属赣江水系，源出宜春区域内的慈化山区，流经万载县、上高县、高安市，于新建县厚田镇境内汇入赣江。萍水发源于杨岐山东麓，在萍乡境内长80公里，流域面积达1400多平方公里，最终汇入湘江，是萍乡境内第一大河。袁河亦属赣江水系，发源于武功山，经芦溪向东奔流，流经宜春、分宜、新余，最后在樟树注入赣江。总体来说，赣西地区地貌丰富，境内有良山逶迤，也有岗阜低丘，而丘陵岗丘之间的河谷地带往往成为传统聚落的理想选址地。

二、赣西地区的社会人文环境

赣西地区在春秋战国时，原属楚，后属吴越，楚灭越后，复属楚地。其中宜春地区建置最早，始于汉高祖六年（公元前201年）置县，因县城侧有温泉“莹媚如春，饮之宜人”得名，为汉初江西所置18古县之一。宜春传统经济以农为主，同时盛产油茶和苎麻，种麻和绩麻的传统也使夏布生产随之发展，并在清代达到盛期。宜春自古有“赣湘孔道”之称，为赣西重镇，生产的繁荣、交通的便利使这一地域自古有较为兴盛的手工业和商业。萍乡地域始于三国吴宝鼎二年（公元267年）置县，以邑内曾现集天地精华之吉祥物萍实，为萍实之乡的传说而得名。萍乡物产丰饶，向以精耕细作为传统，在农业和手工业等许多方面发展先于邻县，到清末民初，这里是南方近代工业的发源地之一，采煤制瓷等工业的发展使经济兴盛一时，但在封建社会，受不合理生产关系制约，加之天灾战祸，这些发展并不稳定，时兴时衰。交通方面，萍乡虽处省域边陲，但却是吴楚通衢，区位雄要，自宋始有袁州大道（又称湘赣大路）穿境而过。水路有袁水、萍水、栗水河道；新余建置亦始于三国吴宝鼎二年，因境内有渝水（今称袁河）流经东西，而名新渝县，唐称新喻县，1957年改为新余，传统经济以农业为主，盛产粮棉，手工业相对规模较小。总的来说，赣西地域自古为吴楚通衢，交通便利，农业和工商业发达，这些因素为传统建筑的发展提供了良好的社会经济基础。

第二节　赣西地区的传统聚落特征

江西是形势派风水学的发源地，先民在选择居住地聚族而居时，极为讲究村落选址的风水环境，赣西人也不例外，值得一提的是，当受环境局限时，居民们常通过积极的环境改造，来贴合理想风水标准的要求，在这一方面，高安市新街镇贾家古村是一个典型实例。

贾家村坐落在一个四面环山但较开阔的盆地的中心偏北，村落四周是平畴远山。据传贾家村始祖贾季良有一天路经畲山胜地，站在制高点，俯视整个地形，发现这里良田沃野，周边地形高，中间呈“凹”形，似“金盆”堕地，具有雄浑景色尽收眼底之气势，遂决定在此建家立业。

贾家村的选址并不符合中国传统中理想的风水布局模式——“负阴抱阳，左辅右弼，枕山、环水、面屏”，但贾家村的祖辈们对其所处自然环境进行了独特的解释，并进行了相关营造。

贾家村位于盆地的中心偏北，村落最北端距最近山脉山脚的直线距离为约为3.3公里，村落最南端距最近山脉山脚的直线距离为37公里，四周实际上没有自然边界可作屏障依靠。贾家村将距村北3公里之外的钧山、 三台山视作本村所依之山。聚落主要建筑均呈约偏西约 20 度坐北朝南与钧山一三台山一线垂直布置，成为贾家村基本的坐标系统，从而形成北偏西约 20 度坐北朝南的村落格局。为保护其龙脉，家训规定三台山为宗族产业，需尽力培植山林，不得私自砍伐。由于均山、三台山都距离较远，因此在村北入口处，又人工堆土丘一座，称为“畲堆”。

水源方面，贾家村东北有庐泉湖， 西有珠山湖，稳泉、 庐泉交会形成的小河自北而南绕村西而过，再向东流入肖江; 村南有赤溪河由东而向西南注入肖江。赤溪河符合这“龙高虎伏，弯抱有情”的好格局，因此，此河被绘入贾家村的“基址图”，作为村落选址的依据。水口有形似古砚的沙洲一块，为增强锁钥的气势，还建有七级玉塔、文昌宫、翠竹庵，文昌宫前古柏、古樟等古树比比皆是。这些自然与人工的设置，暗合了“财源茂盛、人文之举、连绵科甲”的含义。而樟树市境内的阁皂山，被借作贾家村的“屏护”，以使它符合“枕山、环水、面屏”的要求。经过这样一系列环境的经营，坐落在一个开阔盆地中心偏北的贾家村“恍金盆之落地”，周边良田适宜家族繁衍发展，佳山胜水又为家族聚居地畲山提供天然屏佑，成就了一个心理上家族聚居的宝地。

第三节　赣西地区传统建筑的类型及特征

一、赣西地区传统建筑的类型

赣西为吴楚通衢，历史上有各地移民的反复迁入，因此表现出多元文化的特点，如明代中后期，闽南移民的迁入；清代前期，湖北和赣南客家移民的迁入等，由此使赣西地区融合了各地域之长，既有赣鄱之风，又有楚湘之韵，同时还兼有客家文化色彩。因此在赣西传统建筑类型中，既有多元兼容的民居建筑，也有佛道双兴的名观古刹，既有笃守礼制的学宫书院，也不乏神秘粗犷的傩神古庙。

在民居建筑方面，赣西地处省域边陲，又是吴楚通衢，赣湘孔道，加之历史上有闽粤、客家迁民的移入，因此民居形态相应表现出多元文化的交融。总体来说有三种类型：本土赣风特点的天井式民居，设排屋（从厝）的从厝式民居向典型天井式民居的过渡形式（东南系民居特点），以及客家围屋式。

赣西地区历有耕读传家、诗书传家的传统，境内学宫、书院林立，著名者如萍乡文庙、新余魁星阁、昌黎书院、宗濂书院等。

赣西地区宗教发达，寺庙宫观众多。境内武功山为道教及佛教圣地，到明代已建有寺观三十多座，规模较大的有葛仙庵、紫极宫等，金顶之巅置有葛仙坛等四座古祭坛，始建于东晋之前，皆为穹顶结构，是古代湘赣祭天之所。赣西地区也以禅宗昌盛而闻名，境内杨岐山有创立禅宗七叶之一的杨岐宗之杨岐普通寺。杨崎宗作为禅宗中最具活力的一个教派，不仅传及华夏，还东渡日本，至今为日本佛教大宗之一，此外，宜春慈化寺、宜丰黄檗寺等也是有影响力的禅宗古刹。

除儒释道三家外，赣西地区还保留有极具特色的民间信仰，并以傩神崇拜为代表，境内傩庙建筑众多，赣西傩历史悠久，流传甚广、形态原始，傩文化资源丰富，特色明显、“三宝”（傩庙、傩面、傩舞）俱全，有其独树一帜的风格。赣西傩具有“五里一将军（庙），十里一傩神（庙）”的景观特色，堪称中国傩文化的活化石。

二、赣西地区传统建筑的特征

赣西地区传统建筑的外在特征表现在材料、肌理、色彩、墙体、屋顶、大门、细部等诸多方面。总体概括来说，在平原地区，传统建筑表现出“红砖黛瓦马头墙，隔扇勾栏小门罩”的特色，在丘陵山区则表现为“红砖黛瓦悬山顶，隔扇勾栏长披檐”的建筑特色。这些特征的形成是当地自然、社会和人文因素综合作用的结果。

赣西地区传统民居主要采用以砖砌体或土坯、土墙作为承重的砖木、土木混合结构，有的内外墙都用砖砌承重砌体。与中国多数地区传统建筑砖墙材料采用的青砖不同，这里多用红砖砌筑外墙，这种红砖以红壤土为原料，炼泥后做成砖坯，待砖坯晒干后，再一层煤饼一层砖坯砌成圆形砖窑，点火焙烧半个月，待其冷却，砖坯即成红砖，赣西传统建筑采用红砖建材的原因是复杂的，一方面与选土有关，一方面或许也与当地盛产煤矿有关，早在宋代，萍乡县的采煤业就开始兴盛，到近代萍乡有江南煤都之称，是中国近代最早的重工业基地之一。有此资源基础，赣西产砖多用煤炭为燃料，而不似其他地区多用柴薪。烧制红砖与青砖的主要差异在于燃烧过程中空气的充分与否，空气充分则为红砖，不充分则为青砖，主流传统制砖技术采用“窨水法”，在冷却阶段从窑顶往窑内渗水，隔绝空气进入，从而烧制青砖。青砖性能优于红砖，加之平民建房受礼制与等级制度的限制，由此在中国成为主流。事实上民间普遍以柴薪为燃料制砖，也难以达到烧制红砖的理想温度，而在产煤区的赣西地区则有一定优势，这或许是促成该地区红砖普及的重要原因，同时也因为工艺水平的影响，赣西地区传统建筑的红砖与现代红砖在色彩和性能等方面还是有显著差别，烧制出来的红砖呈红褐色，不似闽南地区传统红砖建筑色彩鲜艳，也不似现代红砖色彩明快，总体上形成一种斑驳的感觉。

红灰的建筑色彩，配之灰黑的青瓦屋面，共同构成赣西民居外观上温暖协调的色彩基调，具有鲜明的地域特色（图6-3-1）。

砖的普及也为赣西地区大量采用硬山山墙和屋顶形式提供了条件。相较于悬山屋顶，硬山形式更有利于防火分区，在房屋稠密地区有良好的预防火灾的功能。赣西地区的硬山屋顶一方面与全省其他地区类似，为砖砌山墙高出屋面做成阶梯状的马头墙形式，另一方面也有自己的特点，其屋顶组合富于变化（图6-3-2），主体建筑屋脊也常露出封火山墙之上，打破了马头墙的立面封闭感。需要注意的是，封火山

图6-3-1　赣西红砖墙（来源：姚赯 摄）

图6-3-2　赣西民居封火墙（来源：姚赯 摄）

墙硬山屋顶的使用主要集中在平原地区，在赣西丘陵山区，悬山屋顶的使用仍比较普遍，山墙暴露木结构，或在山墙外加披檐（图6-3-3），从而有利于排水，并丰富了山墙面的造型效果。

赣西地区传统建筑的大门处理方式与全省其他地区既有共性，又有差别。共性在于常采用在庭院入口建造门楼的处理方式，差别在于该地区在入口处理上又常采用门斗和门罩，表现出一定的地方特色。在入口设置门斗的做法可能是受到客家迁民的影响，在江西主要在赣南和赣西流行。门斗作为入口处的缓冲空间，一方面可以提供避风遮雨的实际作用，另一方面也可以打破外墙面的单调性，增加空间感和装饰感。赣西的门斗还受到江西其他地方的影响，有一定和门廊或门楼融合的倾向，如宜丰芳溪乡下屋村翁宅的门斗，前沿增加两片八字墙，门斗仿三开间牌楼形式，装饰繁复（图6-3-4）。

图6-3-3　赣西民居披檐（来源：姚赯 摄）

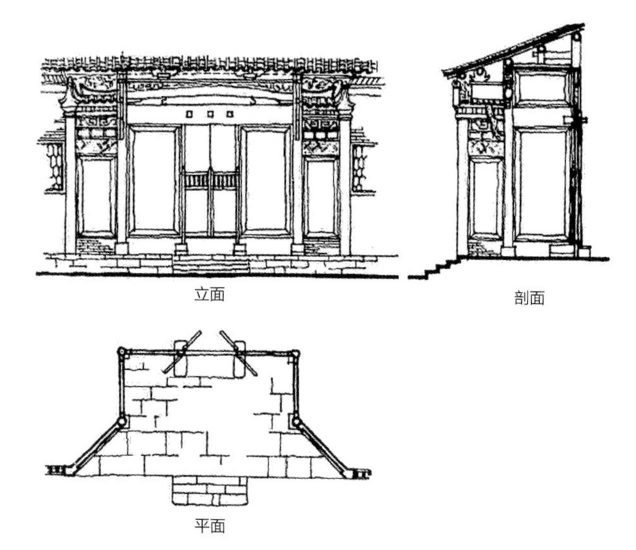

图6-3-4　宜丰芳溪乡下屋村翁宅门斗（来源：《江西民居》）

大门形制的融合现象只是赣西传统建筑多元文化特征的一个缩影，由于赣西地区多处省域边陲，又深受宗教文化、移民文化等因素影响，因此在建筑造型、平面布局、空间组织、细部装饰等诸多方面都表现出兼容并蓄的特点。

第四节　赣西地区传统建筑典型案例

一、多元兼容的民居建筑

（一）本土赣风特点的天井式民居

黄浩先生把江西民居的主要特点概括为“天井式”，他认为，“虽然，江西周边省份如安徽、浙江、广东、福建等在民居中也普遍采用天井类型，但江西在与它们的交融中形成了自身的特点，而最为重要的是在民居形制、构造上发展形成了一套非常完善和更为合理的法则规律，并且在建筑美学和思想文化上的结合表现相当完美”①。赣西作为江西地域的组成部分，自然也广泛存有这种具有本土赣风特点的天井式民居。如铜鼓带溪乡港下大夫第（图6-4-1），建于清乾隆年间，是一座规模宏大、工艺精美的官宦宅第，建筑为少见的四进七开间形式，每一进天井处理方式均有不同，第一进天井采用短墙略作分隔，第二进采用镂空短墙隔开为两个天井，第三进天井不做分隔，较为开敞，第四进则又有用廊亭分隔为两个小天井，由此形成时而小巧玲珑、时而大气开阔的空间序列。再如万载株潭乡丁家村周家大屋（图

① 黄浩. 江西民居[M]. 北京：中国建筑工业出版社，2008：19.

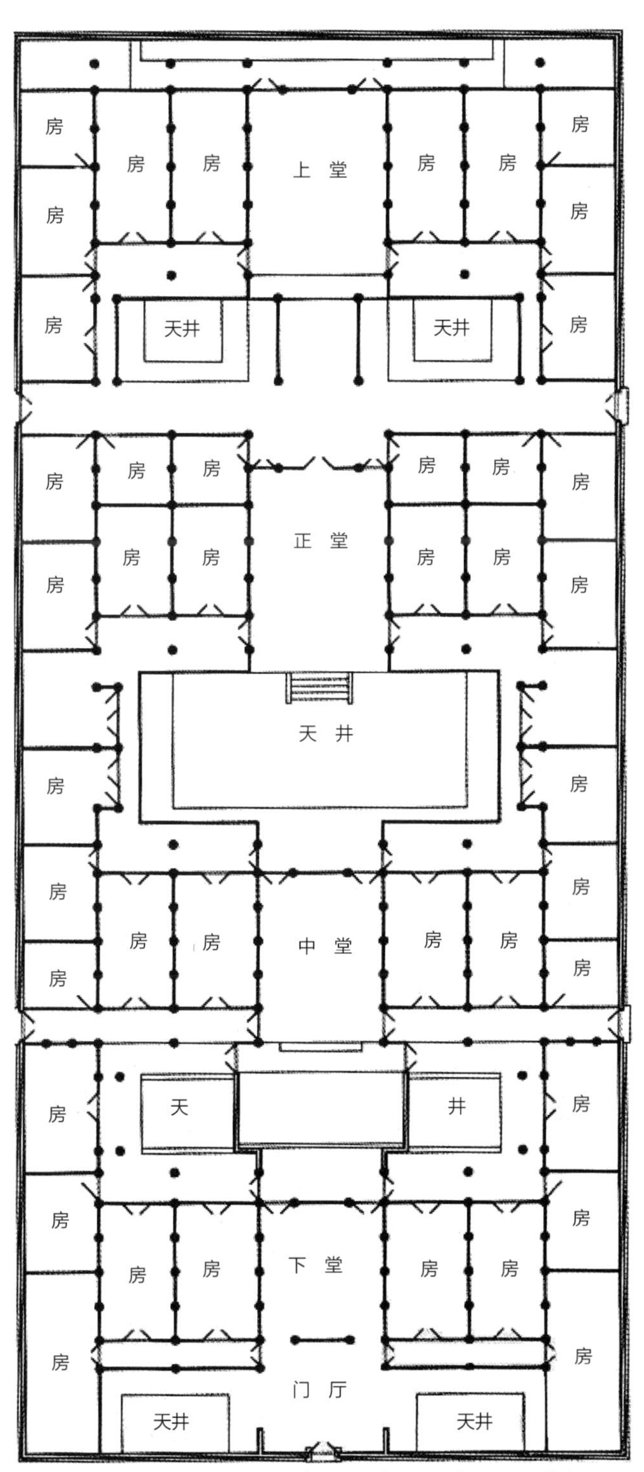

图6-4-1　铜鼓带溪乡港下大夫第平面图（来源：《江西民居》）

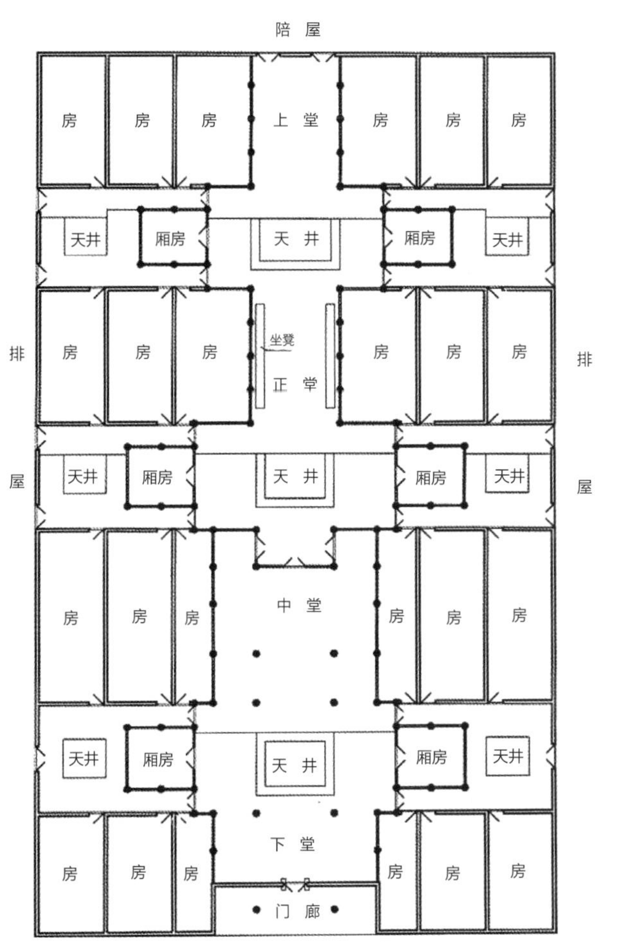

图6-4-2　万载株潭乡丁家村周家大屋平面图（来源：《江西民居》）

6-4-2），该建筑建于1815年，形制为三进九天井七开间，砖木混合结构，第一进和第二进厅堂均处理为三开间形式，因此这一部分可看作为九开间，增加了厅堂空间气势。每一进天井均为三个，互相联通，有较好的采光和通风效果。值得一提的是，周家大屋的墙砖上有“嘉庆己亥年造”字样，从而可以精确判断它的建造年份。再如铜鼓县带溪乡上花园刘宅（图6-4-3），是一座规模较小的住宅，建筑形制为两进两天井三开间，正厅部分在开口处局部扩大，从而在较小的内部空间中营建出较为大气的厅堂效果，并且改善了采光条件。通过正厅可直接进入后厅部分，后厅上方直接开有天井。这两座建筑都采用混合结构，在内部厅堂采用木构形式，而两侧房间则采用砖墙搁檩承重。可以看出，这些民居都较为注重表达中轴线上厅堂的空间效果，通过扩大开间，木构装修等手法追求体面与气势，两翼房间则有可能因之牺牲掉部分的适用性，而天井则往往成为弥补缺失，改善采光和通风条件的重要手段。

（二）设排屋的从厝式民居向典型天井式民居的过渡形式

明中叶以后到清代，以闽粤赣三省交界处为中心，发生了影响范围较广，持续时间较长的人口迁徙。大规模的人口迁徙促成了包括建筑文化在内的闽粤赣地区的文化交流与融合，而今赣西地区广泛存在的设有排屋的民居形式，或许正是建筑文化融合的实证，如余英先生指出，“铜鼓、萍乡、铅山、万载、宜丰等地有一些民居建筑与闽粤护厝式模式有明显的相似之处，究其原因，该地区在明末清初曾出现过大量闽粤‘棚民’迁入山区垦殖，其中大部分民居建筑可能是闽粤移民和后代在移居赣西北后兴建的”[①]。此类型民居的主要特色在于，主体建筑厅堂两侧常加建排屋（护厝），排屋常设厅堂，与主体建筑天井相对而形成副轴线，并与主体中轴线共同形成十字形格局，这似乎是受到“四厅相向，中涵一庭”的中原建筑古制的影响，肖旻先生认为，“从萍乡、铜鼓几处实例中可以看到从厝式民居向典型天井式民居过渡的痕迹：从厝巷被分割为分段的天井，从厝（排屋）分化为向心的厅房系统”[②]。而与闽粤两省护厝式民居比较，此类民居中天井的处理方式更为丰富，更接近于赣式天井式民居，反映出建筑文化的融合性。如排屋天井可与主轴线上天井进行对位，构成副轴，起到规划整体布局、强调礼制的作用，而不是单一的采光通风等物理功能。

实例如万载县黄茅乡汤家农舍（图6-4-4），建筑呈“H”形平面，一进五开间形制，两翼设排屋，排屋设厅堂

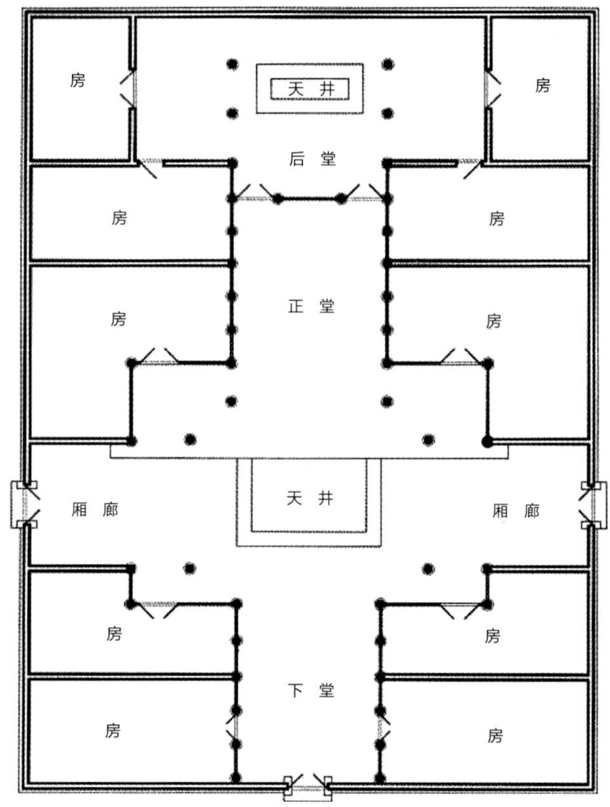

图6-4-3　铜鼓县带溪乡上花园刘宅平面图（来源：《江西民居》）

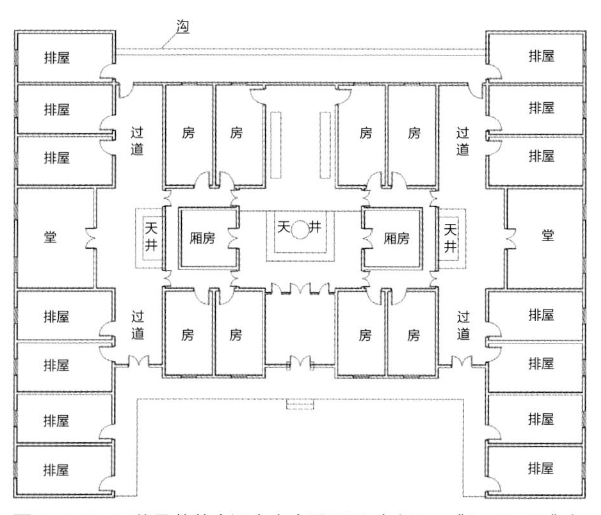

图6-4-4　万载县黄茅乡汤家农舍平面图（来源：《江西民居》）

① 余英. 中国东南系建筑区系类型研究[D]. 华南理工大学，1997：220
② 肖旻. “从厝式”民居现象探析[J]. 华中建筑，2003（01）.

与中心天井对应。排屋与主体建筑之间夹有过道，过道上也开有天井，该建筑建于民国时期，屋龄虽不算长，但仍保留了中庭式建筑四厅相向的空间模式。

再如铜鼓县排埠乡新华村虎形新屋（图6-4-5），该建筑祠宅合一，主座建筑的上堂为祖厅，四周布置了四个含厅堂的居住单元，且所有厅堂之前都设有天井，同样呈现出主副轴线并存的空间格局。且只在一翼设有排屋，因此整体为不对称形式，排屋与建筑主体之间通过廊道联系，并间隔设有三个天井。相似的例子还有萍乡清溪水口山俞宅，亦为祠宅合一的中庭式布局，建筑中轴线上为享堂，副轴线上为居住单元的厅堂和天井，居住单元的其他部分也通过天井与主座隔开。值得注意的是天井都根据轴线而改变方向，以配合所属区域的使用性质。

在一些实例中，排屋可能不设厅堂，或与主座建筑之间不设巷道，或者只设巷道而中间不设天井。如宜丰芳溪乡上屋村土谷屋（图6-4-6），为少见的九开间两进形式，每进之间通过三个天井隔开。而在两侧排屋中，也设有以厅堂为中心的四个居住单元，但排屋与主座建筑之间的巷道中则没有设置天井。而同乡下屋村的德顺祠宅（图6-4-7）排屋与主轴天井对位处则未设厅堂，而是作为杂房和厨房，且通道也未设有天井。再如之前所列举的铜鼓带溪乡港下大夫第，其两翼尽端处的房屋与中间的开间的房间有所区别，可看作是取消了过道和厅堂的排屋，表现出一定的模糊性。此类例子开始向赣地普通的天井式民居靠拢，反映了天井式建筑发展的阶段性和融合性，正如黄浩先生指出：“江西有非常丰富的传统民居，虽总体尚未形成独特的‘江西风格’，

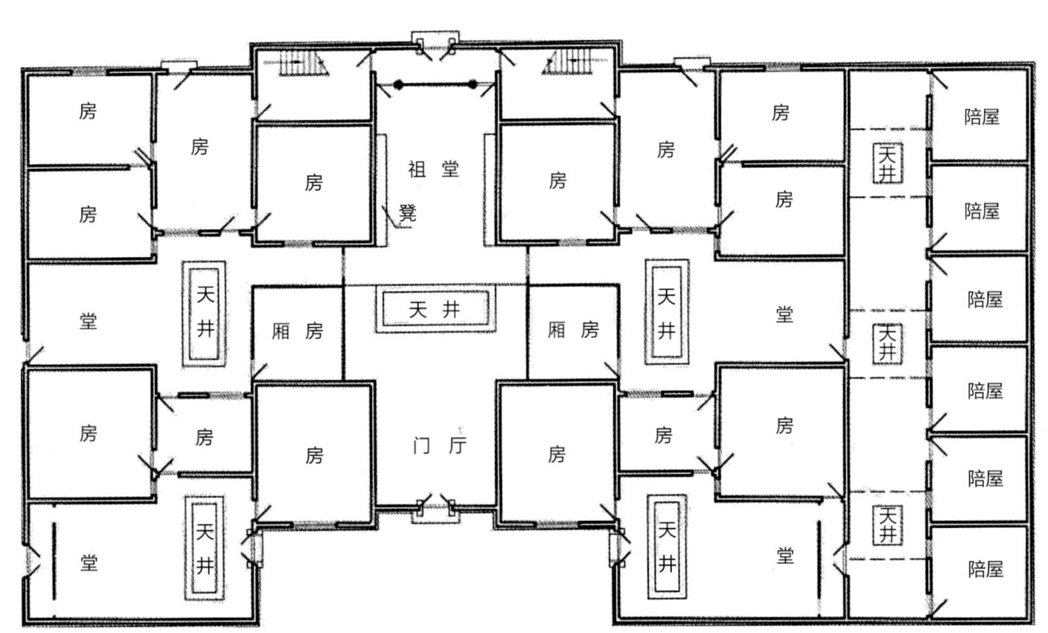

图6-4-5 铜鼓县排埠乡新华村虎形新屋平面图（来源：《江西民居》）

但就涵盖着全省各个地区的‘天井式’民居来看，却是国内此类型民居中最为丰富完整的。从江西省内保留的这些‘天井式’民居中我们可以追踪探寻其发展、退化乃至消失的脉络”[①]，赣西民居对此显然是很好的例证。

（三）客家围屋式

明清时期以闽粤赣地区为主要范围的人口迁徙在相当程度上促成了客家民系的形成，在赣西地区，辖宜春、万载、萍乡三县的袁州府，以及辖铜鼓、修水两县的义宁州也是客家移民迁入的重要区域，史载在明末清初，因袁州“残毁略尽”，客家“占藉自耕”，一时“客户半充斥”。到康熙年间，因为人口压力，又有客民向赣西迁入，如义宁州“康熙五十五年，闽粤两省迁来数万”[②]。据统计，明清宜春、万载、萍乡三县建立一次性迁入的客家基础老村833个，而修水、铜鼓县则有1172村。客家移民的迁入也带来了建筑文化的传播和融合，在赣西地区现存有不少客家围屋式建筑，即是迁民影响的结果。这类围屋大多在总体形制上更接近客家民居形式，但在局部处理上又表现出赣风特色。

实例如分宜县尚睦村邓家大屋（图6-4-8），邓氏家族最初居住在福建，之后迁入广东嘉应州（今梅州），最后才移居赣西分宜，于嘉庆十年（1805年）建造了这座大宅。该建筑总体属于梅州客家围龙屋形式，为三堂双横加围龙的平面。但也有一些区别，如房前未设半圆形水池，入口也不像常见的围龙屋从两侧进入，而是设在前方设一门楼，门楼呈八字形展开，与建筑整体朝向略成一夹角，据称是做了

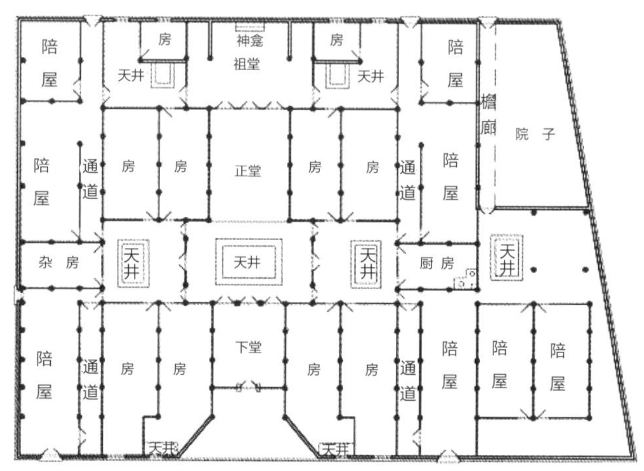

图6-4-7　宜丰芳溪乡下屋村顺德祠宅平面（来源：《江西民居》）

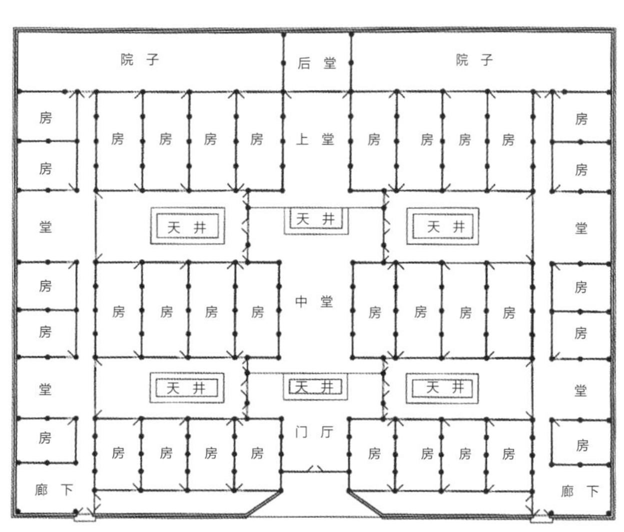

图6-4-6　宜丰芳溪乡上屋村土谷屋平面图（来源：《江西民居》）

图6-4-8　分宜县尚睦村邓家大屋（来源：姚赯 摄）

① 黄浩. 江西民居[M]. 北京：中国建筑工业出版社，2009：19.

② 万芳珍. 赣西北客家开拓进取精神及其成因[J]. 南昌大学学报（社会科学版），1996（S）.

风水化煞的处理，且门楼造型也为当地形式。从门楼进入，首先为一槽门，穿过槽门为晒场，即可看到主体建筑正面，主体建筑为三进五开间，沿中轴线分别为前厅、中厅、上厅及祖堂，四周的围龙是两层高的楼房，与主体之间通过巷道和天井隔开。其中祖堂后是后天井与龙厅，后天井的地势逐渐升高，这一点也与梅州围龙屋相似，区别在于，梅州常见围龙屋的祖堂与龙厅之间的这边区域，一般为半圆形状，称为“化胎”，且面积较大，已难以认为是天井。而邓家围龙屋在这里仍然是天井形式，且形状为较窄的梯形，其后方的围龙也相应地接近梯形形状，而不是梅州围龙屋常见的半圆形，在这其中我们也可以看到江西天井式建筑与广东客家围龙屋形式的融合现象。

二、佛道双兴的古观名刹

赣西地区宗教文化发达，境内多名刹古观，其中较为著名的如萍乡普通禅寺、武功山道教建筑遗址等。

普通寺位于萍乡上栗县杨岐山，是禅宗七叶之一杨岐宗的祖庭（图6-4-9），该寺始建于唐天宝十二年（公元753 年），创寺者和首任住持为乘广禅师，后马祖道一门下弟子甄叔继任住持。至今普通寺遗存有这两位高僧的墓塔。北宋仁宗年间，方会禅师来广利寺执掌法席，开创杨岐宗，并改寺名为普通寺，沿袭至今。普通寺在漫长的历史中屡有

图6-4-9 萍乡杨岐山普通禅寺（来源：姚赯 摄）

兴废，今日留存的寺院建筑为清末格局，建筑群分为东西两路，东路为主，西路为辅。东路沿轴线依次布置大门、弥勒殿、大雄宝殿。西路与东路略成一角度，依次布置祖师堂和观音殿。乘广塔、甄叔两座唐塔分布位于寺东西两侧，是珍贵的历史文物。二塔均为单层石塔，仿木构，饰以浮雕，风格古朴，塔前还分别各竖有一座唐碑，前者铭文系刘禹锡为乘广禅师书写和篆刻，后者甄叔禅师塔铭则为沙门至闲撰文，僧元幽书写，这两座唐碑在道光十七年（1837年）被移至前殿正门左右墙上。

作为禅宗寺庙，普通寺保留了一定禅宗建筑的特色，在建筑群体布局上相对自由，并不呈严谨的对称格局。建筑单体风格朴素，山门仅为单开间，主体建筑也为简单的两进三开间形式，不崇规格，表现出禅宗重体悟而不重形式的精神品格。而在寺院功能元素设置上，设有禅宗常见的祖师殿、塔林等元素，但却未设禅堂，这也反映了清代以来各宗寺院功能趋同的现象。

武功山是赣西地区道教圣地之一，自三国吴赤乌年间，葛玄入山修炼，首开武功山道教之风，到清代，围绕主峰一带的宫观坛庵达百处之多，著名的如太极宫、葛仙庵、集云庵等，今多已毁没，但许多仍存有遗址，从中可窥见当年的繁盛气象。

太极宫得名于太极左宫仙翁葛玄，邑人张程在《武功山志》中记载，仙翁在峡江玉笥山冲奉得道后，明初史谷蟾以佛家身份，来此卓锡建刹，武功山遂名声远播，被称为“江右福地”。明嘉靖丙辰（1566年）毁于火患。道士悟铨，元铨募缘重建。中为葛仙殿，仍题额为“太极宫”。宫后有观音堂，左为元坛殿、玉皇殿。殿后为敕书阁。道人私庐有观妙、飞仙、白鹤等楼，依次环殿四周，太极宫现存的遗构有石碑、门廊、古桥等，此外一些佛教建筑遗构也表明这里是一个佛道共存的地方。

三天门遗址是武功山最大的道场之一，东晋时建有道观，原名图坪庵，后由元末宰相史天泽之孙史谷蟾大规模重建，分前殿、中殿、后殿，今已毁，现存的遗构有五显祠等，五显祠为康熙年间兴建的石龛式神祠，乾隆年间进士刘

希甫记载了当时这里的环境布局：五显祠前隔路有一水井，进门入前殿，上书“名山天柱”额，为供奉明世宗嘉靖帝御香之所。后殿左为云外草堂，右为天边竹院。五显祠祀奉的主神为显聪、显明、显正、显直、显德，反映了唐代产生于江西德兴一带的五显信仰。

武功山地处吴楚交汇之要冲，自古为湘赣两省先民朝天祈福的圣地，吴风楚韵演绎、发展和丰富了武功山祭祀文化。武功山金顶海拔1918.3米，被誉为：“乾坤之胜境，神仙之福地”，置有葛仙坛、汪仙坛、充应坛、求嗣坛四座古祭坛（图6-4-10）。它们始建于东晋以前，均为穹顶结构，皆由花岗岩砌成，是古代湘赣祭天之所，为江南古代祭祀文化活化石。四坛之上建有石垒之白鹤台，两侧嵌一石联，曰“万里云山齐到眼，九霄日月可摩肩”，台后是“天际神灵”之庙，庙内供有道祖金身塑像，至今香火不断。

图6-4-10 武功山葛仙坛（来源：李岳川 摄）

三、恪守礼制的学宫书院

赣西地区历来有尊儒重教之风，学宫、书院众多，这方面重要的建筑实例如萍乡文庙、新余魁星阁、昌黎书院等。

萍乡文庙（图6-4-11）位于萍乡安源区南正街，始建于唐武德年间，原为学宫，后为祭孔之所，自南宋后有八次迁建，明代重建增置了藏书用的尊经阁等，是江西地区修建最早，也是保存最为完好的孔庙建筑，当地县学记称“规模壮丽，栋宇峥嵘，圣贤昭布森列。”现存建筑为清雍正十二年（1734年）所建，官式做法。建筑群坐西北朝东南，呈左庙右学格局，沿主轴线布置棂星门、戟门（大成门）、大成殿、后花园等，侧方位则布置明伦堂、崇圣斋，训导斋、教谕斋等附属建筑（已不存）。其中棂星门为四柱三间牌坊式门楼，花岗岩石构，中间屏上两面刻有“棂星门”三正楷字。戟门面阔五间，进深四间，重檐歇山顶，其前方原有泮池和状元桥，今已不存。戟门和大成殿之间有月台，是祭祀孔子时佾舞生跳八佾舞或六佾舞的地方。主殿大成殿面阔五间，进深四间，重檐歇山顶形式，上檐为21檩，前后三步，明间出单挑檐檩分心用四柱穿斗式梁架，次间出单挑檐檩分心用五柱穿斗式梁架，上檐挑檩均用挑枋承托，挑头枋底施丁头栱（当地叫黄蜂窝斗栱）。下檐前后檐五檩出单挑檐檩用两柱脊檩两侧各加了二根附檩。大成殿中央装饰斗八藻井，绘有云龙麒麟图案。整座孔庙规模宏大，配置齐备，给人以庄严肃穆之感。

图6-4-11 萍乡文庙（来源：姚赯 摄）

昌黎书院（图6-4-12）系为纪念韩愈任袁州刺史时的功绩而设立，始建于北宋皇祐五年（1053年），初为韩文公祠，明嘉靖二十八年（1549年）改为昌黎书院，历代累毁累兴，其间有两次规模最大，一次是清初康熙年间重建书院，扩大规模，“堂庆巍然，楼阁翼翼，斋舍府湢以次而备”。另一次是清道光十八年（1838年），由宜春县捐资修葺原道阁，四宜堂，并移建头门，新建魁星阁及碑亭各一所，围以高垣曲栏，规模壮丽，现存建筑为这一时期留存，基址位于宜春市第四中学校园内，周围有山水环抱，环境优美。建筑为院落式布局，整体呈凸字形，分中、东、西三路，中路建筑为三进式，沿中轴线第一进为门厅、第二进为开敞的讲堂，第三进为先贤祠和藏书楼，东西为斋舍，各六间，一字排开对称分布于讲堂两侧。建筑整体较简朴，为砖木结构，悬山屋顶，单檐泥瓦，两侧砌风火山墙。内部为抬梁式木构架，设有简易斗栱。内檐雀替短小扁平，素面。金柱较小，柱础花岗岩，方脚扁鼓形。内无墙，隔扇门构筑，无花饰，风格素雅大方。

图6-4-12　宜春昌黎书院（来源：李岳川 摄）

图6-4-13　小枧傩庙（来源：李岳川 摄）

四、神秘粗犷的傩神古庙

赣傩是中国傩文化的重要组成部分，赣西萍乡傩“傩庙”、“傩面”、“傩舞”三宝俱全，是赣傩的典型代表，而傩庙作为萍乡傩文化的重要物质载体，广泛分布于萍乡各地，有“五里一将军，十里一傩庙”之称，有傩神的地方，必建庙，有傩舞的地方，必建大庙。萍乡各地建庙，一般由大姓独建或小姓联合建立。庙的冠名大致可分为“庙”、“祠”、“庵”三类，如将军庙、古傩祠、德化庵等，傩庙一般由前堂、天井、后殿三部分组成，面阔三间，采用五岳朝天式马头山墙。规模大的则在两侧加建偏屋，用作厨房、储藏室和居室，并在庙前增建雨亭、空屋场、戏台、酒楼，与庙连成一体。内殿正中设拜坛、香案、傩坛（俗称“洞”），坛上供奉傩面具。20世纪50年代初萍乡有庙52座，至今保存二十余座，这其中以上栗县东源乡的小枧傩庙历史最为悠久，形制最为完备。

小枧傩庙位于杨岐山脚下，起源于晚唐，庙址最早位于田心村棋下，宋代搬至石源村境内的仙帝庙内，现存建筑屋顶上的“定风卢”和“太极石”瓷石制品据考证都是宋代文物。明洪武年间（1374年）庙址又迁至田心村水口山，清代中期（1740年）毁于火灾，同年重建，保留至今。庙名是根据古地名变化而来，小枧古名为“遵化乡宣化里”，“遵宣”为小枧古名的缩写 ,因此小枧傩庙又称“遵宣一祠”，上栗县还有第二公祠、第三公祠等，一个公祠对应于若干甲，如小枧傩庙就由十甲兴建。

小枧傩庙（图6-4-13）的整个建筑群坐东北朝西南，组成部分包括庙宇、风雨亭、广场、酒楼和厢房等。风雨亭设于庙前，但在19世纪50年代拆除，风雨亭对面是戏台，但戏台与大殿轴线错开，并不相对，戏台与大殿之间是可容纳两千人的广场，两边为厢房和酒楼。清同治十年甲戌（1874年）进行扩建，增加了观音堂与“古杨子庙”（现改名长山社）。傩庙主体殿宇为三间二进形式，硬山屋顶，设封火山墙。庙宇前廊有石柱两根，殿内石柱两排6根，前厅与后厅之间为天井，天井上方立有“百盏神灯”，神灯高六尺九寸 ,取寿字形，底为三足鼎，足为圆柱形，圆柱上面钟鼓形,鼓边绘花纹，中间绘太极图。后厅正殿顶部设有八边形藻井，藻井施以彩绘装饰，傩案上供主神唐、葛、周三大将军，樟木雕刻面具35只、石雕面具111尊，三将军面具置于其他面具正上方，显示其中心地位。

赣西地区其他有代表性的傩神庙有石洞口傩庙（图6-4-14）、下埠傩庙、德化庵等。

设立傩庙以祀傩神是赣傩的一大特点，在其他各地域傩文化中，傩庙并不是一个必备的要素。如贵州西北山区的“撮泰吉”作为一种较为原始的傩戏，地点一般选择在村旁山间的平地上，贵州东北土家族的傩堂戏，则在主家住宅中设置祭坛，再如安徽池州傩是在祠堂、堂屋、社坛、社树下等范围内活动。当然也有和赣傩相似设置傩庙的，如甘肃永靖傩舞，素有“上七庙，下六庙，川里还有十八庙”之称，但仍不像赣傩中，神庙成为傩的基本的要素“三宝”之一。总的来看，傩庙作为祭祀傩神的场所，其设立与否、规模形制取决于诸多因素。就“傩”的本义来说，傩事活动本无需设置傩庙，陈泳超指出古傩的基本特征包括：（1）傩的核心目的是逐疫；（2）傩虽然也有牺牲祭祀（所谓‘磔禳’的祈请活动，但主要手段是以恶制恶的驱镇巫术）；（3）傩只能在规定时间即季春、仲秋与季冬进行，尤以季冬为甚，故称‘大傩’；（4）傩具有热烈的仪式表演[①]。由此可以看出，古傩是“以恶制恶”，并无崇拜神明性质，因此并无建庙祭祀的需求，再者在一年当中，傩的举办次数是有限的，这也影响到仪式场所的固定化和建筑化。对比古傩，演变至今日的各地傩文化已有了很大的变迁，总体可以归结为两个趋势：一是对各种神明的崇拜变得普遍，傩事从逐疫演变为一种酬神活动，且受到佛道等宗教尤其是道教的复杂影响，应该说这为神庙的建立提供了前提；二是傩由仪式化走向戏曲化，酬神又演变为娱人，例如傩事活动的进行常由具有流动性的傩戏班子承担，在这种情况下，神明的居所往往就由傩班供奉的神橱所代替了，而非固定化的神庙建筑。在各地域的傩文化中，应该说这两种趋势是共同存在的，但侧重有所不同。

图6-4-14 石洞口傩庙（来源：李岳川 摄）

以赣傩来说，傩庙的普遍建立反映了其较为浓厚的神明崇拜色彩，这其中尤以赣西傩较为典型，具体表现在以下几个方面：

其一，赣西傩有较为集中明确的神明崇拜，在萍乡宜春地区，最普遍供奉的傩神是“三元将军”，即周厉王时期唐宏、葛雍、周武三谏官的合称，配祀祭祀主题包括驱邪逐祟、迎春娱乐等。赣西其他傩庙也有比较明确的崇拜对象，如欧阳金甲将军、傩神祖师、傩神太子等。而在江西以外地

① 陈泳超. 傩的本义及正误[J]. 民族艺术，1997（01）.

区的傩文化中，神明一般相对繁杂，如黔北傩堂戏的特点是“多神崇拜，神巫混杂”、“集多教神灵于一堂”，再如安徽贵池傩仪中的“请阳神”，意指请天上、地下一切神祇，比较来看，赣地这种较为明确的神明崇拜显然更有助于祭祀建筑的独立化。

其二，赣傩深受地方血缘宗族影响，吴珂指出，“江西的傩庙不仅为家族所有，由家族管理、守护，大姓望族一般有几乎平行于宗族血缘系统的傩庙。……杂姓有几家甚至几十家共建傩庙”[①]。傩庙与宗族相联系对应，意味着傩神信仰具有稳定的信众来源和经济基础，活动场所易趋于固定。

其三，赣西傩庙不仅在特定的节庆时间举办活动，在日常生活中也发展成为村民精神生活和物质生活的中心。“在萍乡民间，百姓无论是新屋落成、乔迁新居，还是生子作寿等，只要逢迎喜事，都会举行傩事即‘喜傩’活动，敬傩神，演傩舞，增加喜庆氛围”[②]。傩庙也影响到村民的经济活动，作为一个神圣场所，其周围进行的买卖交易应该是诚信无欺的，加之每次傩事活动的举行吸引大量的人流，因此傩庙周边往往进一步演变为墟市。如小枧傩庙附近就形成了每月初二、初十二、初二十二的定期墟市，这也使得傩庙建筑的规模进一步扩大。赣西傩庙规模宏大，标准配置包括雨亭、戏台、酒楼等，而不局限于单一的祭祀建筑，经济活动的活跃应是重要的影响因素。

本章小结

赣西自古人文荟萃，尤其以宗教文化较为突出，多种宗教和地方崇拜多元并存。因此在赣西各类传统建筑中，以宗教和民间信仰建筑最具特色，其中禅宗建筑风格朴实，不拘定式，保留了些许早期禅宗寺庙的气象。道观建筑渊源久长，风貌原始，还影响到民间信仰的傩庙建筑。赣西傩庙形制完备，风格神秘粗犷，是赣西傩文化的重要组成和物质载体。除了宗教文化外，赣西又以耕读文化、移民文化为支撑，兼受赣中地区和湖广文化的影响，因此民居建筑表现出多元融合的特征。除了本土赣风的天井式民居，部分民居设置排屋，应是渊源于闽粤地区所常见的从厝式民居，此外受客家迁民的影响，该地区还有形制完整的围屋建筑遗存。总体来说，在自然地理条件、社会和人文环境的合力作用下，赣西地区传统建筑表现出边缘性和多元性。边缘性使该地区传统建筑与江西整体建筑体系既有共性，又有自己的独特风貌，尤其表现在宗教和民间信仰建筑中，多元性则使得赣西传统建筑兼具不同地域、多种民系特色，民居聚落正是其典型代表。

① 吴珂. 傩祭与中国传统建筑[D] 华侨大学，2006：9.

② 赖芬. 萍乡傩文化论析[J]. 萍乡高等专科学校学报，2013（02）.

下篇：江西现代建筑传承

第七章　江西省近现代建筑传承及创作历程概述

江西省地处我国中部亚热带北缘，被湘、鄂、皖、浙、闽、粤六省围于中间，成为长江流域到岭南地区的必经地带，也是东南沿海到我国内陆腹地的过渡地带。由于建筑与人的生活有着最根本的联系，同时受其所在的地理环境、人文环境、政治、时代、技术等因素的限制，因此江西省内的建筑有着其独特的特质。

进入近现代后，江西古代建筑的传统建筑的地域差异比较明显，上篇根据自然环境、文化背景以及传统建筑特征将江西分为赣中、赣东北、赣南以及赣西等四个部分进行剖析与归纳总结。但是随着时间的推移、资讯与交通的发达，地方之间的交流与信息沟通变得便捷与频繁，地域之间的差异逐渐缩小。同时，发展节奏的加快，时代之间的差异愈加明显。因此，时代差异明显多过地域差异。建筑文化的演化也大致呈现出全国文化趋同的格局。江西境内的近现代建筑在“国际性”、“国家性”与“地域性”等框架下发展具有本省特色的建筑文化主张同时，其对传统文化的追寻、探索与拓展历程是一个曲折渐进的过程。

第一节 江西省现代建筑的传承

进入近、现代，西方文化的强势与西方技术的先进性使得我省在各个领域开始学习西方，西风东渐是建筑文化传播的主要趋势，城市与建筑领域亦不例外。随着19世纪中后期海禁的开放，九江开埠，英国人租地庐山修建别墅，传教士进入省内修建教堂，西方建筑由此乘虚而入，江西各地建起了一座座的西式教堂和别墅（图7-1-1～图7-1-4）。

20世纪初，在民族主义潮流冲击下，伴随着在华教会的宗教本土化运动，形成了欧美建筑师主导下的传统建筑文化复兴初潮，西方建筑师越俎代庖的“中国式”建筑是在新的功能、技术条件下体现传统建筑文化的尝试。虽然教会的宗教动机为国人所怀疑，其建筑外观和细部也不和传统建筑法式，但是客观地讲，他们的成果为后起的建筑师所吸收和继承，成为民族形式建筑的先声。20世纪初在江西中部传统建筑的核心地区——美陂村，也已经有洋楼出现。燕坊古村中也有一处建筑，其屋脊呈圆环形，线形流动的变化较多，看起来十分具有时代特色。

20世纪20年代后期至20世纪30年代中期，在政府官方的大力倡导下，以第一代中国建筑师为创作主体，以赣州机场航站楼（图7-1-5）为代表，形成了江西省传统建筑文化复兴浪潮，其开创的多种经典模式，如以“宫殿式”大屋顶来表现民族风格和采用现代建筑体量局部略施传统构件和纹样装饰的“现代化的建筑”，为新中国成立后的“民族形式”建筑所继承。

新中国成立后，加入了以苏联为首的社会主义阵营，“一边倒”地接收了苏联的“社会主义内容、民族形式”建

图7-1-2 庐山法国天主教堂（来源：赵晗聿 摄）

图7-1-1 美庐别墅日景（来源：赵晗聿 摄）

图7-1-3 美庐别墅立面（来源：赵晗聿 摄）

图7-1-4 美庐别墅入口（来源：赵晗聿 摄）

图7-1-5 赣州黄金机场（来源：赣州市城乡规划局 提供）

图7-1-6 青云谱梅湖定山桥畔日景（来源：吴靖 摄）

筑思想，在20世纪50年代“十大建筑”的建设项目中，再度形成了传统建筑文化复兴浪潮。这一时期也出现了离开北方官式大屋顶模式，从传统民居中寻求灵感的地域性探索。如1959年建于南昌南郊十五华里处的青云谱梅湖定山桥畔的展览馆（图7-1-6、图7-1-7）。同时由于文化不自信、对建筑形式的依恋以及对传统建筑文化精髓挖掘的不足，导致南昌、赣州的商业街上出现很多西式的门面和牌楼，同时江西民居也陷入不知所从的混乱状态，连偏僻的乡村住宅，像瑶里镇的“狮岗胜览”，全然不顾内部的传统结构，外观也要加上西洋的装饰。

改革开放新时期，经济高速增长，政治环境宽松，思想束缚解脱，立基传统的建筑创作进入了多元化时期，同时伴随1972年恢复江西大学，将江西理工科大学更名为江西工学院，一批又一批设计师从学校走进社会，直至20世纪90年代中期，基本是摸着石头过河的初期，是探索、争论、磨合、积累资金和经验、制定政策、法律法规、技术规程和取得初步城镇化经验的阶段；从20世纪90年代中期到2013年“十八大”召开并提出新型城镇化口号是第二阶段，是急速的城镇化和城市粗放型建设的阶段。 就建筑设计而言，越来越多的学者与设计师开始思索如何在新建筑中弘扬和发展传统建筑文化的精神，出现了以高安市吴有训科教馆等复原性建筑为代表的古风主义（图7-1-8～图7-1-11），以上饶婺源火车站为代表的新古典主义（图7-1-12、图7-1-13）和以婺源松风茶油厂（图7-1-14、图7-1-15）为代表的新地域主义等不同的倾向。这一系列探索在视野上突破了以往以大屋顶宫殿式建筑为蓝本的“民族形式”命题的局限，进入了乡土性、地域性的广阔领域，手法上则立足对传统的发展和创新，在现代功能和时代审美精神的基础上对传统重新

图7-1-7　青云谱梅湖定山桥畔展览馆内景（来源：吴靖 摄）

图7-1-8　高安市吴有训科教馆入口（来源：吴靖 摄）

图7-1-9　高安市吴有训科教馆日景（来源：吴靖 摄）

图7-1-10　高安市吴有训科教馆正立面（来源：吴靖 摄）

图7-1-11　高安市吴有训科教馆内景（来源：吴靖 摄）

图7-1-12　婺源火车站近景（来源：吴琼 摄）

图7-1-13　婺源火车站正立面（来源：吴琼 摄）

图7-1-14　婺源松风茶油厂日景1（来源：吴琼 摄）

图7-1-15　婺源松风茶油厂日景2（来源：吴琼 摄）

阐释和演绎，并融入了以人为本、文脉保护和可持续发展等新意识。

第二节　江西省现代建筑的创作历程概述

时间流淌，传统从远古流淌而来，不断去粗取精，随着建筑材料的更新，建筑技术的精进，人们对传统认识的加深，传统的表达不再仅仅局限于曾经的修缮和模仿。大量的新时代建筑师和学者，他们也许并不熟悉传统木构建筑的具体尺寸、比例以及做法，但是他们获益于新时期丰富的设计理念、爆炸式的信息来源、大量的设计实践机会以及新一代的国际舞台上的大师及其作品的出现，高层次的建筑文化的探讨与避免城市面貌趋同化这两大问题激起不少建筑师和学者进行深入的思索，这种思索与之前简单的传统复兴截然不同，它表现在以下几个方面：

其一，不再满足于简单的风格讨论，不满足于简单的“中而古”“中而新” “西而新”这样的分类，渴望新的融合，渴望民族文化传统与时代精神的汇聚，渴望中和西的共存、碰撞和有机的融会贯通。设计应该结合具体的环境决定其设计取向而不是动辄风格定位，认为品位高于风格，设计不论中西都可以做得与环境相适应，尊重环境的肌理，从环境肌理着手进行建筑的设计与考量。

其二，不满足于将外部风貌和内部风貌割裂开来的两层皮的做法，希望将表皮和内囊尽可能做一体化考虑，一气呵成和一以贯之，认为新时期建筑应该高度关注和首先关注建筑设施的更新、功能的完善以及一系列可持续发展中的技术要求，不赞成将风格取向作为方案选择的主导，对自然气候特征的适当应对应该作为方案选择的考虑因素之一。

其三，不满足于笼统的民族风格的泛泛而谈，关注和地域、环境、历史文脉相联系的地域特色在建筑环境与建筑空间上的创造，认为建筑文化应该是当地居民可感知、可识别、可勾起记忆的，而不是宏观的风格定位能解决的，建筑的内部空间的变异与导向也是建筑设计考量的因素之一。

其四，不满足于停留在屋盖形式、斗栱构件等的简单模仿，而是寻找适合所在地域且与项目特定功能相融相洽的其他形式以及特有的材料和技术细节的表达，建筑材料和建造方式的地域本土化，亦是建筑设计中的影响因素之一。

其五，不满足于符号和标签的到处粘贴，而是关注于建筑特有的空间与环境意境的地域性创造，不满足于视觉的刺激而是探寻心灵的感动，使用一些点缀性的符号特征体现建筑特色，唤起人们心底的共鸣。

因此，新时期粗放型的城市建设与建筑营造已经大大超越了前一个历史时期的水平，达到了新的历史高度，已经可以为今后新型城镇化中的集约化发展提供借鉴的方向。江西省这方面的案例将在下文中进行展现，从人文弘扬、技术策略、自然环境的应对等三个方面来进行具体的介绍与阐释。

第八章　江西传统建筑文化在现代建筑中的传承——人文弘扬与案例

中国建筑创作从传统走向未来，离不开对优秀传统建筑文化的传承、发展、探索和创新。而传统建筑文化在当代建筑中的传承更离不开对地域文化、场所精神等本土文化的人文弘扬。建筑表象上是对自然、气候、环境的应答，实质隐含着对社会、文化、生活方式、审美观念等意识形态影响下的价值观。[①]文化的地域性与多元性，必将催生出建筑文化创作的繁荣。

由于历史和地域的原因，江西具有非常深厚而多样化的文化积累。“吴头楚尾，粤户闽庭”，身处长三角、珠三角和闽三角的发展腹地和后花园，可识别性的地区差异，并与各地的文化背景紧密结合，形成了江西丰富多彩的多元化面貌。江西赣文化作为中华文化的一个重要分枝，本就是一个耕读文化、移民文化、宗教文化和工商业文化发达的多元文化体系。千年瓷都、千年铜业、千年书院、千年禅宗、千年道教，每一个“千年江西”都是一本厚重的历史和文化。这其中最具代表性的是赣中的庐陵文化、临川文化，赣东北的以瓷文化为代表的工商文化，赣南的客家文化和赣西的宗教文化，这些地域性文化为江西传统建筑文化在现代建筑中的传承提供了独特的文化语境。璀璨的人文文化、悠久的名胜古迹、热闹的市井街区和实用的住居文化又为江西现代建筑创作提供了丰富的场所内涵。江西现代本土建筑创作在这百川并流的文化语境和场所内涵中进行多元探索、继承开拓，对建筑文化的传承与创新不断展开实践探索与研究。

① 王兴田，许志钦．御泉谷温泉度假酒店[J]．建筑学报，2015(06).

第一节　多元探索的传承策略与案例

江西得天独厚的地域环境和深厚多样的文化积累，为现代本土建筑创作提供了丰富的源泉。独特的地理环境和丰富的人文历史激发着设计人员的创作热情，并使之在儒学、宗教、旅居、工商等文化语境下不断展开多元探索的传承实践。

一、儒学文化语境建筑设计

儒家思想是中国文化中具有深远影响的一种意识形态。儒学文化思想在中国传统建筑的重要体现为简朴封闭的外观和以正堂为核心的空间秩序。江西文化自古深受儒学思想的影响，在现代建筑创作中，也有颇多体现。许多重要公建群体为凸显其庄重大气的建筑空间氛围，多采用以主楼为核心的中轴线空间布局来进行规划设计，如江西省政府九龙湖建筑群、江西前湖迎宾馆等。这类建筑群体布局上考虑突出主楼的主体地位，营造出既有整体节奏序列又各自独立，且和环境紧密融和的空间特色，其规划设计主旨一定程度上也是受到儒学思想的影响（图8-1-1~图8-1-3）。

二、宗教文化语境建筑设计

江西自古宗教文化发达，儒释道学，源远流长，有着举世闻名的宗教圣地：儒家理学传播中心——庐山白鹿洞书院、佛教净土宗的发源地——庐山东林寺、佛教禅宗圣地——宜春、道教发源地——鹰潭龙虎山、道教仙山——三清山等。在这些宗教文化语境下，当代建筑师们创作了一系列与之对话的建筑作品。龙虎山，因东汉中叶的正一道创始人张道陵曾在此炼丹，传说“丹成而龙虎现”而得名，是道教的发源地。鹰潭龙虎山游客中心，作为“中国道教第一山”的游客中心，堪称进入龙虎山的第一景。中心位于通向风景区公路尽头轴线延伸处，通过前广场使轴线转向，引导游客进入建筑。建筑外形像一个巨型的斗，寓意道教的五斗米道，较好地处理了接待中心与自然环境和人文环境的结合。

图8-1-1　江西前湖迎宾馆立面图1（来源：南昌市城乡规划局 提供）

图8-1-2　江西前湖迎宾馆立面图2（来源：南昌市城乡规划局 提供）

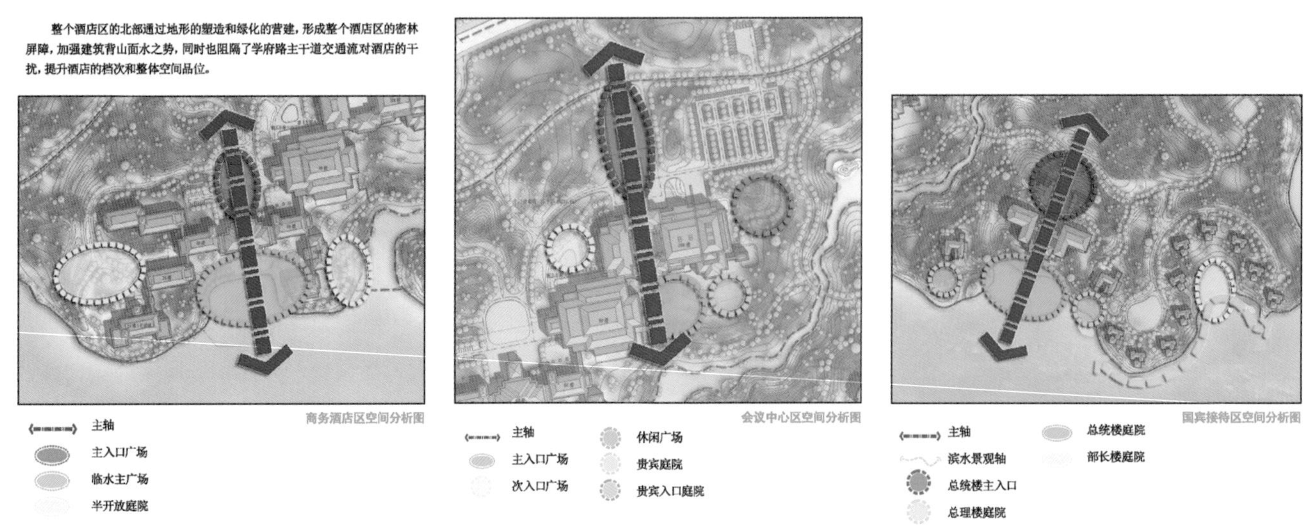

图8-1-3　江西前湖迎宾馆分析图（来源：南昌市城乡规划局 提供）

整体建筑呈扇形分布，用最简洁和理性的方法将三大功能合为一体，具有强烈的震撼力。方案构思源于道学环境思想，师法道学文化中阴阳相生、刚柔并济、天人合一的理念，以方元为母体，阴阳为元素，以建筑的刚和水的柔为辅助，以龙蟠虎踞图腾柱与法井构筑成太极广场，合中有分，分中有合。强烈的现代建筑震撼力，加上深层的地域文化内涵，使之成为龙虎山旅游区标志性建筑（图8-1-4、图8-1-5）。

道教文化博大精深、源远流长。道教建筑艺术主要表

图8-1-4　鹰潭市龙虎山游客中心1（来源：鹰潭市城乡规划局 提供）

图8-1-5 鹰潭市龙虎山游客中心2（来源：肖芬 摄）

现在宫观建筑中，而宫观建筑源于灵台。龙虎山道学院，作为专业修道、研道、弘道的场所，将其建筑形象定格于汉风礼制台榭建筑的深层思考，借鉴秦砖汉瓦、四灵瓦当等建筑风格，展现汉风建筑古朴刚劲之美和台榭建筑恢宏显赫的丰富表现力。规划建筑方案在设计中巧妙地参照太极图案的外形，设置阴（软地）阳（硬地）鱼广场丰富太极文化。建筑后广场设计灵感源自由八卦衍生的六十四卦的树阵。中轴线主体建筑前后左右环境布局体现四灵五行文化，合理利用场地设置斋醮坛台和诵经道场体现祭祀文化。设计还借用道教玄虚奥妙的数字意象，通过“S”形阴阳分界道、“三界门”、“道教四灵”台、“五斗米道”旗灯、“七星”雕塑图等着力体现浓郁的道家文化，使道学院所承载的道文化成为龙虎山道教文化资源的有力补充（图8-1-6、图8-1-7）。

禅宗是中国化的佛教，讲究自然、内在、超越。宜春在中国佛教史上具有非常突出的地位，市内拥有两大名寺（靖安宝峰寺、奉新百丈寺），三大祖庭、十大寺院、上千座禅寺塔墓，纵横九岭山脉，绵延五百余里，蔚为壮观。中国佛教界素有“马祖兴丛林，百丈立清规”之说。马祖的舍利子归葬于宝峰寺（江西省最大佛教禅宗寺院、全国禅宗样板寺）。“禅都宜春”也赋予了宜春独特的城市历史文脉。宜

图8-1-6 鹰潭市龙虎山道文化院1（来源：鹰潭市城乡规划局 提供）

图8-1-7 鹰潭市龙虎山道文化院2（来源：鹰潭市城乡规划局 提供）

春又被誉为“温泉之都”。宜春温汤镇月亮街的规划建设改造，充分结合宜春“温泉之都”的独特资源，传承历史文脉及地域特色，突出禅泉文化，强调温汤气质。建筑风格沿用传统赣西民居形式（包括历史以及近期形成的当地特色）。采用民居的悬山顶，浅灰色瓦，木质檐口、木质栏杆、木门窗装饰，新建骑楼为清水墙面，改造建筑上部以白墙为主。温泉大道铺自然面的石材，类似于传统的石板路，整体流露出一种厚重而又质朴的气息，强调温汤特有的气质规划与温泉相关的小品建筑、禅泉主题雕塑等（图8-1-8～图8-1-13）。

图8-1-9 宜春市明月山月亮街方案透视图（来源：宜春市城乡规划建设局 提供）

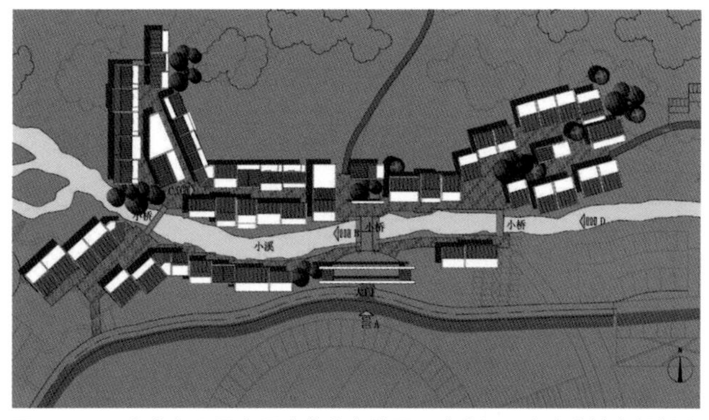
图8-1-8 宜春市明月山月亮街方案总平面（来源：宜春市城乡规划建设局 提供）

图8-1-10 宜春市明月山月亮街1（来源：肖芬 摄）

图8-1-11　宜春市明月山月亮街2（来源：肖芬 摄）

图8-1-12　宜春市明月山月亮街3（来源：肖芬 摄）

图8-1-13　宜春市明月山月亮街4（来源：肖芬 摄）

三、旅居文化语境建筑设计

客家文化在江西的旅居文化中，独树一帜。江西的客家作为客家族群的一个重要分支，文化异彩纷呈。江西客家主要聚居在江西南部、中部和西北部。江西赣州作为“客家摇篮”，拥有丰富且独特的客家文化。赣南是客家先民南迁的第一站，是客家文化、客家民系形成的摇篮，是客家人当今最大的聚居地，拥有丰富且独特的客家文化，在整个客家人的族群历史和文化中占有特殊地位。聚族而居的围屋和大屋是旅居文化在建筑文化中的主要体现。龙南县文化艺术中心位于享有“生态王国”、“绿色宝库”美誉的江西的“南大门”赣州市龙南县。龙南县境内拥有国家级自然保护区和国家森林公园九连山，全县森林覆盖率高达80.6%。龙南县更是一座有着千余年历史的客家古县，这里有全国重点文物保护单位关西新围和燕翼围，被赋予“拥有客家围屋最多的县”和“中国围屋之乡”称号。对于这样一个处于自然资源丰富、人文资源深厚的县城文化艺术建筑，创作者在设计构思中从当地丰富的生态环境中得到灵感，将蜿蜒曲折的树枝和片片绿叶，以客家围屋的围合形态，通过抽象、转变、具化，形成了具有独特魅力和浪漫情怀的客家场所建筑艺术形态，颇具效果。这种对客家特征空间抽象转化的设计手法，是对客家旅居建筑文化传承的一次有益尝试（图8-1-14～图8-1-16）。

五龙客家风情园，位于赣州市东南部，与赣县客家文化城隔江相望，是一个以生态为主题，以客家为品牌，以龙文化为底蕴，集休闲游乐、旅游度假、会展科教、青少年道德培训等多功能为一体的度假景区。景区内的五龙湖度假村，将福建永定土楼、广东梅州棣华居、江西龙南关西新围和燕翼围，按照1：1比例仿建，其功能均为旅游酒店及休闲餐饮，开放式的功能定位与传统围屋内向型的文化内涵完全不同，亦有对传统围屋空间改良的参考设计和处理。龙庆围是仿照江西龙南关西新围而建，呈正方形，长宽均为88米。关西围整体结构如巨大的“回”字，围屋的核心建筑就在中间的“口”字部位，是在客家民居“三进三开”特征基础上扩

图8-1-14 赣州市龙南县文化艺术中心1（来源：赣州市城乡规划局提供）

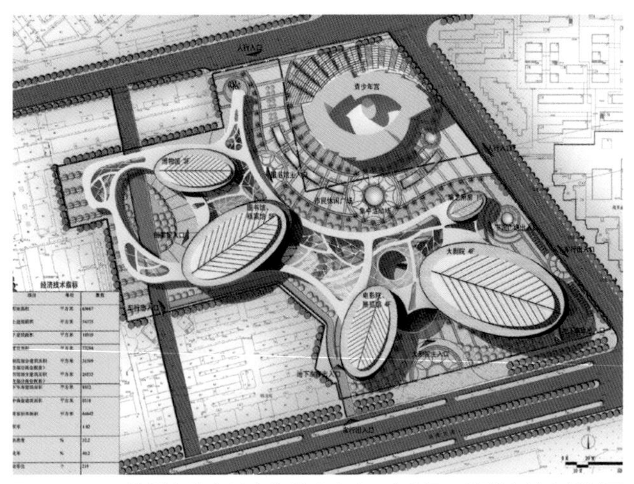
图8-1-15 赣州市龙南县文化艺术中心2（来源：赣州市城乡规划局提供）

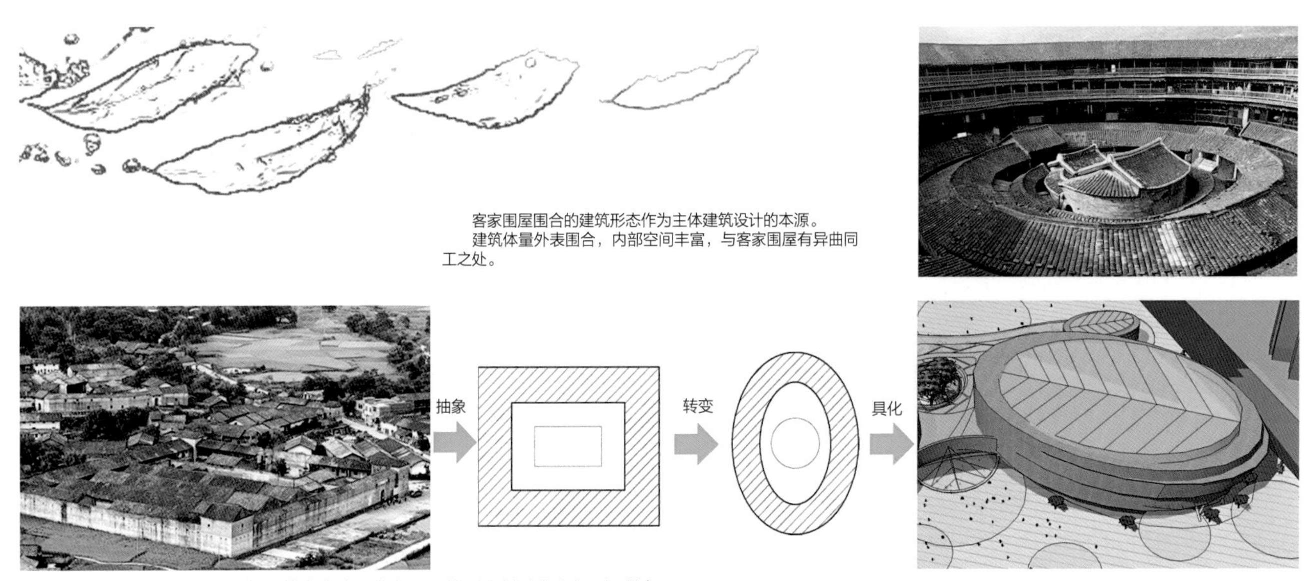

图8-1-16 赣州市龙南县文化艺术中心3（来源：赣州市城乡规划局 提供）

大为“三进六开”，从而形成“九井十八厅”大型客家民居的典型建筑。而龙庆围是一座三星级旅游酒店，“九井十八厅”的建筑格局与关西新围一样，但对应的功能则是客房、大型会议室、多功能厅、美容、美发、足疗、商务中心、商场等配套设施。这种仿建的做法，既保留了传统的客家建筑空间形式，又适用了现代的建筑使用功能，也是对传统建筑传承的一种表现形式（图8-1-17～图8-1-19）。

此外，在赣州郁孤台景区内有一个极富特色的“客家大院”餐馆，气韵古色古香，客流络绎不绝。这里不仅经营着地道的赣南美食，其建筑风格也是极具客家风情。大院建筑融入景区建筑群，从建筑外部造型醒目的风火墙到室内小天井空间布局和独特的室内外景观陈设，大小空间细微之处无不体现出浓郁的客家情怀，成为该景区乃至赣州市的一处独到的客家美食建筑风景（图8-1-20～图8-1-23）。

图8-1-17 赣州市五龙客家风情园1（来源：肖芬 摄）

图8-1-18 赣州市五龙客家风情园2（来源：肖芬 摄）

图8-1-19 赣州市五龙客家风情园3（来源：肖芬 摄）

图8-1-20 赣州市客家大院1（来源：肖芬 摄）

图8-1-21 赣州市客家大院2（来源：肖芬 摄）

图8-1-22 赣州市客家大院3（来源：肖芬 摄）

图8-1-23　赣州市客家大院4（来源：肖芬 摄）

图8-1-24　景德镇民窑遗址博物馆（来源：吴琼 摄）

图8-1-25　景德镇民窑遗址博物馆周边（来源：吴琼 摄）

四、工商文化语境建筑设计

江西交通便利、资源丰富、工商业传统深远，尤以宋时期陶瓷文化盛行。景德镇自古以来，以瓷为业，积蓄了丰厚的陶瓷文化底蕴，被世人称为瓷都。千年窑火，犹如凤凰涅槃，催生出浮梁景德镇陶瓷文化的灿烂，实为中国陶瓷史上的明珠，让中国瓷器蜚声海外。另一处则是我国古代著名的综合性民间窑场——江西吉安永和镇吉州窑，其始建于晚唐，兴于五代、北宋，极盛于南宋，而衰于元代末年。这两个重要的陶瓷文化既是当年江西工商业发达的重要支撑，也为今日的城市文化资源保护更新注入了永续的生命力。当地城市建设和经营围绕瓷窑文化资源的保护传承和城市特色传统文化复兴，做了大胆的实践探索。

景德镇千年陶瓷文化和百年工业遗产，是景德镇陶瓷文化遗产资源体系中一个重要的组成部分，延续千年的陶瓷文脉是体现景德镇市唯一性的重要特征。景德镇民窑遗址博物馆主体建筑，在设计中充分抓住景德镇文化的特征，突出“千年窑火，民荣为光”的理念，采用制窑余弃的本土材料——过火小窑砖，以及传统建筑元素，像马头墙、石牌坊、吊脚楼等，演绎景德镇民窑悠久的文化，展示给人们一种沉淀历史岁月的耐人寻味的建筑形式。在设计中还充分考虑了中国传统的风水文化理论，并结合地形地貌巧妙地进行安排，颇耐人寻味。配套建筑则以清代传统行商会馆为点，串联起传统老瓷行，以再现明清时期传统商业街区的繁荣景象（图8-1-24、图8-1-25）。

景德镇曾是个积淀深厚的传统陶瓷手工业城市，新中国成立后又形成了机械化程度较高的大规模现代陶瓷产业，但在曲折经过一个历史轮回后，瓷都又在更高层面上回归了手工业——陶瓷文化创意产业时代。现代瓷业遗存蕴藏的巨大陶瓷文化资源潜能价值及其陶瓷文化产业开发成为重塑瓷都当代文化魅力的契机。陶溪川陶瓷文化创意园区项目，就是在这一城市文化发展战略下，围绕景德镇“一轴四片六厂”旧城改造整体规划中的开篇之作。陶溪川承载着陶瓷文明过程中迂回曲折、起伏跌宕的发展史。在此次工业遗产保护与改造实践中，“尊重历史，保留记忆，融入城市，重现生机”是设计的核心理念。陶溪川以总建筑面积18万平方米的原国营宇宙瓷厂作为核心启动区，保留了20世纪50～60年代中国传统的工业厂房、20世纪60～70年代苏式风格锯齿状“包豪斯”厂房、20世纪80～90年代的现代工业厂房等各具时代特色的典型建筑。在老厂房等工业设施的改造修缮上，设计者结合现代时尚元素，运用新的技术和建筑语汇营造新的空间形式和使用功能，将粗犷朴实的工业风融入细腻亲切的民用化处理，既留住沧桑感又体现时代感，使之成为众多陶瓷老工人和游客寻找工厂记忆、感受城市灵魂的公共场所。而在旧厂区的规划中，设计者既保留对原有场地的尊重，又通过合理的“取舍”设置一系列开放空间与城市现有公共资源融和互动，提升了城市的生活品质与市民的公共参与性。整个园区经过几年的改造修缮，老厂房、老窑炉、烟囱、水塔依然耸立，用适宜的空间“保留”措施在留住历史记忆的同时，重现景德镇的文化底蕴，展现丰厚的历史遗存，留住老祖宗的技艺和这座千年瓷都的城市记忆，使得千年的景德镇陶瓷工业辉煌史得以在工业遗存改造中再生。同时，该项目通过对城市公共服务的逐步完善，传承了当地特色文化，推动了陶瓷产业创新发展，重塑了城市魅力，成为探讨景德镇当代工业遗产的保护与城市复兴之路的有益实践（图8-1-26～图8-1-29）。

让传统融入时代，是设计领域改造传承的重要课题。承载着本土生活记忆的重要精神场所之一就是当地的传统工商业文化聚集地，这里有传统街道、传统建筑、传统小吃、传统工艺等，一切饱含市井街区文化的本土印迹。商业街在

图8-1-26　景德镇陶溪川国际陶瓷文化产业园1（来源：吴琼 摄）

图8-1-27　景德镇陶溪川国际陶瓷文化产业园2（来源：吴琼 摄）

图8-1-28　景德镇陶溪川国际陶瓷文化产业园方案鸟瞰图（来源：景德镇市城市规划局 提供）

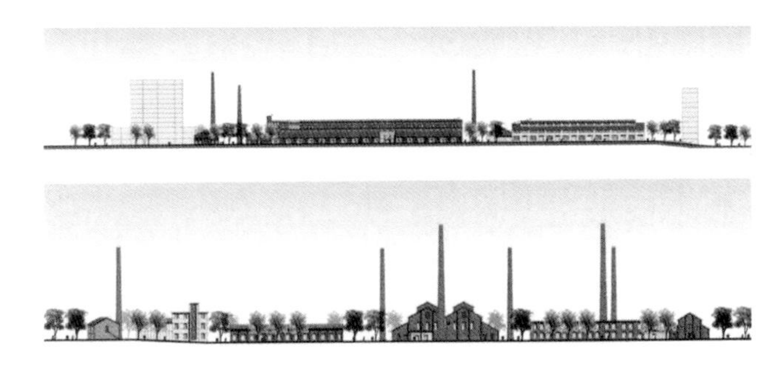

图8-1-29 景德镇陶溪川国际陶瓷文化产业园方案立面图（来源：《城市规划》）

某种程度上是“一个城市的名片”，展示着城市的风俗、记忆和发展变迁。商业街区是保护传承当地特有的地域文化印记的场所。有活力的商业街道、自由形态的作坊，也是工商文化在传统建筑文化的重要特征。工商文化商业街，通过对自身文脉与场所文化的理解，依托挖掘自身优质文化遗产资源，结合当地的建筑样式、历史故事、戏曲民艺、地方小吃、树木花草等素材，进行商业街区的建筑设计、景观规划等空间设计，透过有形的建筑空间文化，寻找差异文化，复兴原生地域文化，唤起人们对无形的当地传统文化的认同感和归属感，使之成为当地民俗民风的展示体验场所。

南昌绳金塔历史街区，拥有深厚的历史文化积淀、悠久的习俗庙会传统和优越的区位条件。作为南昌首条文化历史街区改造项目，规划研究面积约393亩，基本形成“五街、一园、一广场”格局，即绳金塔街、金塔西街、塔东街、十字街、前进路五条街以及绳金塔公园与南门广场。景区内的“水元素”让人耳目一新，规划中的“光元素”更是别具一格。景区内最大的特色就是挖掘和重现“千年金塔和百年商街”的繁荣气象，保护与重现绳金塔街区差异性的场所氛围，恢复人们对城市的亲熟感和认同感，勾起南昌人生活记忆的“南昌九墙”、“九佬十八匠”手工艺、“七门风俗”壁画等。创造“寻千年古塔，品南昌美食，游百年商街，淘民艺精品，观金塔传奇”的空间总体氛围，重塑南昌人文传统，复兴绳金塔历史街区。设计充分发挥绳金塔的历史资源优势，打造出具有南昌独特文化和历史内涵、特色鲜明、雅俗共生的商业特色街（图8-1-30～图8-1-33）。

图8-1-30 南昌市绳金塔历史街区1（来源：肖芬 摄）

图8-1-31 南昌市绳金塔历史街区2（来源：南昌市城乡规划局 提供）

图8-1-32 南昌市绳金塔历史街区3（来源：南昌市城乡规划局 提供）

图8-1-33　南昌市绳金塔历史街区4（来源：南昌市城乡规划局 提供）

南正街，是萍乡城中最古老的经脉之一，由于离近县衙，又毗邻水路出城要道，自建成起，南正街就从来不缺少人气，商业的繁华也促进了文化的发展，这里沉睡着明朝的古城墙、清朝的孔庙、禹门、亨泰桥以及吴楚时萍实桥，这些无法复制的珍宝中保藏着萍乡城的根基。如今，随着城市的不断更新、发展，南正街也将焕发其新的生命力。承载着萍乡的记忆，南正街改造项目围绕着“乡愁”这一核心主体，通过深入挖掘当地历史文化资源，以故事情节贯穿整个街区为的是将历史老街、城墙与凤凰池等风貌重现在世人面前。结合萍水河这边的城市水脉，引入海绵城市生态理念，解决城市内涝，将此作为萍乡建设海绵城市的示范区，为城市今后旧城片区改造规划树立新标杆。以城市文脉为引线，以儒家文化与市井文化为主题，借南正街改造为契机，扩大孔庙的拓展范围，增强孔庙的文化品牌影响力。引入艺术等创意空间，为文化的交融、创新提供平台。对城市肌理的保护与传承，不同年代建筑的修建，通过街、巷、院、坊空间还原历史老街风貌。南正街是萍乡的百年老街，商业记忆深厚，结合萍乡旅游发展的需要，将本地商业需求与旅游商业需求相结合，提升老街区的商业品质，适应时代发展（图8-1-34、图8-1-35）。

图8-1-34　萍乡市南正街改造效果图1（来源：萍乡市规划局 提供）

图8-1-35 萍乡市南正街改造效果图2（来源：萍乡市规划局 提供）

第二节 继承开拓的传承策略与案例

江西现代建筑创作对中国传统建筑文化的传承方面，在采用多元探索的传承策略同时，也尝试通过采用继承开拓的传承策略，提炼和拓展江西传统建筑空间和本土文化的精髓，运用文脉延续、文化意象、空间传承、形象诉诸等手法开展传承创作实践，赋予中国传统建筑传承新的外延与内涵。

一、文脉延续

文化是城市的灵魂，保护城市文化，为城市保留特色与发展的根基是城市建设人的历史使命。江西物华天宝、人杰地灵，有着悠久的历史和璀璨的文化，在中华民族文明史上具有重要的地位和深远的影响。保护、挖掘和继承优秀历史文化遗产，弘扬民族传统文化，延续文脉，是中国传统建筑继承开拓传承策略采用的重要传承手法。文脉的传承注重对各种物质文化和非物质文化的关注，通过文化的解读与现代的表现加以提纯和演绎，使其延续和升华。

在城市更新如火如荼的当下，作为传统文化的重要载体，历史建筑、历史街区的保护越来越受到城市规划管理者的重视。历史文化街区是历史文化遗产保护体系的重要组成部分，具有重要的历史文化价值，它不仅是保护城市有形物质形态的风貌空间，更是保护它所承载的无形非物质形态的城市记忆。赣州郁孤台历史地段位于赣州古城西北侧，是当时赣州宋城的公共中心，在历史上先后存在着府衙、皂盖楼、爱莲书院、军门楼等众多公共设施以及郁孤台、章贡台、八境台、皇城遗址等，最能体现宋城政治、经济与文化。郁孤台历史地段是城市南北向重要景观轴线上的景观节点和门户节点，是连接城市历史、现在和未来的重要空间节点，区位非常重要。其中，《赣州历史文化名城保护规划》确定的“郁孤台历史文化街区”也位于该地段内。规划设计方案是基于对赣州历史文化的认识，以及对古城周围环境条件的分析，考虑到郁孤台历史文化街区位于赣州老城内，地理位置敏感。在设计中充分尊重老城区的历史文脉关系及相应的城市空间，保留历史格局、延续传统风貌与特征，塑造具有鲜明个性与独特风格的老城历史文化街区。在历史街区规划设计的层面上，强调以下几条思路：分析历史文脉入手，整理挖掘赣州的历史文化内涵。研究区位与周围环境条件，深化调整街区功能结构。强调对建筑肌理的分析，确定街区的设计思路及形态。加强对赣州城市形象的理解，规划风貌定位以宋代和清代为主，整合重塑街区的景观形象。考虑对公共空间的营造，完善提高街区的空间环境品质。打造融合文化、传统、创意、怀旧等元素，塑造文化性、公共性、人性化与可持续发展的具有赣州地方特色的历史文化街区（图8-2-1~图8-2-3）。

各地特有的历史文化类建筑，也是现代建筑传承的一条创作主线。江西有着丰富的红色文化资源，五个“摇篮”孕育出中国的红色文化：中国工人运动的摇篮——安源、人民军队的摇篮——南昌、革命根据地的摇篮——井冈山、人民共和国的摇篮——瑞金、改革开放的摇篮——小平小道。各类相关纪念馆、博物馆建筑是保存、研究、宣传、展示红色文化的重要基地，也是爱国主义教育的重要载体。在这独特的红色文化背景下，此类建筑创作也呈现出其特有的建筑风格。

井冈山革命博物馆，位于红色革命根据地井冈山市茨坪红军南路，是中国第一个地方性革命史类博物馆，主要担负井冈山革命斗争历史陈列展览、宣传井冈山精神、管理保护

图8-2-1　郁孤台历史文化街区（来源：肖芬 摄）

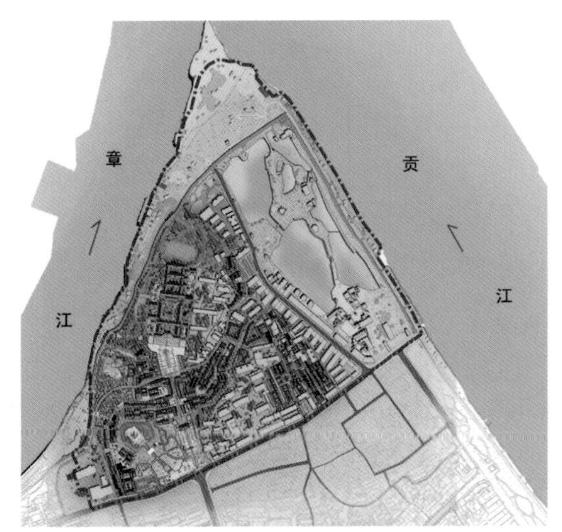

图8-2-2　郁孤台历史文化街区规划1（来源：赣州市城乡规划局 提供）

图8-2-3　郁孤台历史文化街区规划2（来源：赣州市城乡规划局 提供）

井冈山革命纪念地旧居遗址等职责。作为井冈山的标志，革命根据地的象征，设计借用了“五指峰”的形象来传达革命博物馆伟岸雄浑的气质，坚实厚重、顶天立地、气势磅礴。总体造型吸取了赣南民居“围屋”的特色，获得了良好的自然采光通风。从博物馆入口的“革命之门”以及踏上象征“革命之路”的赤色岩石台阶，引领参观者了解那段艰苦卓绝而又光辉壮丽的革命征程。总体布局建筑造型和功能设置都很好地烘托出革命纪念场所应有的氛围（图8-2-4～图8-2-7）。

“南昌起义”总指挥部旧址“江西大旅社”是国家首批重点文物保护单位。南昌八一起义纪念馆新馆理应成为该旧址的陪衬，但是又要展示自己的纪念建筑文化个性。建筑

图8-2-4 井冈山革命博物馆1（来源：吉安市城乡规划建设局 提供）

图8-2-7 井冈山革命博物馆4（来源：《建筑技艺》）

图8-2-5 井冈山革命博物馆2（来源：吉安市城乡规划建设局 提供）

图8-2-6 井冈山革命博物馆3（来源：吉安市城乡规划建设局 提供）

高度比旧址低，体量被旧址挡住约一半，色彩取当年军服的灰色成为旧址的背景，符合陪衬的保护原则。南昌起义的核心就是打响了革命的“第一枪”，标志着中国人民解放军的诞生。立面采用具有传统石雕意味的“八一”浮雕图案构成“长城”意向，与抽象“枪”柱造型组成象征中国人民解放军“钢铁长城”的建筑主题。山墙面的大“八一”仿长城造型，全方位强化“钢铁长城”的意向。墙面采用传统木窗方格意味的小方格阵列组成大方格组合，构成阅兵的方阵意向，每个方格内红色玻璃上印有五角星图案，寓意“将星闪烁”，建筑色彩用起义军军服的颜色，粗糙的表面肌理用大粒径的水刷石实现，表现出“南昌起义”打响“第一枪”的岁月沧桑（图8-2-8~图8-2-10）。

“文革”期间陈云同志在江西调研期间的工作旧址——江西石油化工机械厂，因为拆迁的原因，为了纪念当年陈云同志的工作，保留当年陈云工作过的车间，结合市政绿地建设，建成了现在的“陈云纪念园”。设计构思以文物保护和建设现代纪念园的思路进行设计。当年陈云同志工作过的车间保护性拆除异地重建，重建不是完全按原样复原，而是做成半敞开式空间，传递出纪念性的重建信息。原址可以继续使用的构件全部保留，损毁的构件按原样相同材料复制，总体框架按照当年的原貌换成清水混凝土材料异地重建。当年的室内工作点外墙保留，里面原汁原味陈列当年用过的工作

图8-2-8　八一南昌起义纪念馆新馆1（来源：肖芬 摄）

图8-2-9　八一南昌起义纪念馆新馆2（来源：肖芬 摄）

图8-2-10　八一南昌起义纪念馆新馆3（来源：肖芬 摄）

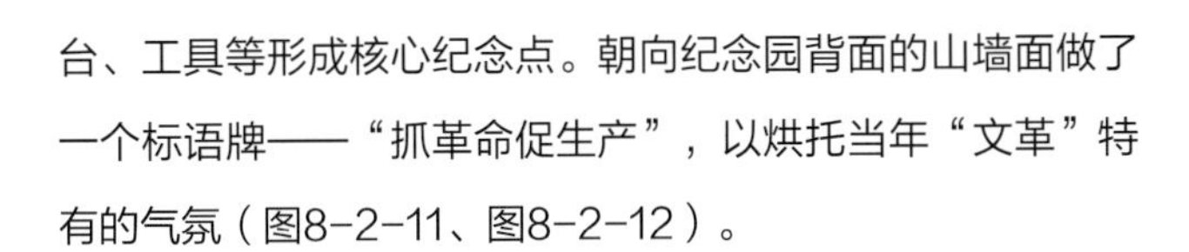

台、工具等形成核心纪念点。朝向纪念园背面的山墙面做了一个标语牌——“抓革命促生产”，以烘托当年“文革”特有的气氛（图8-2-11、图8-2-12）。

二、文化意象

文化意象是中国传统建筑继承开拓的传承策略中对其外延内涵进行抽象升华的另一个传承手法。文化意象往往能赋予建筑创作以设计灵感，它通过当代的解析将地域文化意境、元素、历史、智慧等浓缩抽象或提炼隐喻成特殊的文化符号与象征，让人产生丰富深远的联想和认同，并重新赋予其时代感和生命力，形成当地建筑地域文化的创造与传承。

自然博物馆是反映地域特色的绝佳载体。赣州自然博物馆位于赣州市章江新区赣康路与油山路交界处，紧邻赣州中央生态公园南侧。在博物馆建筑设计中，强调“渗透性思维”，即把赣州市特有的历史、人文、地域特点渗透到博物馆建筑内部。该建筑主体从赣州盛产的钨矿结晶体——“钨晶花”和赣州起伏的地貌特征中汲取灵感，建筑设计以赣州“世界钨都、稀土王国”的美誉构思主题为“赣南钨晶花”，体现整体、大气、现代的气质和健康阳刚的雕塑感。从构思上深刻理解和汲取赣州的深厚底蕴，以现代手法在造型、色彩、材料的选择上充分体现这些特色，传达美好的寓意，使观众

图8-2-11 南昌市陈云纪念园1（来源：南昌市城乡规划局 提供）

图8-2-12 南昌市陈云纪念园2（来源：南昌市城乡规划局 提供）

图8-2-13 赣州自然博物馆（来源：肖芬 摄）

参观完博物馆后对赣州市的自然风貌有深刻的体会和感性认识。外立面选用花岗岩与深色金属板的搭配，材质对比突出特色。外形简洁有力，现代感强，通过对建筑体量、轮廓、比例和色彩的控制，使其与周边环境取得协调，同时对虚实比例进行严谨的推敲。整个建筑通过大体块的切割和别具匠心的细部设计，在不破坏整体感的基础上加强建筑的新意，以确保整体感和建筑几何之美，展现设计特色，使之成为赣州新城区一处独具特色的城市地标（图8-2-13、图8-2-14）。

抚州临川，自古文风昌盛，英才辈出，素有为“才子之乡、文化之邦”的美誉。这里是“东方莎士比亚”汤显祖、王安石和晏殊等人的故乡。“邺水朱华，光照临川之笔”，

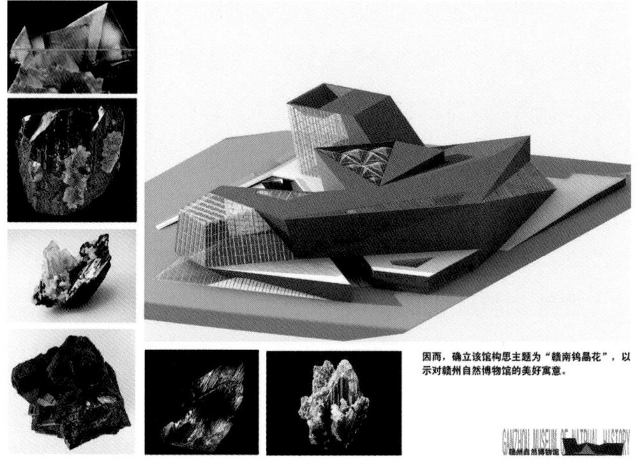

图8-2-14 赣州自然博物馆方案意象（来源：赣州市城乡规划局提供）

图8-2-15　抚州站1（来源：肖芬 摄）

千百年来，中华文明的汩汩长流，在抚州交融并蓄，形成了璀璨的临川文化和独特的人文景观。抚州站是抚州市的标志性建筑，为充分体现临川文化底蕴和江南水乡特色的精品，建筑概念设计方案以“轴卷书开，文迎四方”作为建筑造型的文化意象，外形如一本展开的书卷，象征有博大胸怀的抚州江右人迎接八方客来到文化之邦、才子之乡、江右古郡抚州（图8-2-15、图8-2-16）。

图8-2-16　抚州站2（来源：百度百科）

南昌八大山人纪念馆新馆，位于南昌市南郊十五华里处的梅湖定山桥畔青云谱，是全国重点文物保护单位。馆区占地约39亩，四面环水，形似“八大山人”笔下游鱼，与西南面梅湖浑然一体，水陆相生，宛若“太极”天成。老馆为有2500多年历史的青云谱道院，新馆主要作为八大山人真迹陈列馆和艺术交流中心。在项目改扩建过程中，为呼应场地南端重要古建“青云谱”，设计通过轴线、立面、园林的延续，遵循了文脉延续的设计理念。新建筑立面进行统一简洁化处理，墙面采用灰白两色，意喻道教之“阴阳”，外包白色马头墙，与原有建筑呼应，含蓄简约，恰如八大山人古朴的画风。园林景观则依照场地原有古典园林空间结构进行场地布局，达到场地总体协调一致，典雅脱俗。设计的点睛之笔是将八大山人的签名图案用红色涂料粉刷在主立面白墙上，宛如印章，意向凸显，效果醒目。整个项目改扩建工程希望通过文脉的传承设计使我国第一座古代画家纪念馆焕发出新的生命力（图8-2-17、图8-2-18）。

图8-2-17　八大山人纪念馆老馆入口（来源：肖芬 摄）

图8-2-18 八大山人纪念馆新馆（来源：肖芬 摄）

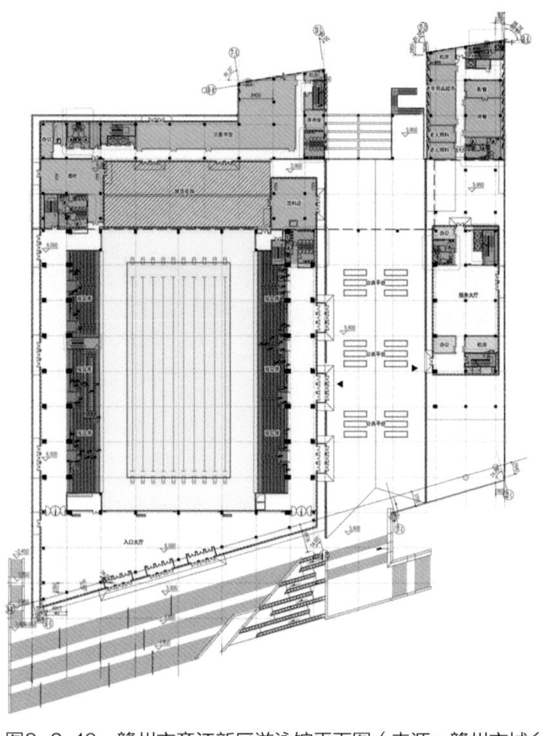
图8-2-19 赣州市章江新区游泳馆平面图（来源：赣州市城乡规划局 提供）

图8-2-20 赣州市章江新区游泳馆天井（来源：肖芬 摄）

三、空间传承

空间是将外在物化特质与内在文化特质相统一的整体表征，也是建筑层面最直接、最根本的实体形态体现。空间传承是传统建筑文化传承最为本质的内容之一，具有十分重要的价值。它不仅仅包括物质层面的价值，还含有文化层面的价值，只有将这些价值充分挖掘研究，才能理解传统建筑空间文化的精髓所在，才能将其物质形态与文化内涵有机融合，创新创造。

（一）天井变形

某些建筑沿用了传统的形式，却赋予了新的功能，结合设计的主题衍生出了不同的手法，从而折射出人们心中对“那座老房子”的印象，如对天井变形的处理。江西传统建筑大多采用天井式的格局，以天井为中心的组合单元平面布局是传统建筑的基本构成法则。天井的功能主要满足建筑内部日照采光、通风和排水，面向天井出挑的檐口将屋面的排水通过天井引出室外，四面坡向天井的屋顶也成了天井形式的符号之一。章江新区游泳馆在公共平台处以一个连廊划分形成了南北两个合院，对应此处的屋顶设计了4个四面坡向内的洞口，并悬浮脱离下部的功能主体，类似天井的屋顶成为一种空间限定方式，传承了传统形式的意味（图8-2-19、图8-2-20）。

（二）肌理的呼应

吉安市永和镇是中国历史名窑吉州窑的发源地，建于此地的吉州窑博物馆通过一系列的设计体现出吉州绚丽悠厚的“庐陵文化”及“吉州窑文化”。设计师分析了新建博物馆与周边老建筑的关系：因现有周边建筑高度较低缓，博物馆西、北、东都与老街相融合，故新建博物馆建筑与周围高度接近，平面面积大，立面沿水平方向展开，建筑以谦逊的姿态有机融入环境及满足与周边建筑的协调。

为了最大程度上减少新建博物馆建筑体量，采用老街道的巷道肌理来处理博物馆的内部走廊，即有利于分解体量，也和老镇的巷道形成对应。由于博物馆空间较封闭，不需要大面积开这种密实的体积，如果再用厚重材料表现，会形成外观过分的沉重感。因此，设计选用当地常用青砖作为外饰材料，并结合当地一些天眼老虎窗等变形形式最大限度地减少新建建筑的压抑感。吉州窑是江南地区举世闻名的综合性瓷窑，是中国十大名窑之一，具有浓厚的地方风格与艺术特色。吉州市永和镇是中国历史名窑吉州窑的发源地，中国吉州窑博物馆的建筑定位是吉州市丰厚文化形象的窗口，是整个古镇文化、休闲链上的一个关键节点，是整个吉州窑旅游规划开放空间的一部分，是整个永和古镇的客厅。博物馆设有馆前广场区和博物馆区，广场以“千吉台”为概念延续到博物馆建筑立面，以展示吉州窑文化的历史以及对历代窑工的纪念与歌颂。博物馆主体建筑则采用传统赣式建筑元素组合，既有历史语境又富有现代建筑的结构表现。博物馆立面采用赣式建筑元素，天窗、山墙、青砖等语境，再装饰有“千吉”概念的条石，与周围古镇自然融合，又纪念歌颂了古州窑工的文化传承，体现出吉州绚丽悠厚的“庐陵文化”及“吉州窑文化”（图8-2-21～图8-2-24）。

（三）街巷空间的传承

吉安庐陵商业街位于吉安市吉州区白塘街道，与庐陵生态园毗邻，地处城乡结合部。设计注重传统建筑的空间布局以及新材料的形式表达，通过解析研究与概念提炼，体现传统建筑的精髓与当今时代特征。整体布局与群体形态借鉴传统村落建筑空间肌理，错落有致，疏密变化。空间布局上通过对典型村落的空间调研与分析，整理出传统村落空间的

图8-2-21　吉安市吉州窑博物馆基地分析（来源：吉安市城乡规划建设局 提供）

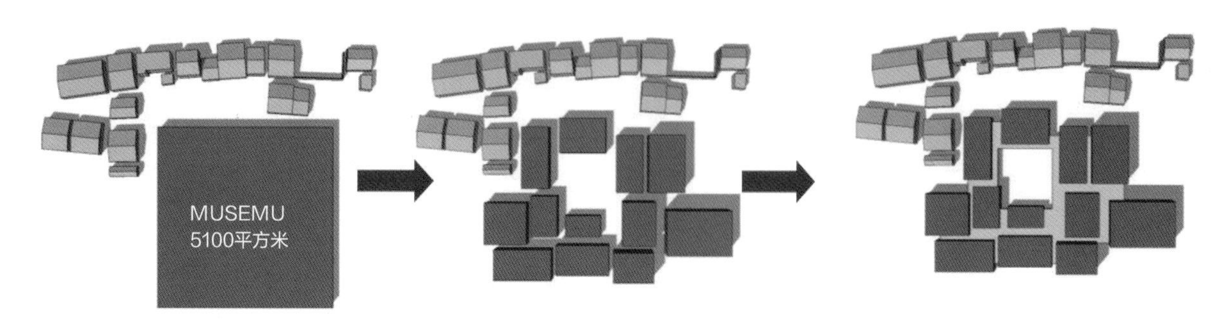

图8-2-22　吉安市吉州窑博物馆街道肌理分析（来源：吉安市城乡规划建设局 提供）

图8-2-23　吉安市吉州窑博物馆鸟瞰效果图（来源：吉安市城乡规划建设局 提供）

图8-2-24　吉安市吉州窑博物馆（来源：中国吉州窑博物馆官网）

层次关系，并按照“街”—“巷”—“巷楼”的空间层次组成，街巷阡陌纵横，节奏分明。同时设计摒弃商业街单一的界面形式，以层层的折线形栈道串联整体的商业空间，结合垂直交通，实现商业界面的连续性与最大化，提升街巷商业空间的吸引力（图8-2-25~图8-2-27）。

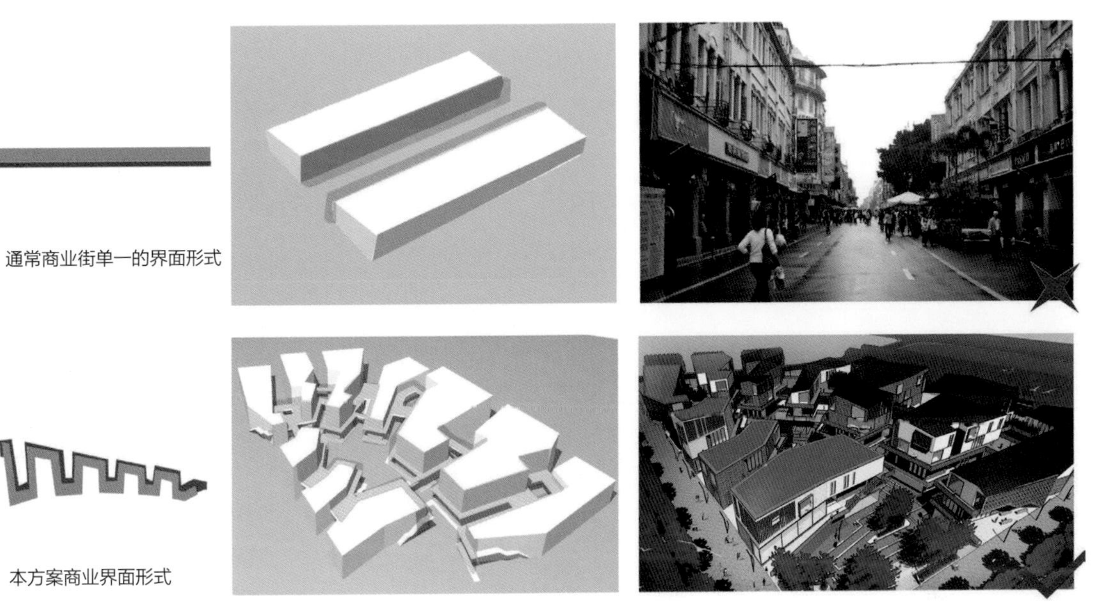

图8-2-25　庐陵商业街街道空间分析图（来源：吉安市城乡规划建设局 提供）

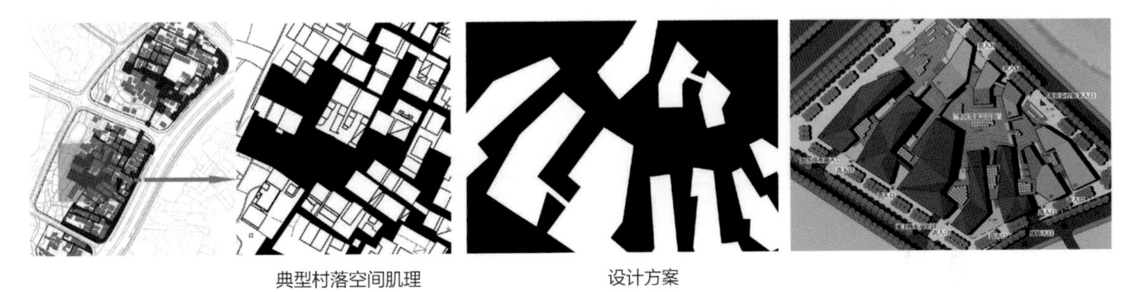

图8-2-26　庐陵商业街街巷空间肌理图（来源：吉安市城乡规划建设局 提供）

图8-2-27　庐陵商业街群体形态效果图（来源：吉安市城乡规划建设局 提供）

图8-2-28 江西省花博园鸟瞰效果图（来源：南昌市城乡规划局 提供）

（四）院落空间的继承

院落空间的继承是一种建筑空间形制的继承和转换，侧重于建筑空间组织秩序和布局特点的传承。江西省花博园设计，通过二进院落的设置形成公共的前院空间与私密的后院空间，并利用景观庭院的组合，将园区功能分区独立管理，景观内院在美化的同时，还起到不同功能空间的过渡和联系、院落空间的继承运用，使得整体建筑空间灵活大气（图8-2-28、图8-2-29）。

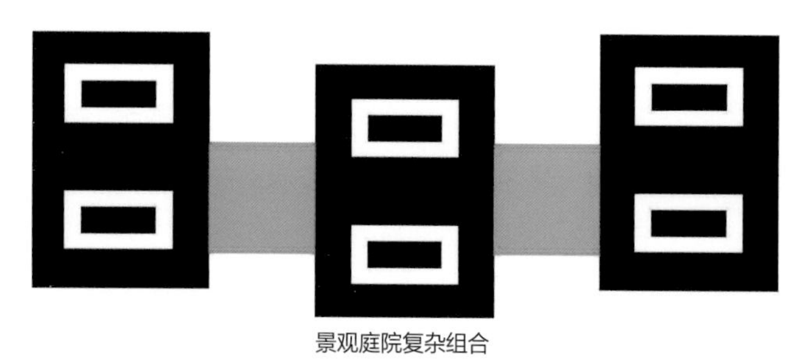

景观庭院复杂组合

图8-2-29 江西省花博园设计分析图（来源：南昌市城乡规划局提供）

（五）分解重构

在建筑设计中以得体、适宜、谦虚的姿态与当地自然风土人文展开低调对话，是对地域文化和生活智慧的特有尊重和重新认识。宜春恒茂御泉谷温泉度假酒店，坐落于素有“白云深处，靖安人家”美誉的江西靖安县金罗湾旅游区内，紧邻江西省唯一的国家级示范森林公园三爪仑风景名胜区，毗邻宝峰寺院，是一处休闲放松、禅修养生的度假胜地。传统村落及民居的自律生长与自然环境高度有机融合的方式，给酒店建筑设计带来了启示。设计遵循“修复环境、顺势而为”的原则，试图通过系统而合理的规划布局及建筑恰当的表达方式在满足温泉酒店各功能及流线组织的基础上，让建筑自然地生长成为自然有机的组成部分。项目设计在空间传承上借鉴当地传统村落的生成模式，采用建筑布局化整为零的做法，分解重构，通过分解、组合串联、水平生长的手法，将原本体量庞大的建筑根据功能空间化为若干个尺度较小的体量，以传统民居作为基本单元重新组合构成建筑群落，使酒店好似自然形成的村落有机地根植在山形水势

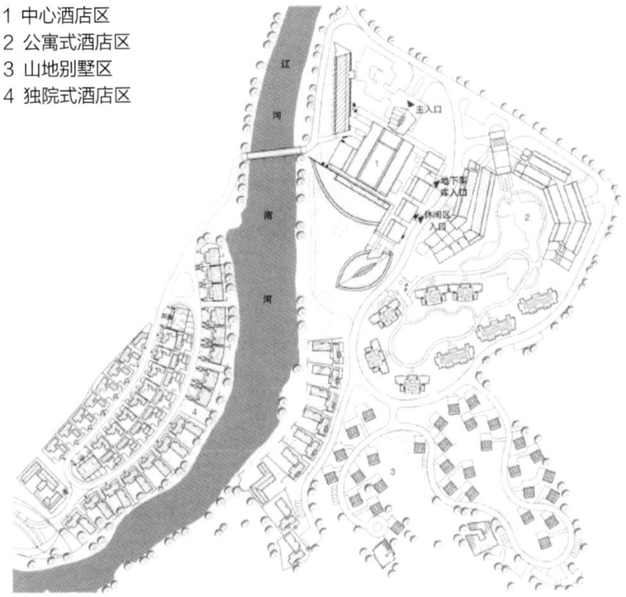

1 中心酒店区
2 公寓式酒店区
3 山地别墅区
4 独院式酒店区

图8-2-30　宜春恒茂御泉谷温泉度假酒店总平面图（来源：《建筑学报》）

图8-2-31　宜春恒茂御泉谷温泉度假酒店鸟瞰图（来源：《建筑学报》）

的环境之中。在建筑屋顶处理上将矩形双坡顶经过拓扑变化后构成了由单坡、反双坡及水平变形的扇形屋顶等基本模式，使之尽可能地在建筑尺度上与水系、山体、森林等相辅相成。在空间布局上采用天井院落为基本单元向纵横两个方向生长延伸出多个院落，在山地陡峭的地方顺山就势，平缓坡地时将院落形态在横轴、纵轴上递进组合展开。酒店四周环绕着郁郁葱葱的树林和灌木，隐于山风之间，“天人合一”的设计思路，简洁典雅的建筑风格，从内到外无不体现出禅境古意的空间气质。设计者以现代建筑语汇创造出与自然融合的建筑群体，表达对自然环境的崇尚和传统建筑文化的传承，回应了当地的自然修复和人文诉求（图8-2-30~图8-2-33）。

四、形象诉诸

通过建筑符号、建筑比例、建筑材料、建筑构造等呈现出的建筑形式，是建筑设计表达的一个重要语言。在建筑风格上，通过将当地传统建筑元素符号或空间形态进行抽象、简化、拼接、参照等形象诉诸的设计手法应用于现代建筑形象设计中，形式上无论是具象模仿或是抽象转换，都可以最直接地展现现代建筑对传统文化的传承并获得认知（图8-2-34、图8-2-35）。

图8-2-32　宜春恒茂御泉谷温泉度假酒店外景（来源：吴琼 摄）

作为萍乡历史文化的缩影，萍乡博物馆集展览、研究、教育、休闲为一体，既要体现博物馆本身独有的个性，传承历史，弘扬萍乡文化，又要使该建筑与周围环境相互协调，

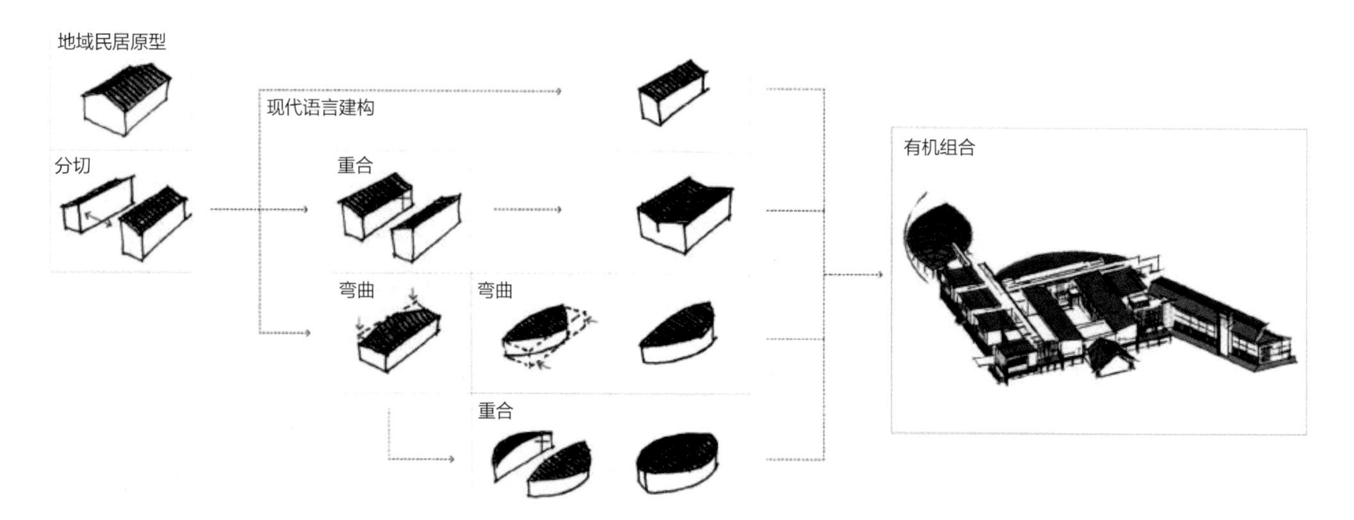

图8-2-33 宜春恒茂御泉谷温泉度假酒店民居演化示意图（来源：《建筑学报》）

图8-2-34 新余渝水八小1（来源：肖芬 摄）

图8-2-35 新余渝水八小2（来源：肖芬 摄）

融为一体。建筑在空间的规划及组织形式上，从整体出发，化整为零，注重空间的实用与多重功能，运用空间形态及装饰构件的序列感勾勒出展馆主题的时空概念。博物馆室内空间设计呼应了建筑外部造型的特点，同时在立面、地面、屋顶等的设计中，充分考虑了建筑的整体性，以求在统一中求变化，变化中求统一。造型设计上用现代的手法、材料、技术，将中国传统建筑木结构“斗栱”和“四方鼎”的造型融为一体，整个建筑群虚实对比，使建筑体形在不规则中透出平衡和协调，体现既舒展大方，又气势恢宏，体现既现代、又不失传统的韵味。建筑的屋面形态，突破了中国传统建筑“大屋顶”在采光方面的束缚，在屋顶上采用精细合理的玻璃天窗设计，屋顶高低起伏、前后错落、舒缓有序，创造了含蓄自然的展示氛围，充满情趣、独具匠心。博物馆简约朴素的建筑造型，及其超前的建筑意识和时代感，使之成为萍乡市标志性的建筑之一（图8-2-36~图8-2-38）。

赣州黄金机场航站楼建筑方案确定以体现“人文、民俗、客家、宋城”等概念，达到民族特色与现代建筑的有机演绎，融山水于一体。其打破常规的集中式布局，利用各个功能分区，围合出人性化极强的庭院，使航站楼空间层次丰富，精致灵动，形成内外、远近交相渗透的多重景观。在规划设计中，设计师们通过引入院落、引入文化符号、引入有机空间等设计手法，追求精致、素雅和丰富变化，跳出通常航站楼千篇一律的窠臼，以浓郁的文化品位实现独特的整体印象和标志性效果。在建筑形象上，其构架、重檐特征

陈列馆正视 | 陈列馆侧视

博物馆沿街透视

图8-2-36　萍乡市博物馆1（来源：萍乡市规划局 提供）

民俗馆沿街透视 | 民俗馆背立面

博物馆临河透视

图8-2-37 萍乡市博物馆2（来源：萍乡市规划局 提供）

研 究 楼 | 办公楼入口

博物馆鸟瞰 | 报 告 厅

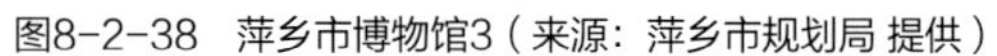

图8-2-38 萍乡市博物馆3（来源：萍乡市规划局 提供）

鲜明，坡屋面和山墙面交错，丰富又协调，精致而典雅，文化内涵丰富。使用了现代的材料和构造，增强虚实对比，提炼地方建筑的神韵，充分展示了现代建筑的技术（图8-2-39、图8-2-40）。

文清路是赣州中心城区主要商业街，位于《赣州市历史文化名城保护规划》所确定的风貌协调区范围之内，是全国“百城万店无假货”示范街之一，被誉为赣州的“王府井”、“南京路”，宋朝时为“六街”之中的阳街。“文清”一名源于宋代赣州籍理学家、文学家、诗人曾文清，名曾几。1941年，蒋经国在任江西第四行政区督察专员兼赣县县长期间，以曾几的谥号命名该街道为“文清路”。文清路的提升改造中，设计充分挖掘街区的历史和文化内涵，展现其本身价值和特色；通过对传统文化元素的梳理，并结合现代使用功能的需求，提炼出能够现代表达的传统元素符号；主题定位为“赣州风情、宋城印象”。设计在不改变原有建筑使用和结构的前提下，通过作加法的形式在沿街建筑的裙

图8-2-39　赣州黄金机场航站楼鸟瞰效果图（来源：赣州市城乡规划局 提供）

图8-2-40　赣州黄金机场航站楼外景（来源：赣州市城乡规划局 提供）

房、墙身和屋顶等部位，增加具有传统建筑元素的符号，包括壁柱、隔扇、披檐等装饰构件，将原本建筑风貌比较凌乱的商业界面进行了相对的统一。文清路改造将赣州的传统骑楼文化与现代商业相结合，通过增加丰富的细节装饰，较好地宣传了赣州作为“宋代博物馆”的城市形象，提升了城市的历史文化气质（图8-2-41、图8-2-42）。

此外在调研中还偶然发现一个案例——新余市民间珍宝馆，其建筑外形设计是源于馆内的一件藏品——东汉的青釉五管瓶，在某种程度上也颇有一定的传承意味（图8-2-43~图8-2-45）。

在快速的城市发展进程中，江西省内新建住宅在对传统民居文化与特色的研究传承方面总体较为缺失，这既造成

图8-2-43 东汉的青釉五管瓶（来源：肖芬 摄）

图8-2-41 赣州市文清路改造1（来源：赣州市城乡规划局 提供）

图8-2-44 新余民间珍宝馆1（来源：肖芬 摄）

图8-2-42 赣州市文清路改造2（来源：赣州市城乡规划局 提供）

图8-2-45 新余民间珍宝馆2（来源：肖芬 摄）

了传统建筑文化的流失，同时也使得城市住宅缺乏了其应有的特色而变得千篇一律。在一些城市和县城，能看到为数不多的以形象诉诸的手法传承传统民居风格的当代居住建筑，并由此使得整个城市特色鲜明突出，具有较强的传统韵味。从整体来看，赣东北地区、赣中和赣西大部分地区以及赣南部分地区的农宅和现代居住建筑主要传承了徽派建筑“粉墙黛瓦”的风格，外墙面以白色为主，配以青灰色坡顶屋面。错落有致的马头墙已没有了传统民居中风火墙的作用，被建筑师抽象为更为简洁的片墙形式作为装饰性构件，但改变后依然能够体现出传统徽派建筑文化风格和住居建筑传统韵味（图8-2-46~图8-2-50）。

南昌市青云佳苑以徽派建筑风格为主调，将传统文化的精髓融入现代建筑中，在细部处理上，既有徽派檐口、山墙、围墙、白色墙面、花格窗形等符号，又去其繁琐，经提炼而用之，配以现代玻璃和金属构成的阳台栏杆及窗框

图8-2-46 新余市锦绣江南住宅小区入口（来源：肖芬 摄）

图8-2-47 赣县白鹭湾住宅小区（来源：肖芬 摄）

图8-2-48 抚州市华萃庭院住宅小区（来源：吴琼 摄）

图8-2-49 宜春市温汤镇月泉湾小区（来源：吴琼 摄）

图8-2-50 于都县某住宅小区（来源：赣州市城乡规划局 提供）

等，以现代手法使中国传统文化得以延续（图8-2-51、图8-2-52）。

景德镇市中山路瓷器古街对面地区的居住小区与瓷器古街的风格相呼应，既传承了赣东北地区民居马头墙的建筑风格，同时又极具当地特色，呼应了景德镇古窑厂及瓷器古街等红砖清水墙面的立面建筑风格、材料与主色调，与景德镇地域建筑风格极为融合（图8-2-53、图8-2-54）。

图8-2-51 南昌市青云佳苑实景（来源：南昌市城乡规划局 提供）

图8-2-52 南昌市青云佳苑效果图（来源：南昌市城乡规划局 提供）

图8-2-53　景德镇市景富华城（来源：吴琼 摄）

图8-2-54　景德镇市景富华城周边（来源：吴琼 摄）

本章小结

《北京宪章》中提到：“文化是历史的积淀，存留于建筑间，融汇在生活里，对城市的营造和市民的行为起着潜移默化的影响，是城市和建筑的灵魂”。人文，是中国传统建筑文化传承中一条重要的主线。中国地域文化及传统文化丰富多彩，博大精深。在历史上，城市地域文化孕育着建筑文化，反之建筑文化也促进了地域文化的发展。所谓“一方水土养一方人”，建筑的独特之处往往和地域文化密切相关。建筑创作既是一种建筑文化的传承，也是一种地域文化的延续，在很大程度上丰富和改变了人们对城市和城市文化的理解，有生命力的建筑创作既要体现地域文化也要反映时代精神。中国传统建筑在江西现代建筑的人文传承创作实践中，尝试运用继承开拓与多元探索的传承策略，以现代建筑设计语言对当地丰富多彩的人文地理、风俗民情和特色文化进行诠释与表达，并为使建筑创作朝着具备适应性、创新性和可持续性的“神形兼备”的建筑文化传承方向而不断努力。

第九章　江西传统建筑文化在现代建筑中的传承——技术策略与案例

改革开放，特别是20世纪90年代后，中国的市场经济催生了商业项目和大规模建设的兴起，当千篇一律的欧式建筑占领着大街小巷之时，日渐回升的民族文化自信使得越来越多的设计师开始向传统回归，向传统的建筑文化汲取养分和灵感，中国进入到传统文化复兴的新时期。在这个时期里，江西省内的新建筑对传统建筑文化的传承方式呈现出明显的追求“形似”到“神似”的趋势。设计师们或以保留和完善传统技术的方式，或以当代技术汲取和表现传统元素的技术策略让传统建筑在新的时期焕发出蓬勃的生命力。在这过程中，设计师们经历了失败也收获了不少成功案例的做法，总结出了部分适宜在省内使用和推广的适宜技术。

第一节　传统工艺的保留和完善

我国传统木构架主要有两种类型，一种为抬梁式构架，另一种为穿斗式构架。江西传统建筑，结合着对空间的不同使用要求大量使用穿斗和抬梁穿斗（或称插梁）混合结构。特别在民居中，此两种方式的结合运用可谓灵活多变。三清山金沙绿谷酒店（图9-1-1、图9-1-2）坐落于三清山金沙服务区，酒店依山而建，融合自然。酒店的主体为现代的钢筋混凝土仿造传统木结构的方式建造，外墙面采用上饶当地的青砖拼贴方式贴面，较为突出的地方是其入口雨棚，选择采用木构架的传统方式建造。

景德镇著名陶瓷文化创意村落三宝村的三宝路339号山云瓷院（图9-1-3、图9-1-4）于2016年7月落成开业。这个简约的中式建筑院落中集展厅、山云瓷谷里产品体验区、山云瓷院、工艺展示区、设计师独栋小楼、半边楼公益图书馆于一体，将生产、培训、设计、展示和文化做到了完美的结合。院落中有小型水系联系院外的溪流，水边建有一个半边楼公益图书馆，该部分采用景德镇当地的木材，沿用传统建筑穿斗式构架的形式和做法，做出了老式的木阁楼，与现代设计手法和谐共生，特色鲜明。

尽管传统民居以空斗墙为主的砌筑方式有较好的隔热隔音效果，能在很大程度上节省建筑材料和建造成本，并能减

图9-1-1　三清山金沙绿谷酒店（来源：吴琼 摄）

图9-1-3　山云瓷院入口（来源：吴琼 摄）

图9-1-2　三清山金沙绿谷酒店入口（来源：吴琼 摄）

图9-1-4　山云瓷院半边书房（来源：吴琼 摄）

轻结构荷载，但其承载力较差，整体性不强，尤其是抗震性能差，并且不便于装修和在墙面安装装饰构件等，因此在江西新农村建设中，农宅主要使用实心砖砌体结构，并保留了传统的砌筑方式和建造工艺——多采用一顺一丁或梅花丁的砌筑形式（图9-1-5），并做到错缝搭接、内外搭接。在砌筑材料的选择上，由于国家在2005年正式推行禁止使用实心黏土砖的政策，于是在新农村建设中，砖砌体主要采用烧结页岩砖、烧结煤矸石砖、烧结粉煤灰砖、蒸压灰砂砖、蒸压粉煤灰砖、烧结多孔砖等新型建筑材料。

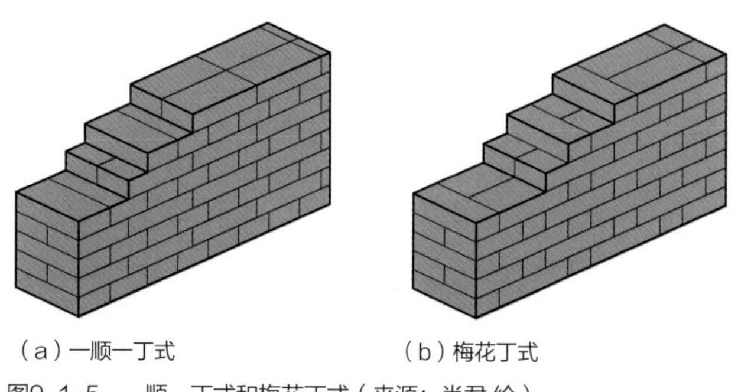
（a）一顺一丁式　（b）梅花丁式
图9-1-5　一顺一丁式和梅花丁式（来源：肖君 绘）

图9-1-6　宜春天沐温泉度假村楼梯间外墙（来源：肖君 摄）

瓦是传统铺设屋顶的建筑材料，一直以来的作用是防止雨水渗漏至屋内、隔热、隔音和保温，这种材料在今天的运用已远不止于此。宜春天沐温泉度假村的楼梯间外墙中（图9-1-6），瓦从屋面材料变成了外墙装饰材料，以多层叠放的瓦片形成花格的效果，让建筑有种亦新亦熟的感觉。

第二节　地方材料的利用

建筑材料使建筑文化得到体现。建筑材料作为建筑的组成部分，其本身就已经包含种种社会意义和审美情趣，除了满足建筑物功能要求外，更体现了建筑风格和文化。透过木、砖、瓦、石我们会清晰地看到一段神往的历史，是它们在诉说着久远的文明，在演绎着文化的沧桑。正因为这些材料在历史上长期使用所带来的传统感，它们在某些程度上已经成为建筑继承传统的符号。

一、石材的使用

三清山是道教名山，也是世界自然遗产地、世界地质公园、国家自然遗产、国家地质公园。此处不同成因的花岗岩微地貌密集分布，展示了世界上已知花岗岩地貌中分布最密集、形态最多样的峰林。三清山可划分为4种地貌单元：峰林为主体的地貌单元；峡谷、陡崖、（山峰）峰林组合地貌单元；峡谷为主的地貌单元和卵砾石堆积为主的地貌单元。其中卵砾石堆积为主的地貌单元分布于坪溪、枫林、汾水、金沙等地，在洼地处，屡见10～15米砾径的大砾石，最大的砾径达30米，磨圆度较好。三清山水云山庄就坐落在三清山金沙东部索道300米处，其原始地貌即为卵砾石堆积为主的地貌。设计最大地保留了生态环境，保留了自然的地貌，并将当地的卵砾石用在了外墙的装饰上（图9-2-1、图9-2-2）。建筑造型追求现代简约的空间形象，以对本土生态最大的尊重来实现批判性地域主义风格建筑的营造。

上饶市龙潭湖宾馆位于上饶市新城区龙潭湖生态公园地块内，是一家五星级宾馆。公园的原始地貌以红色砂岩为主，红色砂岩亦是上饶当地传统的建筑材料。为了充分反映该地块的环境特征、地质条件和地形地貌，龙潭湖宾馆在材料使用上将红色砂岩作为主要的外墙材料。将当地出产的红色砂岩加工成长度不一的条状石材，并配以相似规格的浅灰麻花岗石、青石石材（图9-2-3），以砌筑的构造方式形成建筑的外墙。通过这种“粗粮细作”的外墙做法使建筑回归质朴、典雅的自然风格，实现与自然环境的和谐统一。

图9-2-1　三清山水云山庄外立面（来源：吴琼 摄）

图9-2-2　水云山庄卵砾石外立面（来源：吴琼 摄）

二、砖的使用

上饶桐江村循环再用砖学校（图9-2-4、图9-2-5）是在原有的学校基础上进行的扩建，目的是将偏僻地区规模较小的小学合并到规模较大的中学和小学中，并为离家远的孩子提供住宿。这个项目中，原先的学校建筑被移除，为新扩建工程腾出了空间。这个项目的设计理念是用建筑来构建一个庭院式的操场并且利用地势差来提供一个额外的露天教室。为避免新建工程中普遍存在的对农村地区的破坏，本项目制定了回收旧建筑材料用于新学校建设的策略。对于被毁

图9-2-3　上饶龙潭湖宾馆外墙（来源：吴琼 摄）

图9-2-4　上饶桐江村循环再用砖学校外墙面1（来源：网络）

图9-2-5　上饶桐江村循环再用砖学校外墙面2（来源：网络）

图9-2-6　景德镇御窑厂遗址公园外立面（来源：吴琼 摄）

坏的老建筑，设计师的计划是将碎砖块重新利用，作为设计中绿色屋顶的育苗基质和隔断材料。同时，现在已经停产的烧结黏土砖亦被从废墟中收集起来，建造了一面大的壁墙和铺设了学校的地面。

砖作为传统建筑材料的主要功能是砌筑外围护结构，同时为建筑的内部热工性能提供保障。在景德镇御窑厂遗址公园（图9-2-6）中，整个建筑外墙最大的功能是将御窑厂的遗址进行维护和保护，内部空间的热工性能要求并不高，采用单皮砖的错位砌筑使得建筑获得了不同于传统的新的造型方式（图9-2-7）。同时，因外墙砖的搭接方式形成了无数采光口，结合屋顶的采光窗，形成了良好的室内光环境（图9-2-8）。

图9-2-7　景德镇御窑厂遗址公园入口（来源：吴琼 摄）

三、木材的使用

木材是传统的建筑材料。从建筑史的角度看，建筑艺术发展的核心就是木构件的比例、曲率组合方式的演变。中国传统古建以木头为主要建材，充分发挥其物理性能，创造出独特的木结构或穿斗式结构，讲究构架制的原则。在木结构已不再是主要建筑结构的今天，这种材料的使用亦可成为建筑风格的主导。

图9-2-8　景德镇御窑厂遗址（室内）（来源：吴琼 摄）

彭友善美术馆是南昌有史以来第一家由国家兴建以个人冠名的美术馆，坐落在风景秀丽的八大山人景区，占地约5亩，建筑面积2011平方米。美术馆为地面2层，3组主要建筑物呈“品”字形构成。由于建设用地为景区山地，美术馆顺应山势，依山而建，其主入口朝向八大山人纪念馆老馆，充分尊重了总体规划中新建美术馆和八大山人纪念馆老馆形成“众星拱月”之势的设计理念（图9-2-9）。其立面造型吸收了中国传统木构架建筑的构造原理和美学造型的精华，通过建筑檐口处层层相叠的木构件的细节处理，充分映射出中国传统建筑的大屋檐形象，避免了简单的符号化截取手法。展厅外侧立面的细节借鉴了宋以前的直棂窗及江西竹林的肌理，使建筑具有简约的上古之风，同时从功能上也有效地控制了展厅的自然光。立面其他部分干挂花岗岩石材，简洁厚重，同时有效地和山体融为一体（图9-2-10～图9-2-13）。

宜春洞山禅寺是佛教禅宗曹洞宗的祖庭。古往今来，不少名流学者远道而来，洞山因此人文荟萃。洞山寺茶室正是为寺庙以茶待客而修建的。洞山寺茶室设计的初衷就是一间停于山水之间的木屋。洞山寺茶室使用了一种新的木结构形式，简化、高举了屋架，通过屋顶木构件的交叉

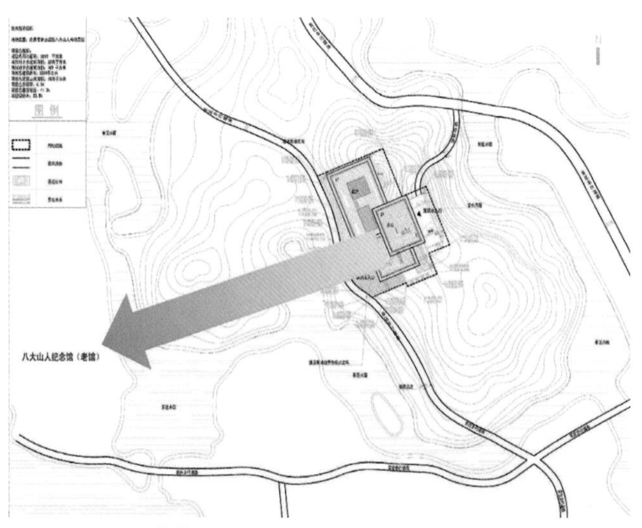

图9-2-9　彭友善美术馆和八大山人纪念馆之间的关系示意图（来源：南昌市城乡规划局 提供）

图9-2-10　彭友善美术馆木材结合玻璃处理外立面（来源：肖君 摄）

图9-2-11　彭友善美术馆檐口处理（来源：肖君 摄）

图9-2-12　彭友善美术馆室内（来源：肖君 摄）

图9-2-13　彭友善美术馆远景（来源：肖君 摄）

和贯通，将传统屋架的举折转化为构件交叉处的转折，使屋架构件的数量减少，用料减小，内部空间更加通透完整（图9-2-14），屋顶立面更高耸挺拔，同时保持了与传统屋顶形式相通的意象。传统屋顶的抛物线曲线转化为了更干脆利落的折线，也暗合了禅宗不立文字、直指人心的思想（图9-2-15）。

四、瓦的使用

景德镇真如堂生活艺术博物馆位于竟成镇三宝村。该馆将茶社、琴室、书房、佛堂等生活场景考究布置，将孤立的瓷器、家具、花木组合起来，为人们营造出典雅、极具韵味而主题鲜明的生活空间。博物馆用带有实验性质的场地布置和艺术品陈列为观者带来了全新的陶瓷体验。展览中，展品与环境融合，让游客去领略“器以载道”、艺术与生活的组合。建筑采用传统的砖瓦围合空间，但不采用传统的砌筑方式，而是用这些传统的建筑材料进行平面构成化的使用（图9-2-16、图9-2-17）。

这种处理手法在九江美术馆（图9-2-18、图9-2-19）的设计中亦有使用。结合着景观的设计，美术馆中设有多面钢结构和瓦片组合而成的“景墙”，或作为空间限定的边界，或起着中式园林中框景的作用。

图9-2-14 洞山寺茶室室内（来源：李岳川 摄）

图9-2-16 真如堂生活艺术博物馆入口（来源：吴琼 摄）

图9-2-15 洞山寺茶室（来源：李岳川 摄）

图9-2-17 真如堂生活艺术博物馆内院（来源：吴琼 摄）

图9-2-18　钢结构和瓦片组合而成的“景墙”（来源：肖君 摄）

图9-2-19　景墙细部（来源：肖君 摄）

五、竹子的使用

竹子是房屋建造中最古老的建筑材料之一，中国是竹子的故乡且产量位居世界第一位，被称为“第二森林”。竹材曾被广泛应用于古代造园运动中，且在2000多年前，竹子就已用于民间房屋的建造。迄今省内山区仍多采用竹子建造一些半永久性或临时性的房屋、棚舍等。建筑表皮具有“物质本体和精神表现两个基本属性”。作为一种代表中国文化的建筑材料，现代建造的永久性建筑采用竹子的手法越来越多地体现出精神表现的基本属性。

中信井冈山国际会议中心的设计整体本着依山就势的原则，顺应地形进行总体布局，尽量减少土方量，减少工程造价，整体布局依地势分为三部分。地势较平坦的地方做平面体量要求较大的会议空间，而进深较小的国宾馆则选择山脚部位来尽量减少土方量。建筑没有走具象仿古的路线，而是尽量运用中国建筑的意境元素，其形象考虑和当地秀美的自然环境相结合，运用自然材料——竹子、木料和石材，使建筑具有清秀的灵气。井冈山良好的植被条件，不仅造就了优美的自然风光，同时设计者也用敏锐的眼光为建筑提供了绝佳的材料。为了强调建筑的整体性，酒店建筑的主立面不是采用普通的幕墙，而是覆盖以竹百叶，竹百叶采用了竹节的形式，在幕墙内测用管道灌溉种植绿色爬藤植物。就地取材的策略不但节省了成本，也使建筑更好地融入基地环境。井冈翠竹的柔韧不但体现了大无畏的革命精神，也使建筑在现代传统之间找到了平衡点（图9-2-20、图9-2-21）。

图9-2-20　中信井冈山国际会议中心（来源：网络）

图9-2-21　中信井冈山国际会议中心主入口（来源：网络）

图9-2-22　笔架山游客接待中心外观（来源：网络）

图9-2-23　笔架山游客接待中心外廊（来源：网络）

国家级风景名胜区井冈山笔架山新景区以绮丽的高山景观和亚热带植物多样性为特色，自然景观的保护和地方文化的延续是设计的核心议题。其中的游客接待中心位于进入景区的主入口，主要提供信息指引和餐饮服务。设计采用了隐入山地、分化组合和乡土建造的方式，就地取材的竹、石、砖瓦被组合运用（图9-2-22，图9-2-23），游客服务中心基座外墙取临近的河滩卵石饰面，山顶的索道上站房则就地利用场地整理中多余的毛石砌筑平台挡土墙。原生材料不仅强化了建筑作为地方景观的认知影响力，且使建筑更有机地融入微观地貌的形态之中。这组建筑的木构和瓦铺部分由地方工匠完成。屋脊瓦饰的样式和木构节点中木丁的运用均出自工匠的手艺，他们的劳动和创造为建筑添加了生动且充满活力的乡土文化内涵。

第三节　现代设计对传统的模拟

现代的技术提高了建筑材料和构造的性能，也为设计创造了各种可能性。在对传统元素的汲取和表现上来说，可以大致分为以下几种方式：沿袭聚落的特征、传统建筑类型凝练、建筑细部特征提取、再现传统建造方式等。现代技术对传统元素的汲取和表现可以大致分为两种：一是传承建筑空间形态；二是现代材料使用对传统元素的呼应。

一、传承建筑空间形态

南昌义坊学校在传承的基础上展示了现代学校建筑形象。中、小学布局在一个传统院落，中间用图书、行政楼连接形成对景主楼。前面是校园集会广场，后面是内花园。主楼顶部中央用天象馆为对景，彰显现代科教建筑的特色。屋顶采用单坡顶，在传统青砖主体色调墙面点缀橙色，儒雅中透出活力，在周边绿色环境背景中营造校园的活泼气氛。在制高点塔楼顶部用篆书“义坊”表达传统文化。“日出为旦”，在主席台背景墙面用甲骨文“旦”字造型表达毛主席对青少年的期望，青少年是“早上八、九点钟的太阳”（图9-3-1），学校已经成为当地的标志性建筑（图9-3-2）。

上饶三清山国家电网办公楼是一栋标准的钢筋混凝土建筑，从结构到饰面都是现代建筑材料组成，但采用了传统的

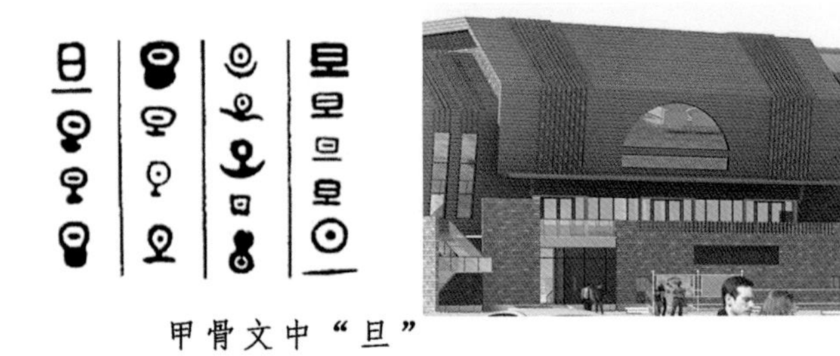

图9-3-1　南昌义坊学校造型分析（来源：南昌市城乡规划局 提供）

建筑形式的抽象表达（图9-3-3，图9-3-4）。白墙和黑色线条的处理呼应赣东北民居粉墙黛瓦的造型特征；灰色饰面砖及线条呼应赣式民居的青砖外墙；坡顶和主入口上方的外墙柱处理呼应民居坡顶及穿斗式木构架的剪影；虽未设任何传统中式装饰性的构件，却是传统形式的新中式表达。

二、现代材料使用对传统元素的呼应

（一）金属的使用

金属材料在传统建筑上的使用并不广泛，多用于建筑构件的加固和装饰。金属的制造反映了人类对新材料的创新和技术上的进步，是人类对材料世界的掌控。在现代建筑中，金属运用之广泛，遍布结构、装饰及专用材料，在对传统建筑构件的模拟和气韵表达上都能有良好的成果。

赣州市历史文化与城市建设博物馆为一栋五层框架结构的建筑，地下一层，地上四层。东侧为城展馆，西侧为博物

图9-3-2　南昌义坊学校全景（来源：南昌市城乡规划局 提供）

图9-3-3　三清山国家电网办公楼立面1（来源：吴琼 摄）

图9-3-4　三清山国家电网办公楼立面2（来源：吴琼 摄）

馆，中间设有报告厅等多功能建筑。赣州地处江西省南部，是典型的夏热冬冷地区气候，夏日遮阳是被动式建筑节能的必然举措。该建筑南立面采用穿孔板遮阳，洞口肌理从赣南客家围屋外立面的枪眼而来（图9-3-5），既满足满足功能性要求，亦体现了地域的过去。北立面外墙装饰画为红壤烧制，是这片土地所特有，意在体现城市的地理特征（图9-3-6）。

江西多山区，赣东山区受海洋性气候影响，属中亚热带季风气候类型，兼具山地气候特征，具有四季分明、夏季凉爽、春秋漫长、冬季雪漫群峰的特点。年平均降水量和年平均蒸发量大，相对湿度高，传统木质的构件耐久性会受到环境的影响有所下降。上饶三清山开元酒店，依山而建，是一座现代中式的建筑。设计将传统建筑中常见的木质廊道换以金属的材质和传统的形式建造（图9-3-7），既满足了构件耐久性的需求，亦体现了建筑的传统气韵。

（二）现代砖的使用

景德镇中国陶瓷博物馆（新馆）内收藏了新石器时代的陶器和汉唐以来各个不同历史时期的陶瓷珍品重器，涵括了景德镇千年制瓷历史长河中的代表品种。博物馆的主体建筑隐在两山之间，正立面外形中间圆形建筑仿佛一件精美的陶瓷器型，两侧建筑如一双大手，寓意“拉坯成型”。外墙砖

图9-3-5 赣州市城展博物馆南立面遮阳（来源：肖君 摄）

图9-3-6 赣州市城展博物馆立面装饰板材（来源：肖君 摄）

图9-3-7 三清山开元酒店钢结构廊道（来源：吴琼 摄）

图9-3-8 景德镇中国陶瓷博物馆（来源：吴琼 摄）

图9-3-9 景德镇中国陶瓷博物馆外墙（来源：吴琼 摄）

采用错位叠加的拼贴方式强化了在制陶工艺中拉胚形成的器形肌理（图9-3-8、图9-3-9）。玻璃幕墙外钢护网成冰裂纹状，与陶瓷裂纹釉相似（图9-3-10、图9-3-11），以现代材料的创新使用方式体现景德镇瓷都的城市名片。通透的屋顶采用自然光源节能环保，寓意“玲珑剔透”。顶层的通廊向上高挑，寓意“通向未来”。整个建筑平面从空中俯瞰，犹如一架水车在运转。让观众回眸景德镇“肇自然之性、成造化之功”的陶瓷发展历程，全方位、多角度、深层次地向世人展示中国陶瓷和千年瓷都的辉煌历史。

南昌万达茂建筑面积约20万平方米，是一座文化、商业、旅游综合体。其造型及外立面的设计直接采用了传统青花瓷瓶的器形作为造型原型，并用斯米克瓷砖拼贴出青花瓷花纹的外墙面（图9-3-12），拥有鲜明的地域特色和极高的辨识度。但该建筑的形体过于复杂且外墙面几乎无法开窗，功能上出现众多用房的角落无法使用，不仅不利于施工，也使这个商业项目的后续运营成本激增，从建造到使用都无法实现经济适用的社会目标。故而，笔者认为设计一个具有地域特色的优秀建筑若仅依靠具象的造型和牺牲自然通风等热工性能来实现作为地标的商业价值，是对社会经济资源的浪费，是非常不可取的。

图9-3-10 景德镇中国陶瓷博物馆玻璃幕墙（来源：吴琼 摄）

图9-3-11 冰裂纹状钢护网（来源：吴琼 摄）

图9-3-12　南昌万达茂青花瓷外立面（来源：http：//www.goldlamp.com/datacache/pic/1200_600_f8d1a33109aad67a6ed614bc7a35d3cc.jpg）

图9-3-13　鹰潭龙虎山游客服务中心（来源：肖君 摄）

（三）混凝土的使用

混凝土作为一种人造石材，广泛用于现代建筑的建造，亦能成为呼应传统的元素。鹰潭龙虎山游客中心坐落于鹰潭市西南郊16公里处，建筑面积8000平方米。分为游客接待处、遗产展示中心和道教展览馆三个部分。整体呈扇形分布，整座建筑用最简洁和理性的方法将三大功能合为一体。鹰潭属于丹霞地貌的早期丹霞，本地产一种名为红色砂岩石材，由于在鹰潭最多，故又叫鹰潭红石。鹰潭红石属于紫红、灰白色砂岩，矿物成分以石英为主。红色砂岩所在的红石山绝大多数为裸露的寸草不生的红砂岩，岩层厚度超过2000米。抗压强度有10～35兆帕，可以做非框架式建筑或一般民房的墙体。由于可雕凿性能好，这种红色砂岩被大量应用于墙、地基、路面等建筑材料。在这里，建筑选择红砂岩的外墙可很好地表达地域特色。但这种红砂岩辐射大，会对人体有不良影响，设计师则选择采用技术手段模拟其肌理，达到良好的效果。最终，我们看到其立面采用红砂岩涂料形成层叠的肌理，与龙虎山古诗组成特有的效果，表述丹霞地貌、摩崖石刻景观特征。建筑中部分采用金属构件林木网罩与红砂岩外墙涂料组成复合式墙体（图9-3-13）。

第四节　装饰性细节的表达

在建筑业的西风东渐的过程中，新的结构、新的施工技术和新的建筑类型进入了我国。砖（石）木混合结构在我国已有的基础上普及各地，接着砖石钢骨混凝土结构和砖石钢筋混凝土结构于19世纪末和20世纪初在各开放城市引进和使用，机制砖的生产在各主要省会城市都兴办起来，水泥工业从19世纪末开始在中国建立，钢铁业则一直发展缓慢，建筑用钢主要靠进口。其他如玻璃、陶瓷等新型建材在上海等地兴办工厂。但总的来说进口仍是新式建筑用的新型建材的主要来源。由于材料及造价的限制广大乡镇地区只能主要依靠地方材料和点缀少量进口材料追求时尚。传统建筑在乡村仍然是主要的建筑形态。西方的建筑营造和形式也伴随着西风东渐的进程迅速成为时尚，即使在传统的住宅和园林的营造中也反映出巨大的影响，产生了大量的中国传统建筑营造上采用西式元素进行装饰或者整体的西式风格，只保留少量中式元素的混合形态建筑成为18世纪末到19世纪初的潮流。

南昌新四军军部旧址始建于民国初年，原为“张勋公馆”，也就是人称“辫帅”的北洋军阀张勋的私宅，后来成为“八一”南昌起义时的主要战斗地点之一。1933～1935年为国民党黄埔系十三太保组织的“中华复兴社江西分社”，成为复兴社在江西的总巢穴。南昌新四军军部旧址陈列馆坐落于江西省南昌市友竹花园7～8号，东起友竹路，西至象山南路，南至东书院街，北达三眼井街，占地35.16亩，总建筑面积约1.16万平方米，由新馆、旧址、铁军广场三大部分组成。是19世纪前半叶西风东渐时期的标杆性建筑，它的拱券外廊式建筑形象突出，系欧洲古典建筑的变形，也称东印度式建筑，与英国在南亚殖民地的行政建筑一脉相承。新四军军部旧址建于1923年，整个建筑群由现存的

图 9-4-1　新四军军部旧址陈列馆正立面（来源：肖君 摄）

3栋建筑物组成，包括两栋2层楼的楼房和1栋平房，属砖木混合结构（图9-4-1）。主楼的立面构图，上部是歇山顶，但模仿西方形式，几乎没有出檐，中部一二层除了有两根方柱，还加设置了两根显得较为突兀的西式科林斯柱，但其上所雕纹样为中国传统的图案。屋顶正中间有一个老虎窗，是其二楼之上的一间阁楼使用。里面两侧是四角形的方亭，下部连通外走廊，上部则与功能用房相连，上有一攒尖屋顶，同样出檐很浅。屋顶下面均用石刻的形式模仿出中国传统的斗栱样式，然而尺度要比宋氏清式小得多。正立面七开间，间距相等，一层较高，二层较矮。两层相间开门。圆形砖石拱券相连，每一处的拱心石处均由瓷板画。建筑内高出室外地坪36厘米，入口处有两级踏步。侧面有五开间，加上两个方亭。正中间设置一侧门，顶部歇山顶开窗作为阁楼采光。

江西传统民居装饰的形态特征为追求实用功效、注重视觉审美和强调文化意蕴。现代建筑在对传统建筑装饰方面的传承较多地体现在外墙面的做法、材料的选择和构件处理上。

一、墙面的做法

在赣中的北部以及赣东北地区的一些山区，如龙虎山和三清山地区，在农宅设计中对于立面的处理常传承传统民居的部分建筑特征，并用一些现代的建造技术，模仿传统的细

图9-4-2　龙虎山集镇区、毕家站和上清镇农宅设计（来源：江西省住房和城乡建设厅村镇建设处 提供）

图9-4-3　鹰潭市龙虎山新村住宅单体效果图（来源：江西省住房和城乡建设厅村镇建设处 提供）

部做法作为装饰。

在龙虎山集镇区、毕家站和上清镇地区的农房设计中（图9-4-2），住宅山墙面分别传承了传统民居悬山顶和马头墙的形式，并用15毫米厚木板封墙或用涂料刷白，用30毫米厚杉木板贴仿穿枋构件线条。正立面和背立面常采用20毫米厚木板封墙，局部雕花；用30毫米厚杉木板贴仿穿枋构件线条，并做仿古镂空窗、仿古门和仿古栏杆；同时，还在细部做了仿古雀替、挂落、花牙子、垂柱等细装饰性构件。建筑整体看上去极具传统建筑特色，对当地文化的传承和发扬起到非常好的示范作用。

另外，在鹰潭的龙虎山新村住宅小区设计中(图9-4-3)，采用灰瓦、白墙、坡顶结构形式，使其整体风格与景区建筑风景相一致，并充分体现了景区的历史文脉。在立面设计中

图9-4-4 南昌象南中心售楼部外墙面（来源：肖君 摄）

图9-4-5 三清山银湖湾生态村（来源：吴琼 摄）

图9-4-6 八亩安置小区（来源：吴琼 摄）

运用细腻、精致的细部和协调的比例关系，创造出良好的视觉效果。同时，也通过贴仿穿枋构件线条、马头墙等手法传承了传统建筑中的很多元素符号，并较好地将传统风格融入现代住宅之中。设计中还强调虚实对比，为建筑内部创造了明亮、开放、健康的空间。

南昌象南中心属于南昌三眼井历史风貌保护区域，设计以“保护、修缮、更新”为原则，保护、修缮了原场地内江西会馆在内的十多栋历史建筑，是南昌现有最大的旧城改造项目，其售楼部山墙面的设计就很有特色（图9-4-4）。其墙面采用清水砖墙，按照梅花丁的砌筑方式建造。在墙体的部分区域采用参数化计算的结果将丁砖按照一定的规律加长以突出墙面，形成整体的动感。从远处看来墙面似要消散又似在形成，良好契合了项目本身旧城改造和更新的性质。另外，在突出的丁砖中，间或更换了少量现代建材做成的砖，让建筑的气质亦旧亦新。

二、材料的选择

在上饶市三清山地区，如银湖湾生态村（图9-4-5）和八亩安置小区（图9-4-6）的设计中，虽然采用较为简便、经济的刷漆的方式代替用厚杉木板贴的方式模仿传统民居的穿枋结构作为装饰，并省略了大量的细部装饰性构件，但整体依然能够基本体现当地传统民居建筑风格的特色。

高安元青花博物馆世界上第一座元青花博物馆，元代窖藏出土的青花釉里红瓷器是这座博物馆的重要馆藏。该馆的立面造型采用现代风格的花岗石墙面，间或配以独具特色的青花瓷纹饰（图9-4-7、图9-4-8），形成形式上与内容一致的立面、现代艺术与材料相统一的外墙，朴实而富有生命活力，是一栋稳重大方的现代风格建筑。

三、构件的处理

在江西省内新建城市住宅中，为了能够更好地传承传统民居的建筑风格，还常在建筑入口、院墙、窗等位置做一些装饰性构件的处理。在抚州市华萃庭院小区（图9-4-9）立面设计中，用现代建造技术模仿了传统民居中的门楼、花格窗和窗罩等构件。这样的处理手法既能对传统文化进行较好地传承，同时也能对建筑实用性起到一定的意义。门楼和院墙上的花格窗能在充分保证居民安全性和私密性的同时，又和外界保持一定的交流；而窗罩则能起到一定的遮阳效果，对夏季隔热起到一定的帮助作用。

又如萍乡市某农宅设计方案中（图9-4-10），在对入口大门和窗子的装饰上都采用了仿传统民居门罩与窗罩的方式。这些看似很小的细部处理却能成为这幢平凡、朴素的农宅的点睛之笔。

庐陵民居的一大特点是大胆打破原有的天井式民居四面围合的形制要求，果断地舍弃室内天井，而把天井推到屋外，将其改造成天井式院落，出现一种介乎“天井”和“院落”之间的“天井院”民居类型。原有的天井被取消后，对室内的采光和通风造成了很大的影响。为解决这些问题，工匠们就在原天井的上方，也就是大门入口处的屋面直接裂开一个豁门，利用这个豁门采光和通风。这个豁口称为“天门”，有的地方则把它叫做“天眼”或者“天窗”。而在吉安市青原区陂下、陂头、渼陂等村的民居，则是直接在大门上方的墙体上开出约60厘米×40厘米左右的高窗，使屋内也有较好的采光通风效果。这种带木（铁）窗栅的高窗，当地

图9-4-7　高安元青花博物馆正立面（来源：吴琼 摄）

图9-4-9　抚州市华萃庭院小区（来源：吴琼 摄）

图9-4-8　元青花博物馆局部（来源：吴琼 摄）

图9-4-10　萍乡市某农宅设计（来源：江西省住房和城乡建设厅村镇建设处 提供）

将其称为“高窗”或“风窗”。如图9-4-11所示的吉安市某农宅设计中，入口上部的高窗正是传承自传统庐陵民居中的“天窗”（图9-4-12），能够在一定程度上改善室内采光和通风效果。

赣中的吉安地区以及赣西的萍乡地区传承了庐陵文化风格，仍采用清水青砖墙或灰色饰面砖（图9-4-13）。赣南部分客家文化地区采用浅赭色外墙涂料饰面，或红砖清水墙面，有时在勒脚部位采用褐色石材饰面（图9-4-14）。

通过分析传统建筑文化在当代建筑中传承的技术策略，我们认为建筑要拥有长久的生命力，扎根本土、继承传统和体现地域特色是必然之路。时代的洪流滚滚向前，新材料和新建造技术日新月异。相较于对传统技艺的延续和留存，有智慧地运用传统材料体现建筑的地域性或是在现代材料的使用中找到和传统形制或是文化契合的交点，都是很好的选择。“适用、经济、美观”仍然是我们设计和建造房子的根本原则，单纯追求形式博得眼球而忽略地域传统和文化特色的做法都是背离大众审美的做法。

图9-4-11　吉安市某农宅设计（来源：江西省住房和城乡建设厅村镇建设处 提供）

图9-4-13　吉安地区某农宅设计（来源：江西省住房和城乡建设厅村镇建设处 提供）

图9-4-12　传统庐陵民居中的“天窗”（来源：网络）

图9-4-14　赣南某客家文化粮果农宅设计（来源：江西省住房和城乡建设厅村镇建设处 提供）

第十章　江西传统建筑文化在现代建筑中的传承——自然环境的应对与案例

自然环境是和建筑相关的问题之一，但是建设行为的根源本身就是包含着征服自然的过程。所以它同时有着干预破坏和救济保护环境的矛盾，但是只有对矛盾的批判，或者只顾自我满足式的逃避，都解决不了问题。我们应该做的是，接受这个矛盾并在现实的经济活动中采取最适合的方式面对它，找到建筑与自然环境的平衡点。

第一节 城市与建筑发展中对自然气候的呼应性策略

建筑与景观的融合、自然与人的和谐共生是人居的最高境界。仅有优美的环境或者仅有别致的建筑都是不够的，只有将优美的自然景观、良好的生活氛围融于一体，才能营造理想的人居环境。建筑元素对细节的把握还应与景观因素相互呼应。自然与建筑的融合将是21世纪所面临的重要课题，一位建筑师曾经说过，一个成功的建筑师“意”和“境”的完美结合，随着人们对景观的要求逐步增加，对景观的理解逐步深化，已经改变了人们过去只注重建筑的局面，一个以“人居环境”为关键词的景观新纪元正逐渐显露雏形，让景观融入建筑，让建筑影响景观，使二者在尊重自然、尊重文化、尊重艺术的基础上和谐地融为一体，而不再是孤立的个体。

“环境协调”是近年来建筑界的一种新主张，它实质上就是讲建筑与建筑之间的协调关系。强调人类与其所处的自然环境的一体化与可持续发展，协调好人类与自然生态的关系，使景观系统中诸要素形成一个有机系统，能持续而不断生长与完善，整体的生态观体现于建筑环境协调中，就是宏观创造和谐而适宜的人居环境，达到美学系统、生态系统、人文系统高度融合，使自然环境与人工环境都得以保护而形成合体的建筑空间。

一、公共建筑对地域气候的顺应与回应

乡土的“城市”——工业区作为城市化的一个阶段，从乡村空间巨变而来，从而割裂了地域文脉和传统文化的传承。有责任的环境建设，应该修复这种断层，把乡土的环境质量因人们与自然融合为一体的本能带回厂区内。同时也因为主要的使用者——打工者大多来自乡村，工厂环境的乡土气息能够为他们带来故乡的抚慰，平衡机械的劳动和简单的人际关系所形成的心理抑郁和紧张，增进身心健康。

江西新余沃格厂区（图10-1-1、图10-1-2）设计中，设计师秉着尽可能减少建筑和生产活动对环境压力的原则，在诸多方面为城市的环境提供支持，例如合理开放的公共空间，为动植物生存提供的良好环境，产出材料如木材、水果、鲜花等，利用竹林根系做灰水的自然降解等。利用传统智慧和成熟的现代技术手段，减少能耗和环境污染，例如自然方式的空气调节系统，合理利用自然采光和遮阳系统，合理利用太阳能提供生活热水及公共照明等。作为一种生活态度，而非僵化的指标，提倡建造和使用过程中的朴素节约，并在环境、空间、和设施功能上提供一切便利。

九江市文化艺术中心（图10-1-3）位于九江这座毗邻庐山、鄱阳湖与长江的有着典型山水城市特色的八里湖新区内。方案设计力图以生态化、人性化的设计手法使得文化艺术中心与基地现有生态地景相匹配，一个连绵起伏的建筑

图10-1-1 新余沃格厂区1（来源：吴琼 摄）

图10-1-2 新余沃格厂区2（来源：吴琼 摄）

图10-1-3 九江文化艺术中心（来源：九江市建设规划局 提供）

图10-1-4 石钟山中心服务区1（来源：江西赣粤高速公路股份有限公司 提供）

图10-1-5 石钟山中心服务区2（来源：江西赣粤高速公路股份有限公司 提供）

屋顶将大剧场、多功能剧场以及培训办公区三大功能主体统一在其下，各自相对独立，又以打开的半室外灰空间和大平台——“城市客厅”相联系。恰似连绵的山水，故而谓之“山水一脉”。整合场地内的堆土，建筑四周形成环形土台，阶梯状土台上种有竹子。土台上可以作为人的交流及活动空间。各方向开有出入口同时减少噪音及外部车流对本建筑的干扰。用缓坡湿地与政府广场自然衔接。建筑屋面及地面均考虑雨水收集，屋面上雨水用于种植屋面浇灌。种植屋面夏季隔热冬季保温，相对降低建筑的运行成本。设计了地面雨水收集系统，一部分用于地面景观浇灌，一部分用于水上观演广场。建筑内部空间多样性，底部架空，人可以在此活交流及观看露天表演，不同高度设有不同的室外露台空间，同高的内院种有植物，有利于建筑采光及通风。建筑体量为简洁的方形，与周围环境相呼应，立面采用可旋转方型印花玻璃，不同季节根据需要调整阳光的射入。保证室内舒适度，减少设备运行费用。场地景观设计成不同的雨水收集池及种植池，生态节能（图10-1-3）。

石钟山中心服务区项目（图10-1-4～图10-1-6）利用现代建筑技术，尊重当地的地形及气候条件，运用当地的材料，借鉴当地建筑形式，力图表现当地文化特征，表达中国传统文化中“建筑意”的人文精神，将建筑与自然环境和人文环境相结合。整个设计与用地背面的青山相呼应，运用传统园林的借景式和穿插等处理手法，将建筑主体划分为若干区域，再用联廊、过道、门庭等相连，使绿化与各个建筑串联在一起，互相衬托，主次有治，并于背后的山形相呼应，营造清雅的庭院园林式建筑。庭院式的建筑布局有利于采光通风，与冬冷夏热的江西自然气候相呼应。透空外廊的处理手法，方便旅客遮风挡雨，也营造了较好的商业氛围。公共卫生间木百叶窗的处理及半室外洗手间的设置，经济合理，更是江西自然气候在建筑上的反映。

图10-1-6 石钟山中心服务区3（来源：江西赣粤高速公路股份有限公司 提供）

二、居住建筑对地域气候的顺应与回应

江西省属于夏热冬冷地区，春秋季短，夏冬季长，全年雨量充沛，光照充足。建筑既要在夏季充分散热又要在冬季保证防寒，且在江西地区以前者为主。针对这些自然因素，我省农村住宅和城市住宅在设计中都分别采取了一定程度的顺应与回应措施。

（一）农村住宅对地域气候的顺应与回应

近年来，随着新农村建设工作的逐步推进，我省农村地区的面貌和农村居民的生活发生了翻天覆地的变化。近几十年来农村人口大量涌入城市工作和生活，使他们的收入和生活水平都得到了巨大的提高，且生活方式越来越接近城市。在此背景之下，我省农村住宅在格局上总体差异不大，主要可分为院落式（图10-1-7~图10-1-11）和非院落式（图10-1-12）格局。其中，院落式格局形式极大程度地传承了传统民居院落式的布局方式。其在我省农宅中主要体现为前院、后院、内院、天井，以及四者之间的组合形式，这些形式不仅能为处于夏热冬冷地区的农村住宅提供良好的自然通风及日照条件，在较大程度改善室内热湿环境的同时又能满足现代农耕生活的日常需要。前院和内院通常作为种植、衣物晾晒和农作物晒场用地，后院通常作为杂物院及家禽散养用地，而天井则可增加室内采光和自然通风。院落和天井中的种植物或水井等也可为住宅起到遮阴和吸收太阳辐射热的作用。在所有院落式住宅中，前后院式居多，内院式其次，少数农宅含天井。

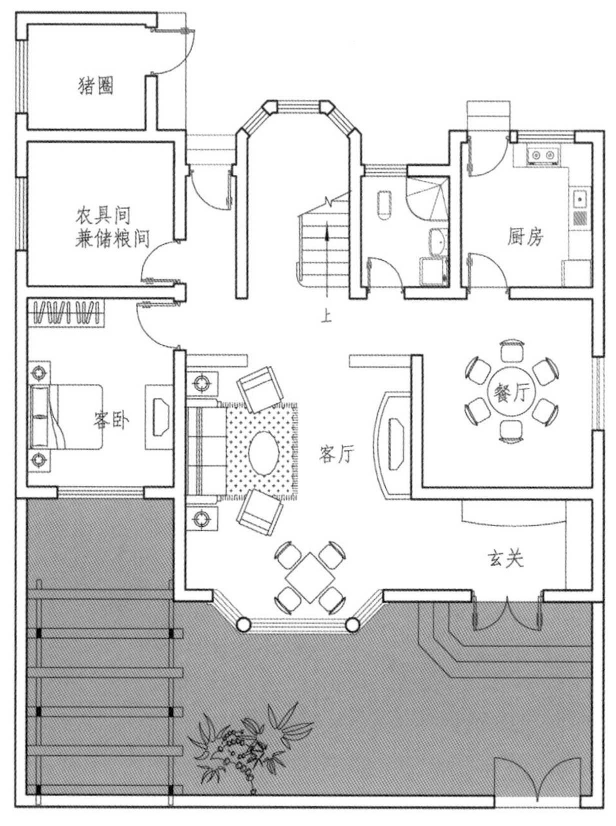

图10-1-7 前院式格局农宅平面图（来源：吴琼 改绘自《江西省和谐秀美乡村特色农房设计图集》）

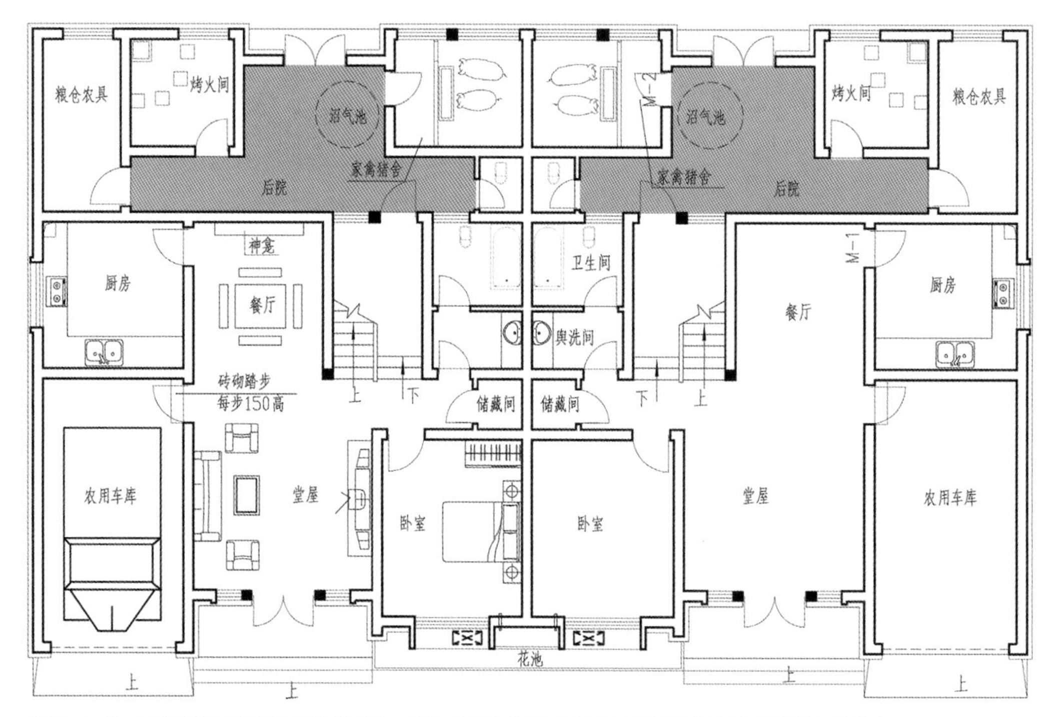

图10-1-8 后院式格局农宅平面图（来源：吴琼 改绘自《江西省和谐秀美乡村特色农房设计图集》）

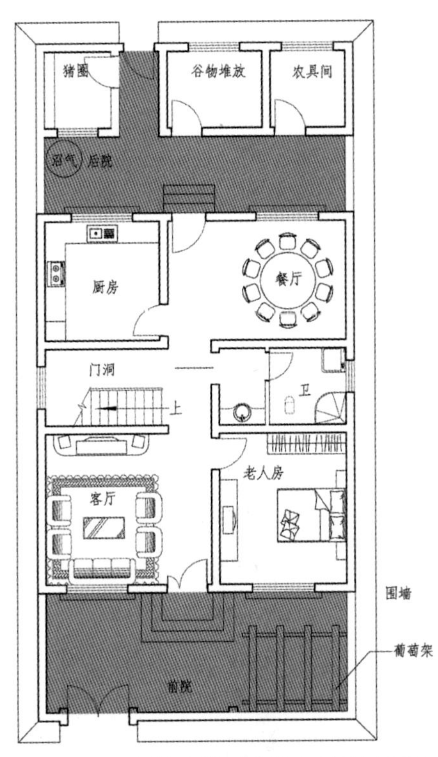

图10-1-9 前院+后院式格局农宅平面图（来源：吴琼 改绘自《江西省和谐秀美乡村特色农房设计图集》）

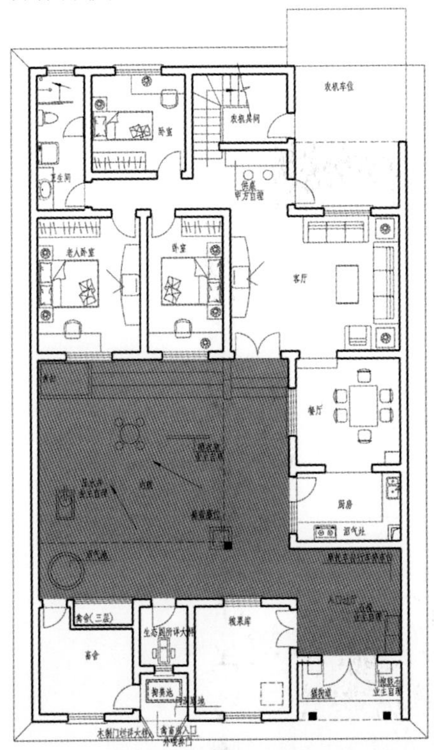

图10-1-10 内院式格局农宅平面（来源：吴琼 改绘自《江西省和谐秀美乡村特色农房设计图集》）

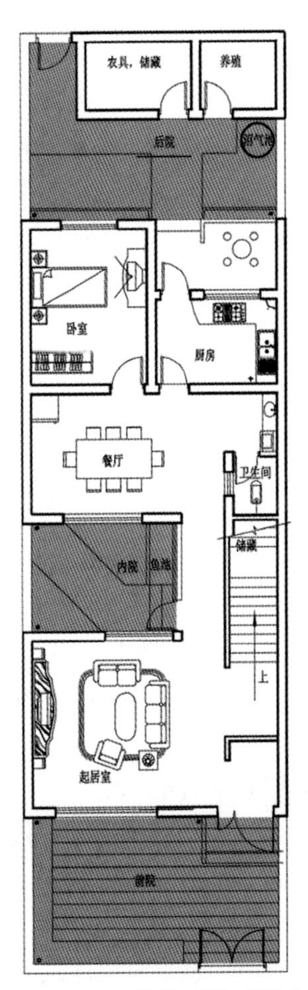

图10-1-11 前院+后院+天井式（来源：吴琼 改绘自《江西省和谐秀美乡村特色农房设计图集》）

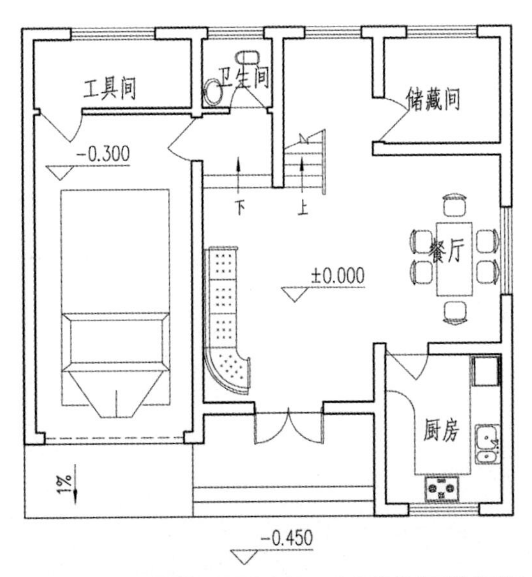

图10-1-12 非院落式平面图（来源：江西省住房和城乡建设厅村镇建设处 提供）

结合江西地区的自然特征和气候因素，省内农村住宅设计和建设过程中，绝大多数建筑的屋顶传承了传统民居坡屋顶的形式，以利于自然排水，尽可能减少雨水对建筑本身的影响。农村居民不再满足于简单的温饱，而开始注重提升生活品质。随着城市生活方式逐渐被带入农村，一系列现代化家用电器等在农村地区的使用也越来越普遍。由于江西地区日照较为充足，因此在广大农村地区，经济实用的太阳能热水器被大量使用。

综合考虑现代生活中对于晾晒需求以及太阳能设备的安装，我省新农村住宅设计中多采用坡屋顶与平屋顶相结合的方式，如图10-1-13所示为婺源地区某双拼式农宅设计效果图。该农宅设计中充分传承了婺源地区的徽派建筑“粉墙黛瓦”的建筑风格，以及马头墙、坡屋顶、窗楣等建筑元素，但改变了传统徽派民居以天井为中心，对外较为封闭的建筑格局，而采用了现代住宅的设计手法，使其与传统民居相比在采光和通风效果上有了显著的提高。同时，由传统民居中的“门斗”演变而来的入口形式，以及窗楣、坡屋顶等设计手法可以遮挡夏日过多的太阳热辐射，又不阻碍冬日太阳热辐射进入室内，保证了室内较好的舒适度。

图10-1-13　婺源地区某农宅设计效果图（来源：江西省住房和城乡建设厅村镇建设处 提供）

又如图10-1-14所示为鹰潭市龙虎山新村建设项目，位于龙虎山景区内。龙虎山景区为世界地质公园、国家自然文化双遗产地、道教发祥地、国家级风景名胜区、5A级国家旅游区、国家森林公园、国家重点文物保护单位。在2010年8月第34届世界遗产大会把“中国丹霞”列入《世界遗产名录》，龙虎山成为我国第八处世界自然遗产。项目用地位于206国道以南，原龙虎山中心医院和龙虎山酒厂以西，南面和西面由水渠环绕，水渠以南就是龙虎山景区的一条骨架水流泸溪河。站在项目用地高点可直接眺望龙虎山景区入口背景排衙峰和蜿蜒美丽的泸溪河。用地西南角保留一座丹霞地貌小山体。场地内南低北高、西低东高，另有少量水塘。

图10-1-14　鹰潭市龙虎山新村效果图（来源：江西省住房和城乡建设厅村镇建设处 提供）

图10-1-15 上饶市婺源县某农房设计（来源：江西省住房和城乡建设厅村镇建设处 提供）

小区以生态化、休闲性、文化性为主题，营造主题社区，在尊重自然、以人为本的准则下，体现了基地的场所精神，做“坡地、美林、山水”的文章，营造自然和谐的低层低密度住宅小区。

江西大部分地区夏季太阳辐射极强，气候十分炎热，省会南昌也被列为全国十大夏季最炎热城市之一。因此对于江西地区居住建筑而言，夏季隔热尤为重要。在所有的解决措施之中，尽量减少建筑因西晒而获得较大的热量是最为多见的做法之一。尽管省内农村地区气温与城市相比相对较低，但对防止西晒的需要丝毫不减。如图10-1-15所示为中上饶市婺源县某农房设计中，山墙相对封闭的特征，东西面开窗少且开窗面积小，通过设置东、西面片墙的手法，在满足了室内基本采光需求的同时，对建筑起到了较好的遮阳和隔热效果。

（二）城市住宅对地域气候的顺应与回应

尽管新建城市住宅在设计的过程中很大程度上受到了国外建筑风格的影响，出现了众多仿欧式、美式等风格的居住建筑形式，但仍有部分设计中传承了传统民居设计中一些好的做法，如坡屋顶、天井或天井院、勒脚加高等，以适应江西地区的自然气候特征。江西中北部大部分地区通常湿润多雨，气温偏高，降水偏少，日照偏多，因此建筑西晒问题较为严重。

现代居住建筑在进行设计时在传承了传统民居山墙相对封闭、东西面开窗少且开窗面积小的特征，同时也采用了一些新的处理手法。华萃庭院（图10-1-16、图10-1-17）位于抚州市金巢开发区。小区内别墅设计充分考虑了当地夏季炎

图10-1-16 抚州市华萃庭院住宅西立面设计1（来源：吴琼 摄）

图10-1-17 抚州市华萃庭院住宅西立面设计2（来源：吴琼 摄）

热、雨水充沛的自然气候因素，为减少西晒对住宅室内温度的影响，在西端设置一内院，不仅能够有效地阻隔太阳辐射，提升了室内舒适度，同时通过运用现代施工做法、传统建筑花窗的设计使得建筑西立面不再单调无趣而极富有传统特色。

除了对地域气候顺应的做法以外，新建住宅设计也对江西特有气候特征作了一定的回应。新余市地处江西中部偏西、鄱阳湖平原边缘。四季分明，日照充足，雨量充沛，无霜期长，严冬期短。自2011年被列入全国节能减排财政政策综合示范城市起，以城市绿色生态新区和重点小城镇建设为着力点，以可再生能源建筑应用为抓手，以点带面，全面推进建筑绿色化的发展。在居住建筑设计中，与其他城市最大的差别在于对自然资源的充分利用。如在新余市锦绣江南小区（图10-1-18）中，各层在南向阳台上方均加设了长度为阳台面宽一半的太阳能板，既满足了基本日照要求，又在遮阳的同时将一部分太阳能转化为电能，起到了较好的节能效果。

图10-1-18　新余市锦绣江南小区外立面（来源：吴琼 摄）

第二节　城市与建筑发展中对自然环境的保护与整合

当代建筑生于当代，服务于当代，面向未来，而其地域性却是根植于“人—地”关系的环境中。相比以前的风土特征研究，多局限于行政区划，其更多关注地区、民族的单元局限，在整体认知上存在不足。气候、地形、地貌等环境因素特征在浙江当代建筑的本土化创作中体现出尤为重要的作用。

因此从传统建筑文化的传承而言，如何与地域建立恰当的场所关联和生态关联，如何体现对江西自然环境和山水环境的尊重，是城市发展与建筑设计的核心策略。

人类的活动具有一定的领域性，它是人对环境的一种感受。领域感的形成，要求城市空间应具有丰富的层次，以适应人们多种行为活动的需要。为此，建筑规划必须要有一个整体性。建筑形式的整体性，要求建筑形式的构成必须与其所处城市环境的整体结构形式相协调、相适应，并在各种不同的层次上创造整体环境的秩序。

城市建设是一个艺术的创造过程，尤其是在某些历史文化名城进行现代化建设，必须高度重视城建规划和城市设计。一个城市之所以能成为历史文化名城是因为它具有其他城市所没有的特殊方面，基本条件应是保存文物特别丰富、具有重大历史价值和革命意义的城市。作为历史文化名城的现状格局和面貌应保存着历史特色，具有一定的代表城市传统风貌的街区。某一处建筑的历史和文化背景、某一个园林的古老传说甚至是某一棵树的树龄和植树人，处处都体现了其历史文化的底蕴和中华文明的璀璨。盲目的规划建设必将对城市产生致命的破坏，在若干年以后，历史文化的气息将荡然无存，替代它的将是毫无生气的现代建筑和恶劣的环境。

城市的保护规划应分层次。历史文化名城都有其特有的自然环境和人文景观，两者的有机结合是城市的主要特点，只有在城市建设中垂视和肯定其自然和人文的历史作用，在城市规划中以城市的自然环境和人文景观为中心，以保护和开发为前提，进行规划建设，这样的规划建设才能起到保护和开发的双重目的。

庐山西海养生半岛项目的所在地位雷州岛，位于江西省九江市柘林镇，地处云居山柘林湖风景区内。雷州岛是一座链接内陆的半岛，有两组汕头。项目规划场地三面临水，柘林湖水位变化对项目建设具有较大影响。本项目规划以“自然与人文和谐融汇”的设计里面，合理布局各功能区域及配套设施，并最大限度维护原有的自然环境，利用区域内得天独厚的资源和景致。为了减少对山体的破坏和更好地与自然环境的衔接，建筑依照地势呈行列式阶梯布局。建筑采用坡屋顶形式，以白墙黑瓦为主色调，风格上采撷传统建筑元素符号，以水墨丹青的意蕴与自然环境融合。

庐山西海渝园休闲半岛项目以自然风貌为主体，通过探索该区域自然的文化特色，结合项目基地优质的山水景色，依托基地优美的观景山地场地，使自然与建筑有机结合，打造更加细腻柔美的清幽环境。该项目以自然山水为背景，利用基地半岛独特的景观风貌，结合现状葱郁的植被景观，构筑世外桃源的山水景观环境。规划依据现状的地形地貌特质，构筑了竹林休闲区、生态休闲区和风景游赏区。建筑风格采用现代木构钢架简约中式建筑，不破坏原有地形和生态环境，更加有利于自然生态保护。将建筑层数设为最高两层，同时采用“干栏式建筑”的形式，形成高低错落的建筑形态，与山体形象结合，减少山体的地表径流和自然植被的影响。项目外部有天然山体，景观价值较高，建筑的尺度和特色让位于周边环境。建筑形体采用错落有致的布局方式，尽量减小建筑体量感，形式有机的建筑群体组合。建筑朝向尽可能地面向主景观，同时争取向南的方位，充分吸纳外界阳光及美景（图10-2-1～图10-2-4）。

中信庐山西海酒店所在地块占有一级水源、空气、绿化资源，东、南、西三面环临柘林湖，湖面以南，山麓以南，岛内基本保持原始自然生态环境，地势有缓坡，植被生长良好。该项目建筑布局呈波浪形，享有北部山景和北侧内湾湖景的同时营造内部园林度假氛围。每个组团都充分利用自然景观资源，同时也利用自然地形打造内部情趣。建筑布局顺

图10-2-1　庐山西海养生半岛（来源：九江市建设规划局 提供）

图10-2-2　庐山西海渝园休闲半岛1（来源：九江市建设规划局 提供）

图10-2-3　庐山西海渝园休闲半岛2（来源：九江市建设规划局 提供）

图10-2-4　庐山西海渝园休闲半岛3（来源：九江市建设规划局 提供）

图10-2-6　三清山华克山庄透视图（来源：上饶市城乡规划局 提供）

图10-2-5　中信庐山西海酒店规划（来源：九江市建设规划局 提供）

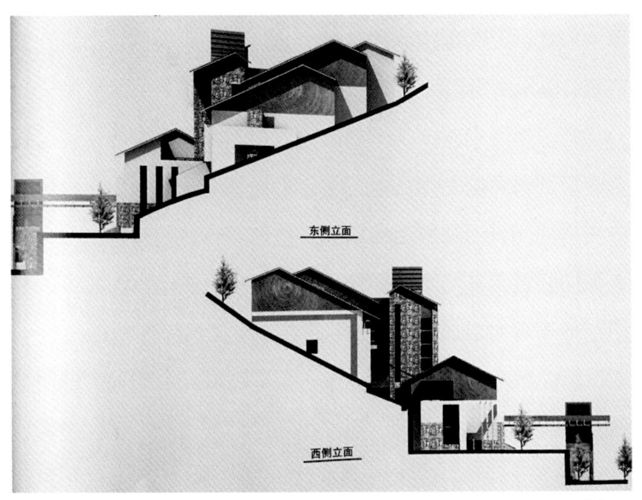

图10-2-7　三清山华克山庄立面图（来源：上饶市城乡规划局 提供）

应地形，通过组团的错落组合，将湖景最大限度地延展至地块内部（图10-2-5）。

三清山华克山庄规划设计利用其基地位于三清山金沙休闲旅游服务区，用地自然地形北高南低，相对高差36米。该地块拥有周边独一无二的自然环境，茂密的植被覆盖整个地块山坡，成片的原生态山林构成了良好的自然生态系统，精工细琢的建筑散布在山坡树林的空隙中，利用茂密的树木竖起屏蔽灰尘和噪音的天然屏障，充分利用树木植被达到自然与人性的无缝融合，完美体现了“天人合一”的创新设计理念。对“华克山庄”的建筑设计绝对离不开对整个地貌环境的考虑分析，该建筑师以“天生的格局，自然的高”为理念，让建筑融于森林中间，在有限的空间中创造出了异常丰富的景观与衍生自然环境。既加强了空间的纵深感，又方便旅客的休息与享受优美环境所营造的舒适生活，与自然绿色进行亲密接触。在建筑单体的设计上利用不规则变化的原始地形，让建筑有机地去适应，把建筑化整为零，依山势灵活调整其空间高度。从而创造出室内外的丰富变化，而不是为了变化而变化。每个变化都可以根据地形需要或抬高或降低，他们之间在相邻部分设置楼梯或廊或桥连接起来。在地势高差变化剧烈处，为了保留原生景观而架空底层，局部地方部分架空、另一部分则直接坐落在图层上，形成高低错落，展示山地建筑的设计特点（图10-2-6、图10-2-7）。

第三节　城市与建筑发展中对自然肌理的呼应性策略

自古以来人们就开始注重人工构筑物与周边环境和交通地形的关系。古埃及文明和玛雅文明都是根据宗教和神灵的旨意，运用占星术确定建筑位置，灵感和分析成为了建筑艺术的源泉，也体现在建筑与环境的关系中。在我国古代盛行的是风水之说，阐述了建筑与天候、地域、人事相互协调的哲理，分析了人文、地质、风向、日照、气候、景观等一系列自然环境因素，进行选用和评价，以采取相应的建筑规划设计措施，创造适宜人们长期居住繁衍生息的良好环境。周边的地貌、地形、河流、山脉、动植物等也会影响建筑的建造位置及平面组合形态。

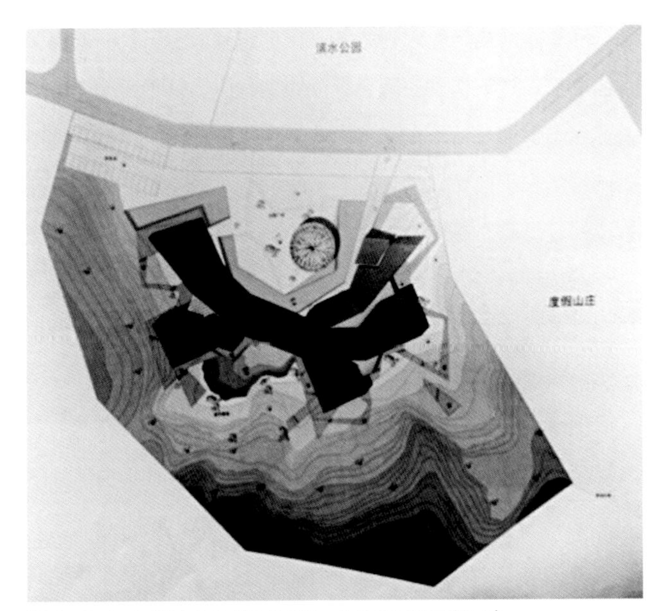

图10-3-1　三清山博物馆1（来源：上饶市城乡规划局）

江西版图轮廓略呈长方形。东西省界明显长于南北，而北之宽又数倍于南，恰如一头昂首直立的海豹。全省南北长约620公里，东西宽约490公里。土地总面积166947平方公里，占全国土地总面积的1.74%，居华东各省市之首。省境除北部较为平坦外，东西南部三面环山，中部丘陵起伏，全省成为一个整体向鄱阳湖倾斜而往北开口的巨大盆地。

图10-3-2　三清山博物馆2（来源：上饶市城乡规划局）

江西地貌类型较为齐全，分布大致成不规则环状结构，常态地貌类型则以山地和丘陵为主。其中山地60101平方公里（包括中山和低山），占全省总面积的36%；丘陵70117平方公里（包括高丘和低丘），占42%；岗地和平原20022平方公里，占12%，水面16667平方公里，占10%。除常态地貌类型外，还有岩溶、丹霞和冰川等特殊地貌类型。

三清山博物馆（图10-3-1～图10-3-3）建于三清山风景名胜区金沙休闲旅游中心银湖湾服务区，南侧、西侧为自然山体。三清山博物馆设计构思抓住了三清山地质地貌形成中的海浸、板块之间的挤压、拉伸、走滑、断裂运动的某一瞬间，将其固化为展示各种地质运动力量的建筑片段。由此拼合成的博物馆形体犹如天工造化，充满张力并显示其独特内涵。建筑于基部周边设置了浅水池，建筑体量从水池中自然长出来，象征着山体从海面中逐渐抬升，历经亿万年的演变形成如今三清山的历史脉络。水池和后山的山溪形成联

图10-3-3　三清山博物馆3（来源：上饶城乡规划局）

系。四季水池内水面忽长忽落，有着对海与山石若即若离关系的回忆，建筑仿佛如同会呼吸的生命体，有着灵动之美。设计尽量保持基地原有的地形地貌和周边植被。将建筑理解为一种生长于自然，融合于自然的场所。同时建筑如同一座桥梁轻轻覆盖于基地之上，中心广场与自然山水的地脉通过挑空的景观廊道得以延续和保留。人与自然积极对话，建筑与自然互相生发，从而很好地在文化层面同三清山道教尊重自然、返璞归真的思想相呼应。

上饶-婺源松风翠山茶油厂项目（图10-3-4~图10-3-7）灰褐色的墙面、蜿蜒的屋顶和周边环境相互辉映，自然环境因为建筑的介入更加生动活泼，而建筑本身也被大自然注入了持续生命力——这也正是本设计的初衷。作为后来者的建筑不是以闯入者的身份来融断人和自然的联系，而是姿态相对谦卑地融入环境之中，与之一同呈现四时的变换，最终成为自然中自生自长的一部分，就好像蜂巢、鸟巢，取之自然而归于自然。这正是将人本身作为自然界的一部分，而不是将人作为主宰者的视角对待与我们息息相关的自然环境的一种颇为适宜的态度。另外，在建造的过程中，减低对环境和周边的影响也是本项目关注点之一。

该项目基地是沿河展开的一个狭长形，受工艺流程和地形的双重限制厂房只能是一个长条形。在不影响工艺流程和满足设备净高的前提下，将约160米长，13米宽的厂房折成一类“Z”字形。屋顶采用对角线式双坡顶，最高处10米，最低处5米，以降低建筑体量对环境的压迫感。

井冈山笔架山服务区项目（图10-3-8、图10-3-9）的建造地点临近“行洲村”，为江西客家聚居村落，然而由于时代的变迁，仅存一处维护良好的村居用作红军标语群展览馆，其他多为近年来新建的民房和年久失修的古民居遗迹，完整的客家传统聚落整体风貌已经难于辨识。因此，设计的目标着眼于再现传统聚落的地域性特征，并且赋予其时代的功能需求，进而以合理的建造方式重塑地域景观。

由于基地环境本身的地域景观特征模糊不清，使得单纯的修复延续和模拟现有的景观风貌变得困难，同时也缺乏足够的依据。基于这种考虑，本次设计研究的展开试图突破表

图10-3-4　上饶-婺源松风翠山茶油厂1（来源：上饶城乡规划局 提供）

图10-3-5　上饶-婺源松风翠山茶油厂2（来源：上饶城乡规划局 提供）

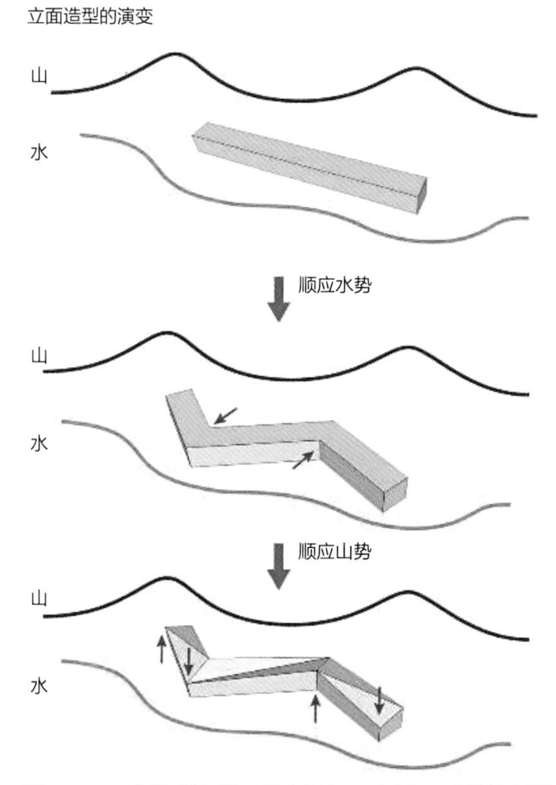

图10-3-6　上饶-婺源松风翠山茶油厂3（来源：上饶城乡规划局 提供）

图10-3-7 上饶-婺源松风翠山茶油厂4（来源：上饶城乡规划局 提供）

图10-3-8 井冈山市笔架山风景区入口服务区1（来源：吉安市城乡规划局 提供）

图10-3-9 井冈山市笔架山风景区入口服务区2（来源：吉安市城乡规划局 提供）

图10-3-10 中信井冈山国际会议中心鸟瞰图（来源：吉安市城乡规划局 提供）

面的形式和具体的单个案例，将客家传统聚落作为一个整体研究对象，探究其内在的环境景观结构组织和建筑类型衍生特征，寻求地域性的体验以及设计操作方法。

考虑到景区建筑的特殊要求，场地约束性因素成为设计的基本策动力。边界道路、山体、小溪、高压线、树木等场地特征与建筑之间的调和，决定了建筑设计融合自然环境、并且为之增色的品质。这一点恰恰也是本地客家民居聚落构成的群体关系特征。设计的主要内容包括：游客服务中心、团队餐饮、购物、风味餐饮或酒吧、员工生活配套、游客接待中心等内容，并且与临近的入口停车场、索道下站房紧密相连，各部分之间布局关系明确，在空间上协调统一、相互渗透，符合景区的使用要求和景观要求。

中信井冈山国际会议项目（图10-3-10、图10-3-11）的设计整体本着依山就势的原则，顺应地形进行总体布局，尽量减少土方量，减少工程造价，整体布局依地势分为三部分。地势较平坦的地方做平面体量要求较大的会议中心，而进深较小的国宾馆则选择山脚部位来尽量减少土方量。建筑的形象考虑和当地秀美的自然环境相结合，运用当地地自然材料——竹子、木料和石材，使建筑具有清秀的灵气，也是该建筑对他所处区域环境的一种精彩回应。井冈山良好的植被条件，不但造就了井冈山优美的自然风光，为建筑提供了良好的外部环境；同时设计者也用敏锐的眼光为建筑提供了绝佳的材料，就地取材的策略不但节省了成本，也使建筑更好地融入基地环境。井冈翠竹的柔韧不但体现了大无畏的革命精神，也使建筑在现代传统之间找到了平衡点。就地取材的石料使建筑拥有坚实基础的同时，也使建筑有了从石头里长出来的感觉。

图10-3-11 中信井冈山国际会议中心立面图（来源：吉安市城乡规划局 提供）

第十一章　结语

在全球化的影响下，中国城市化快速发展。一些城市在规划和设计过程中聘用国外建筑师采用更简洁现代的风格，这些做法在淡化当地建筑地域特征的同时也使传统文化被一步步淡忘。随着我国经济的进一步发展，人们在满足物质生活的同时，对文化归属感与地域认同感的需求愈加强烈。因此对于传统建筑的传承与创新的研究不仅对保护和发扬传统文化有着积极的意义，而且也顺应了当今时代的发展要求。

江西位于长江中下游，全境几乎为山地包围，境内以低山丘陵为主。适合人居环境使其自唐宋以来就经济文化繁盛，有古代工商业和深厚的古文化积累，时至今日仍有数量众多且类型丰富的古建筑遗存。复杂的自然文化环境，使江西地方建筑呈现出不同地区差异，这些建筑与当地的文化背景紧密结合，形成了丰富多彩的面貌。本书根据自然环境文化背景以及传统建筑特征将江西分为了四个部分：以吉安市和抚州市为中心的赣中地区；以上饶市为中心的赣东北地区；以赣州市为中心的赣南地区和以宜春市为中心的赣西地区。并分别从自然文化环境、聚落建筑特征等几个方面做出了归纳与总结。

进入近代以后，随着九江开埠各种新技术与新文化开始在江西传播。到了20世纪上半叶，江西在新结构、新材料和融合中西风格等方面已经做出了一系列探索。新中国成立以后到改革开放前的这段时间内，20世纪初到20世纪30年代被称为“中国固有形式”的古典风格建筑思潮的探索在江西地区的建筑实践中仍有进行。

改革开放以来，特别是20世纪90年代以后，江西的市场经济不断发展，大规模的建设活动兴起。当现代国际式的建筑不断占领城市空间的同时，本土的建筑师们也在用自己的才智进行着对传统地域文化的诠释。本书把江西现代建筑传承传统建筑文化的手法与案例分为三个部分进行研究。首先是对建筑文化和人文环境的传承。人文，是中国传统建筑文化传承中一条重要的主线，建筑创作既是一种建筑文化的传承，也是一种地域文化的延续。所谓“一方水土养一方人”，建筑的独特之处往往和地域文化密切相关。有生命力的建筑创作既要体现地域文化也要反映时代精神。江西传统建筑文化在现代建筑的传承实践中，人文传承方面主要通过运用多元探索与继承开拓的传承策略，采取文脉延续、文化意象、空间传承和形象诉诸等传承手法，以现代建筑设计语言对当地丰富多彩的人文地理、风俗民情和特色文化进行诠释与表达，并为使建筑创作朝着具备适应性、创新性和可持续性的“神形兼备”的建筑文化传承方向而不断努力。其次是在设计和建造过程中的技术策略：第一种是传统工艺的保留和完善；第二种是对于地方材料的有效利用；第三种是在现代设计中对传统的模拟；第四种是装饰性细节的表达。最后是对于自然环境的应对，这其中又分为对自然气候、自然环境和对自然肌理的呼应性策略三个方面。

当今江西的建筑设计正是将以上这三个方面作为地域性实践的方向，在回应自然与人文环境的同时完善传统技术创新现代手法是今后建筑创作中要注意的重点。建筑创作不仅是对其使用功能的一种解决方案，同时也是与其所在场所相适应的产物。影响它的除了有当地的地理气候环境，还有人文历史背景，当然也有设计者的意志与使用者的功能要求，甚至还有其影响范围内其他场所人们的审美要求。“一方水土养一方人”，建筑也正是在这种种因素的“滋养”下生长起来的。建筑师在设计与创作的过程中，应真实地与各种环境对话，并将传统技术与理念适宜地运用其中，在此基础上根据客观条件积极使用现代科技的成果，创新性地对传统建筑元素与思想进行表达，使传统建筑文化和地域文化不断延续与传承，使其思想内涵与精髓在新的时代下发挥更深更广的作用。

参考文献

Reference

[1] 许怀林．江西史稿[M]．南昌：江西高校出版社，1998.

[2] 谭其骧．中国历史地图集[M]．北京：中国地图出版社，1988.

[3] 江西省水文局．江西水系[M]．武汉：长江出版社，2007.

[4] （明）王士性．广志绎·卷五·西南诸省[M]．上海：上海古籍出版社，1597.

[5] （明）王士性．王士性地理书三种[M]．上海：上海古籍出版社，1993.

[6] 姚赯．建筑百家谈古论今——地域篇[M]．北京：中国建筑工业出版社，2007.

[7] （清）黄德溥．同治赣县志[M]．台北：成文出版社，1984.

[8] 万幼楠．赣南传统建筑与文化[M]．南昌：江西人民出版社，2013.

[9] 张廷珩．同治铅山县志[M]．南京：江苏古籍出版社，1873.

[10] 周銮书．千古一村——流坑历史文化的考察[M]．南昌：江西人民出版社，1997.

[11] 江西省文物考古研究所，樟树市博物馆．吴城．——1973~2002年考古发掘报告[M]．北京：科学出版社，2005.

[12] （清）刘坤一等．光绪江西通志·卷一·地理沿革表[M]

[13] 黄浩．江西民居[M]．北京：中国建筑工业出版社，2008.

[14] 姚赯，蔡晴．江西古建筑[M]．北京：中国建筑工业出版社，2015.

[15] 中华人民共和国住房和城乡建设部编．中国传统民居类型全集[M]．北京：中国建筑工业出版社，2014.

[16] 艾旭霖．江西传统建筑隔扇研究及其在当代建筑中的应用[D]．南昌大学，2013.

[17] [明]天一阁．鲁般营造正式[M]．上海：上海科学技术出版社，1988.

[18] 李剑平．中国古建筑名词图解辞典[M]．太原：山西科学技术出版社，2011.

[19] 姚承祖，张至刚．营造法原[M]．北京：中国建筑工业出版社，1988.

[20] 孙大章．中国民居研究[M]．北京：中国建筑工业出版社，2006.

[21] 李久君．赣东闽北乡土建筑营造技艺探析[D]．上海：同济大学博士学位论文，2015.

[22] 张十庆．古代建筑象形构件的形制及其演变——从驼峰与蟇股的比较看中日古代建筑的源流和发展关系[J]．古建园林技术，1994.

[23] 王斌．“水”——江南部分地区传统木构民居屋顶坡度作法初探[J]．建筑史第29辑，2012.

[24] 李久君．江西金溪县竹桥古村落[J]．城市规划，2016（9）.

[25] 赣州市人民政府网站http：//www.ganzhou.gov.cn/[DB/OL].

[26] 黄志繁，廖声丰．清代赣南商品经济研究[M]．北京：学苑出版社，2005.

[27] 曹树基．中国移民史（第五卷，第六卷）[M]．福州：福建人民出版社，1997.

[28] 钟音鸿．同治赣州府志[M]．台湾：成文出版社，1970.

[29] 乾隆长宁县志[M]：成交出版社有限公司，1975.

[30] 光绪南安府志[M]：成交出版社有限公司，1975.
[31] 齐开金，朱由国．同治南康县志[M]．北京，新华出版社，1993.
[32] 道光南康县志[M].
[33] 编纂委员会．乾隆赣县志[M]：编纂委员会，1986.
[34]（清）杨錞．光绪南安府志补正[M]．台湾：成文出版社，1975.
[35] 罗荣，谢帆云．客家宁都[M]．南昌：江西人民出版社，2015.
[36] 韩振飞，阳春．古城赣州[M]．南昌：江西美术出版社，1992.
[37] 江西省崇义县编史修志委员会编．崇义县志[M]．海口：海南人民出版社，1989.
[38] 会昌县志编纂委员会编．会昌县志[M]．北京：新华出版社，1993．
[39] 兴国县县志编纂委员会编．兴国县志[M]．兴国：内部发行，1988.
[40] 瑞金县志编纂委员会编．瑞金县志[M]．北京：中央文献出版社，1993.
[41] 戴志坚，陈琦．福建古建筑[M]．北京：建筑工业出版社，2015.
[42] 江西省全南县县志编纂委员会编．全南县志[M]．南昌：江西人民出版社，1995.
[43] 崇义县城乡规划建设局编制，聂都乡竹洞畲族村村落档案，2015.
[44] 彭昌明．龙南围屋大观[M]．天津：天津古籍出版社，2008.
[45] 光绪江西通志[M].
[46] 江西省安远县志编纂委员会．同治安远县志[M]．同治，1990.
[47] 李国强，傅伯言．赣文化通志[M]．南昌：江西教育出版社，2004.
[48] 吴畏．赣舆浅图-概说江西八十古县[M]．南昌：百花洲文艺出版社，2012.
[49] 肖旻．“从厝式”民居现象探析[J]．华中建筑，2003（01）.
[50] 李国香．江西民居群体的区系划分[J]．南方文物，2001（02）.
[51] 潘莹．比较视野下的湘赣民系居住模式分析——兼论江西传统民居的区系划分[J]．华中建筑，2014（07）.
[52] 施瑛．简析江西传统民居的外墙艺术[J]．农业考古，2009（03）.
[53] 陈定荣．明初赣西农宅模型[J]．农业考古，1990（01）.
[54] 万芳珍．赣西北客家开拓进取精神及其成因[J]．南昌大学学报（社会科学版），1996（S）.
[55] 聂朋．赣西邓家大屋的布局结构——花纹雕饰及历史文化蕴含[J]．新余高专学报，2006（02）.
[56] 张义俊．移民-户籍与宗族-清代至民国期间江西袁州府地区研究评价[J]．华北水利水电学院学报（社会科学版），2013（03）.
[57] 王立平．赣西地区禅宗文化旅游资源的开发[J]．中国商贸，2010（19）.
[58] 易行广．禅宗的演播与江西[J]．江西社会科学，1997（06）.
[59] 何明栋．江西禅宗遗迹辨误[J]．佛教文化，1991（03）.
[60] 陈泳超．傩的本义及正误[J]．民族艺术，1997（01）.
[61] 吴德胜．黔北傩戏神谱的特点[J]．遵义师范学院学报，2016（01）.
[62] 赖芬．萍乡傩文化论析[J]．萍乡高等专科学校学报，2013（02）.
[63] 余英 中国东南系建筑区系类型研究[D]．华南理工大学，1997.
[64] 吴珂．傩祭与中国传统建筑[D] 华侨大学，2006：9.
[65] 王建国．现代城市设计理论和方法[M]．南京：东南大学出版社，2001.
[66] 王兴田，许志钦．御泉谷温泉度假酒店[J]．建筑学报，2015（06）.
[67] 张杰，贺鼎，刘岩．景德镇陶瓷工业遗产的保护与城市复兴——以宇宙瓷厂区的保护与更新为例[J]．城市规划，2014（08）.

[68] 陈子俊，翟辉．历史语境下的景德镇陶瓷工业遗产保护与更新研究[J]．城市建筑，2017（06）．

[69] 任力之，高宇．井冈山革命博物馆新馆[J]．建筑技艺，2009（04）．

[70] 黄春锋．关于红色文化的思考——中国博协纪念馆专委会“红色文化论坛”的思考[J]．中国文物报，2013（01）．

[71] 尤坤，王华新．国内外历史文化街区保护与发展案例分析研究[J]，城市设计2012（01）

[72] 周志菲，李昊．城市文化传承与复兴的内动力——浅议城市空间特色研究的现状、价值和理念[J]．中国城市规划年会，2010.

[73] 徐旺．纪念性建筑改扩建设计研究——从八大山人纪念馆改扩建工程开始[D]．东南大学2011（01）

[74] 郑东军，赵凯．风景的居住——中国传统民居的美学阐释[C]．第十六届中国民居学术会议论文.

[75] Joshua Bolchover，林君翰（RUF），桐江村循环再用砖学校[J]，北京，建筑技艺，2013（2）

[76] David Leather barrow，MohsenMostafavi．surface Architecture[M]，Massachusetts：The MIT Press，2005.

[77] 阚忠彦．生长在红色根据地中的建筑实践——中信井冈山国际会议中心建筑设计[J]．世界建筑导报，2010（2）．

[78] 高崧，马晓东．轻触大地+回归乡土——江西井冈山笔架山景区一期服务设施设计[J]．建筑学报，2011（12）

[79] 孙玉琪，杨絮飞．江西传统民居装饰艺术浅析[J]．包装世界，2016（3）．

[80] 邓庆坦．中国近、现代建筑史整合研究——对中国近、现代建筑历史的整体性审视，建筑学报，2010（6）：6-10.

[81] 戴海鹤，陈旭娥，郑亚男．浅谈江西民居的演进．建筑知识，2009（3）：85-86.

[82] 江西省住房和城乡建设厅村镇建设处，江西省和谐秀美乡村特色农房设计图集，2013.

江西省传统建筑解析与传承分析表

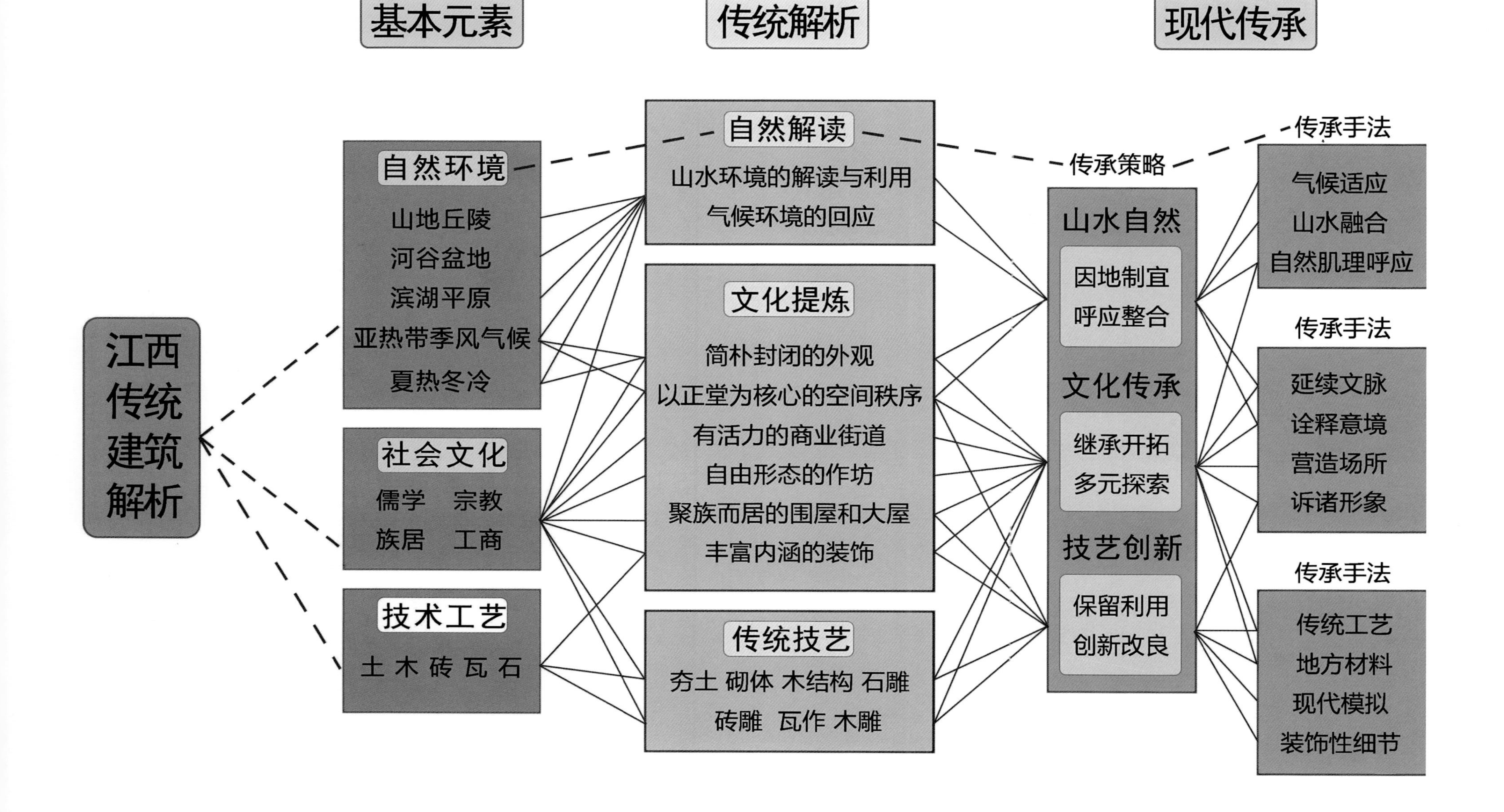

后　记

Postscript

《中国传统建筑解析与传承　江西卷》成书过程历时一年半，时间较为仓促，研究总体上分为传统建筑解析和现代建筑传承两部分。江西建筑在传统解析部分尚有一定的研究基础，而在现代建筑传承部分的研究尚属起步。课题案例调研采集过程，传统地域建筑实地调研，优秀现代建筑实例调研和文献典籍查阅同步进行。整个调研过程繁杂而艰辛，调研人员深入到全省各地市乡镇，克服了各种困难，采集到第一手资料。本次调查显现了江西省地域建筑的传统保护与现代传承的现状，反映出现阶段江西省地域建筑保护研究和传承实践的努力，也暴露了不足，更加证明此项研究课题的重要性和必要性。

为了提升江西省整体建筑设计水平，加强全省各地规划管理者和设计工作者对地域建筑传承的认知，整个课题的研究过程，获得了以江西省住房和城乡建设厅牵头的各地市规划管理和设计单位的大力支持。感谢南昌市城乡规划局、九江市规划局、上饶市城乡规划局、抚州市城市规划局、宜春市城乡规划建设局、吉安市城乡规划建设局、赣州市城乡规划局、景德镇市城市规划局、萍乡市规划局、新余市规划局、鹰潭市城乡规划局、江西省建筑设计研究总院、南昌大学建筑设计研究院、中国瑞林工程技术有限公司、同济大学建筑设计研究院（集团）有限公司南昌分院、江西环球建筑设计院、江西省桂能综合设计研究院、萍乡市建筑设计院、江西五方建筑设计有限公司等单位的大力协助。特别感谢江西省住房和城乡建设厅村镇建设处有关领导和部门的指导协调与工作支持。

课题在研究及成书过程中得到了多方的帮助。《江西民居》的编著者黄浩先生、江西师范大学梁洪生教授在课题研讨中给出了宝贵建议；合肥工业大学李早教授和清华大学罗德胤教授为研究成果的编写提出了指导性评阅意见；南昌大学建筑系校友陈志国、郜小安、胡康、刘阳等在调研过程中给予了大力协助；本书的顺利付梓更离不开北京建筑大学李春青副教授、中国社会科学院大学吴艳副教授和中国建筑工业出版社编辑的指导和帮助，在此一并表示感谢。

本书编写的顺利完成，与研究组成员的团队协作与辛勤付出密不可分。本书为合作编写，各位作者撰写分工为：姚赯，前言、第一至二章；李久君，第三章；马凯，第四章、传承表；蔡晴，第五章；李岳川，第六章；吴靖，第七章；肖芬，第八章、后记；肖君，第九章；许世文，第十章；廖琴，第十一章；吴琼，第八至十章住宅部分。

中国传统建筑解析与传承研究工作，任重而道远。本书编撰时间有限，加之研究小组知识水平的局限，必然存在失误和遗漏，恳请专家、读者批评指正。